国家级一流本科专业建设点配套教材
省级示范课程配套教材

设计学方法与实践 ⊙ 产品设计系列

产品数字动画设计与制作

Rhino + KeyShot + After Effects

李娟 主编

PRODUCT ANIMATION

产品数字动画的设计概述
产品数字动画的表达方式
产品数字动画的美学要素
常用软件及基本操作方法
浏览式动画——智能手机动画设计与制作
爆炸图式动画——无线耳机动画设计与制作
场景类动画——塔式起重机司机室动画设计与制作

化学工业出版社
·北京·

内容简介

本书内容分为两大部分，理论基础篇从了解产品数字动画设计表达方式及其基础知识入手，分析产品数字动画设计中的美学要素，给读者以整体的设计架构和思路，并介绍了犀牛Rhino、KeyShot和After Effects的基本操作。

实战操作篇从案例入手，由浅入深地学会三组软件建模、渲染、后期处理的整体思路和逻辑，在案例操作的情景中掌握具体的工具使用方法及操作技术。同时，本书还配有教学视频和素材文件等，方便有需要的读者使用。

本书适合产品设计、工业设计、机械设计等学科领域的学生及专业人士阅读参考，是一套易学易懂、操作简易高效、模型及渲染效果优良的产品数字动画设计与制作教程。

图书在版编目（CIP）数据

产品数字动画设计与制作：Rhino+KeyShot+After Effects / 李娟主编. -- 北京：化学工业出版社，2023.9
（设计学方法与实践．产品设计系列）
ISBN 978-7-122-43682-5

Ⅰ. ①产… Ⅱ. ①李… Ⅲ. ①产品设计 - 计算机辅助设计 - 应用软件 Ⅳ. ①TB472-39

中国国家版本馆CIP数据核字（2023）第111405号

责任编辑：孙梅戈　　文字编辑：冯国庆
责任校对：边　涛　　装帧设计：对白设计

出版发行：化学工业出版社（北京市东城区青年湖南街13号　邮政编码100011）
印　　装：北京尚唐印刷包装有限公司
710mm×1000mm　1/16　印张14½　字数283千字　2023年9月北京第1版第1次印刷

购书咨询：010-64518888　　售后服务：010-64518899
网　　址：http://www.cip.com.cn
凡购买本书，如有缺损质量问题，本社销售中心负责调换。

定　　价：79.80元

前言

产品数字动画设计是产品设计在时间维度和数字物象维度上的动态融合，在短暂的一两分钟内将产品进行充分的诠释，这种诠释相较传统的产品设计表现形式更加直观、全面。产品数字动画设计是利用计算机数字化技术综合系统地展示产品创意、外观质感、功能结构等设计要素。观者可以通过动态、多元、全方位的展示方式了解设计作品，展示效果清晰明了且赏心悦目。本书内容设计紧跟时代特征和市场对新型产品设计表现技术的需求，具有"新颖"且"实用"的特征。

本书面向产品设计、工业设计、机械设计等学科领域的学生及从业人士。从高校到行业，衔接其设计常用的计算机软件，是一本从建模、动画渲染到后期处理三方面，高效且易接受的产品三维数字动画设计与制作教程，包括犀牛Rhino、KeyShot、After Effects，三组软件搭配相对易学易懂，操作简单高效，模型及渲染效果优良。结合理论基础和实战操作案例，由浅入深、系统性地说明产品三维数字动画设计与制作的基础知识和操作方法。对于内容框架设计，先是了解产品数字动画设计表现技术及其基础知识，然后掌握三组软件建模、渲染、后期处理的整体思路和逻辑，最后由浅入深地直接进入案例操作环节，在案例实战的情景中掌握繁细的工具使用方法及操作技术。

为了便于读者高效地学习掌握基础知识和操作方法，本书还提供了实战操作部分的素材、模型、渲染及后期处理文件、最终效果的视频文件和教学视频，以及与理论基础部分内容相配合的在线课程。

本书获得西华大学国家级一流本科专业建设点（产品设计）、四川省普通高校应用型本科示范专业（产品设计）、四川省普通高校应用型本科示范课程（产品数字化展示）、西华大学线上线下混合式一流课程（产品数字化展示）专业及课程建设项目的资助与支持。李思原、陈雪娇和张巍同学为本书进行了理论基础篇的资料整理及辅助撰写工作，感谢他们的支持和帮助，由衷地感谢为本书顺利编写和出版付诸努力的编辑和同仁们。

由于编者水平有限，书中如有不当之处，恳请读者和同行们批评指正。

李　娟

2023年3月

理论基础篇

第 1 章　产品数字动画设计概述

第 2 章　产品数字动画设计表达方式

第 3 章　产品数字动画设计中的美学要素

第 6 章　爆炸图式动画——无线耳机动画设计与制作

第 7 章　场景类动画——塔式起重机司机室动画设计与制作

Contents

Chapter

1

第1章 产品数字动画设计概述

1.1 产品数字动画设计的概念及优势

信息时代的兴起，计算机、数字媒体、人工智能等行业的技术发展，促使产品设计的展示表现手段趋于数字化、多样化。产品数字动画与手绘草图、效果图、机械制图一样是一种设计表达方式，它是利用计算机数字化展示技术，进行三维数字建模、动画制作、渲染、视频剪辑，对产品属性特征进行直观、系统、全方位的展示。其中产品属性特征包括设计创意、灵感来源、文化内涵、外观造型、色彩、风格、质感、功能、使用方式、结构、工艺流程、人机关系等。通过产品数字动画展示，观者可以更直观、全面地了解产品的内涵。数字动画展示相较传统的产品设计表达方式有着无法抗衡的综合性、沉浸感和震撼感，从体验上来说，观感是赏心悦目、清晰易懂、沉浸深刻的。

产品数字动画展示作为一种有效的设计表达方式和设计沟通工具，相较于其他静态产品设计表达方式，其优势体现在以下五个方面。

①利于观者接收信息。传统二维效果图及模型样机的表达方式，在直观、易理解、全方位产品展示以及商业宣传方面的作用都是有限的，而产品数字动画展示则不用再依赖观者的想象力，可以使观者深刻地了解到产品信息。

②更具吸引力。动态的数字动画展示更容易捉住观者的目光，生动的演示方式、三维逼真的画面以及详细的信息介绍，能够让产品信息深入观者心里，留下深刻印象。

③节约成本。采用产品数字动画展示方式，可以不再浪费大量的时间和精力在实体模型的修改及团队沟通上，降低了创作成本、经济成本以及资源成本。也可以利用产品演示动画向消费者展示产品的使用方式、特点等，代替传统的使用说明书以及上门服务，节省了销售及售后服务成本。

④跨平台展示。产品演示动画可以制作成便捷的、可跨平台播放的视频，打破三维软件或其他专业软件在平台操作上的局限性，可以广泛地进行展示与传播。

⑤助力产品竞标与评审。产品数字动画展示具有吸睛、赏心悦目、震撼人心、清晰明了的特征，除了把产品的外观、功能、使用方式等基本属性进行清晰的展示之外，还可以介绍产品的文化背景、情感内涵，形成一段使观者具有认同感、有温度、有内涵、深入人心的影像；另外在方案可行性说明方面，可以把产品内部细节、工作原理、拆装流程等信息展示出来，让客户能够快速地了解信息，促进合作协议的达成。

1.2 产品设计程序及动画表现

产品设计是一种将策略性解决问题的过程应用于产品、系统、服务及体验的设计活动，每一个设计过程都是科学地、综合地确定所有参数后再得出设计内容。产品设计一般程序步骤依次为概念设计、构思草图、具体设计、设计定案、模型制作、样机制作、量产发布。我们可以把该程序总结为前期的概念构思阶段和中后期的设计开发阶段（图1-1）。

概念构思阶段主要采用手绘草图的方法，来启迪设计思路、传递设计信息、展示方案概念，主要用于设计师之间的沟通（图1-2）。

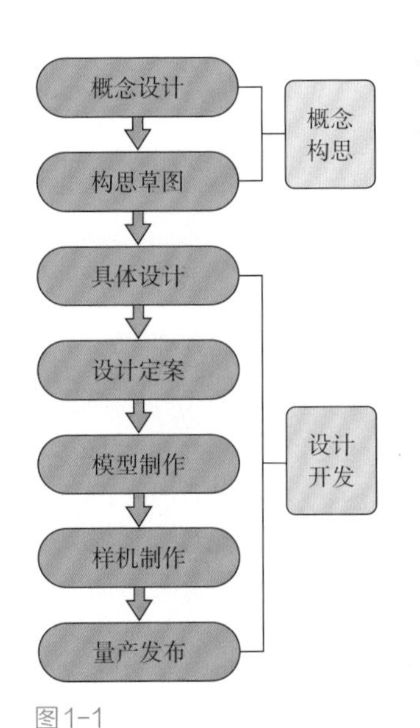

图1-1

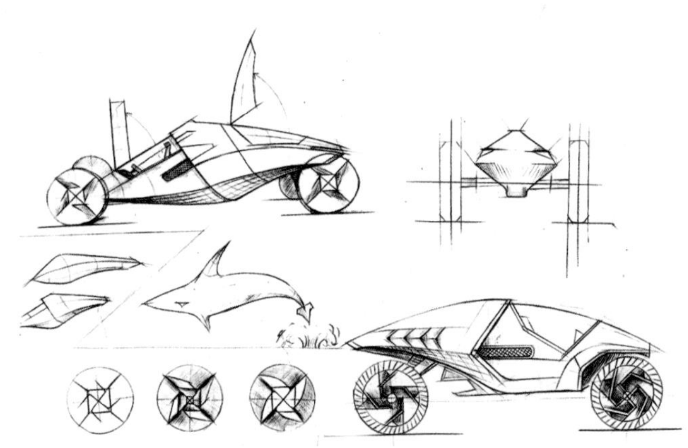

图1-2

设计开发阶段，主要采用效果图（图1-3）、样机模型（图1-4）的方式，向用户或客户展示产品创意、外观效果、功能细节、工艺特征等。

图1-3

图1-4

无论是效果图还是模型样机都是静态的产品设计表达方式，如果要清晰展现更详细完整的产品设计属性，需要配合多个效果图及模型样机来进行解释。面对效果图及模型样机在产品表达上的缺陷问题，产品数字动画展示给出了有效的解决办法（图1-5）。

图1-5

1.3 产品数字动画设计与制作的基本流程

产品数字动画设计与制作流程，一般的工作思路是将抽象的灵感、构思转化为具体、完整视觉影像的过程，前期包括构思创意主题、脚本设计、文案设计等；然后根据前期设计进行模型、材质、灯光、动画的制作；最后进行剪辑、特效、音乐、音效的制作及渲染输出，使之成为一个完整连贯的三维动画视频。因此，产品数字展示设计制作流程包含前期规划、中期制作以及后期合成三大步骤。

1.3.1 前期规划

前期规划的主要任务和目的是确定如何展现产品。详细的前期规划，能使我们在制作时避免很多不必要的麻烦或无用的、重复性的工作。前期规划的主要工作，包括以下几个方面。

①了解和熟悉产品特征：首先要明确产品展示的主要诉求点，其次是了解具体的功能用途、材质、结构、使用方式、人因关系等细节问题。在此基础上，还要明确产品数字化展示的具体表现内容以及层次关系。

②确定展示主题：展示主题即动画要表现的中心思想，包括展示目标、信息和用户特点三要素。好的展示动画是把产品展示的主题、产品的特性以及用户的需求融为一体进行构思的，在了解诉求点的基础上，明确鲜明的主题风格，为整个动画展示注入灵魂，把握层次关系，逻辑不易散乱、无重点。

③构思创意及表现方式：可采用头脑风暴的思维方法，或随时记录自己的创意想法，包括头脑中零碎的、不完善的，甚至是一闪而过的创意，再对这些创意进行进一步的酝酿和推敲，最后形成相对完善的展示创意。一般在明确主题、创意构思的过程中或完成时，展示的表现方式就有了雏形。是采用直叙式的表达，还是通过讲故事的方式，这些表现方式要符合展示主题及展示创意的诉求。选择恰当的表现方式，可以更准确地诠释产品展示主题，为之润色。

如图1-6所示是iPhone 6s的展示动画片段，其主题及创意是利用其经典壁纸，即灵动绚丽的斗鱼形象作为主线，配合神秘、舒缓的音乐，以及慢镜头的产品演示动画，来向观众传达出优雅格调，突出产品的个性特征。

再如图1-7iPhone 8 plus红色特别版的展示动画片段，产品背板采用精美双面玻璃材质，红色外观，配以同色系的金属边框，以及流光溢彩的光效动画，给人惊艳绚烂的视觉感受。视频动画则以此为主基调和产品主要诉求点，融入金属与玻璃质感所呈现出来的流光效果，配以节奏动感较强的音乐，来突出表现产品的风格特征。

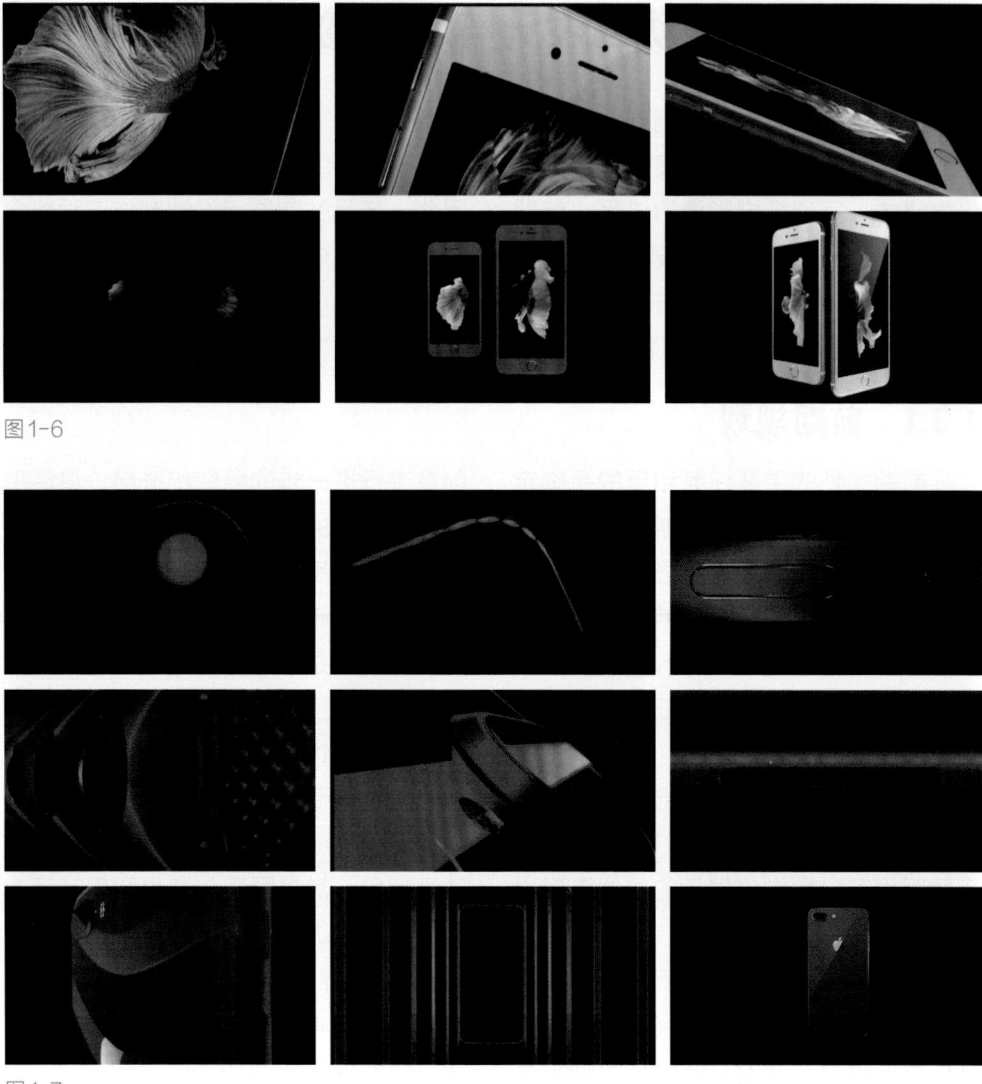

图1-6

图1-7

④脚本设计：脚本设计是将上述产品展示主题、创意、表现方式、表现内容、逻辑顺序、镜头关系等形成具体细化的文案式大纲，主要包括文案设计和分镜头脚本设计。

文案设计主要是表明如何在展示画面中表现文字以及旁白内容的写作与设计。文案内容讲求精炼、准确，符合主题特征，切忌拖泥带水，无重点、无意义的文字或旁白不要出现。具体制作时要考虑由书面语言转化为口语时，语调的把握、声音的高低、节奏的快慢以及音响效果的有机组合等因素。

分镜头脚本设计是将构思转化成立

体视听形象的中间媒介，主要任务是根据展示内容、解说词及文案脚本来设计相应画面、配乐以及把握逻辑关系、整体节奏和风格等。其设计除了运用一般的语言文字符号外，还要掌握些影视语言，运用“蒙太奇”思维，编辑处理镜头以及镜头之间的关系。

1.3.2 中期制作

中期制作是根据前期规划的要求，进行素材准备和分镜制作。

①素材准备：根据分镜头脚本的内容，进行素材搜集，包括画面中的文字内容、图标图示符号、背景图等图像素材、视频素材、音乐音效素材、影像素材等的搜集与编辑准备。

②分镜制作：在分镜脚本内容中，除了现有素材外，将未有的镜头画面逐一进行制作，包括需要计算机虚拟仿真的三维数字模型制作、材质编辑、灯光环境设置、产品动画制作、渲染输出，以及产品实物、人物及特定场景摄影、旁白录音等内容。

1.3.3 后期合成

后期合成是将分镜头的展示内容按前期规划的顺序进行合成，然后加入转场、配音，输出动画影视文件的过程。后期合成是以展示主题创意为中心，按分镜脚本设计，将素材、分镜头图像、动画、音乐音效、说明文字、解说旁白等内容进行剪辑编排与合成制作，以美的形式法则把不同元素进行艺术处理，包括标题、内文、背景、色调、主体图形、留白、视觉中心等，并对相应的画面进行特效制作，使之完善。

Chapter

第2章 产品数字动画设计表达方式

2.1 动画视觉表达方式

动画视觉表达方式是指产品数字化展示的内容、信息等以什么样的视觉展示方式向观者展示说明。例如产品的功能介绍用效果图配以旁白解说、文字说明的方式来解释略显呆板，不易理解。利用三维动画展示产品功能、使用方式等，会更生动，容易理解。如何突出产品的优势特点和创新点，内容信息以什么样的视觉展示方式，才能让人更加印象深刻、清晰易懂、赏心悦目，这都是在进行产品数字化展示动画视觉表现方式时需要考虑的问题。以下是产品数字化展示常用的几种动画视觉表达方式。

2.1.1 浏览式

浏览式产品动画视觉表现是用虚拟的摄像机镜头作为观者的视角，从各个角度去浏览、观看产品，让观者直观了解到产品三维形态、色彩材质特征等外观形象。通过产品本身的旋转、平移、缩放的动画设置，也可以是镜头相机动画，如相机镜头推、拉、摇、移以及环绕等方式，从多种角度浏览产品。对产品进行三维的浏览是产品数字化展示最常见和最基本的方式。

2.1.2 爆炸图式

将模型构件进行“分解－组装”，再现产品的内部结构和组装细节，让观者直观地了解产品的细节和内部结构，主要用来介绍产品的内部结构、部件、装配方式、工作原理。爆炸图式动画也是产品演示常用的一种方式。产品爆炸图式展示，在产品的结构和原理的说明上，有着十分重要的作用，模型在爆炸图动画中拆解、组装，是让观者了解产品内部细节、原理等较为直观高效的表现方式。

2.1.3 使用场景式

产品使用场景的展示，可以让观者直观地了解产品运作环境，准确地让观者认知到产品功能和使用方式，在说明能力上非常出众。使用场景常用简单的背景图或示意图、象征性的数字模型或者高精度背景数字模型代替真实的场景摄影，也可结合实际拍摄场景与产品进行合成，这种情况下，要注意产品与场景的融合程度，产品既要突出，又不能与场景风格相差太大，应使产品自然和谐地融入场景中。

2.1.4 二维说明式

用二维图画的动画效果来对产品的功能、特点等进行说明，例如移动应用App、信息交互设计等产品类型，可以采用二维的动画的方式，表现产品的功能、用途、使用方式等。二维的动画擅长借助旁白、字幕等方式进行讲解，同时可以进行风格化表现。这种类型的产品数字化展示方式制作起来耗时相对较短，容易操作，但对展示的创意要求较高，不能是单纯地、直接叙述式地介绍产品，在内容表达方式、画面效果、动态效果上要有创新创意，才会使展示动画更加生动、吸引人。

2.1.5 交互式

交互式动画是目前行业内较为前沿、新颖的虚拟现实交互式表现技术。通过制作交互脚本，实现观者动作或指令与显示端的输出与交互反馈，让观者参与其中，展示信息根据观者的操作或指令进行反馈。交互式展示方式与虚拟交互技术密切相关，我们可以利用现有的交互技术，进行产品创意交互展示，比如，手势、体态、语音等交互技术。

2.2 内容叙事表达方式

产品数字化动画展示中的内容叙事表达方式，是指将产品的功能、使用方式、创新点等内容信息，通过什么样的叙事表达方式，向观者进行说明。就像我们写文章一样，用什么样的思路、手法讲述一件事物或一个事件。

2.2.1 直叙式

直叙式是对产品本身特点及创新点直接加以说明。通常结合高品质的产品摄影图、二维效果、三维数字动画等直观图像展示产品的特点属性、内涵等内容，对产品本身创新点、属性、功能、使用方式等内容直接加以说明展示。直叙式是产品数字化动画展示最常见的方法，这种方法应用广泛，能直达产品的闪光点，捕捉观者兴趣点，信息传达快捷有效。

2.2.2 比较式

即将产品与竞争产品、同类产品进行对比展示，或对使用前后的体验进行比较，以突显产品本身的特色、功能、使用效率等优势，同时提升传达信息的可靠性和客观性。如图2-1所示是一个扫地机器人的视频展示片段，该片段是采用与其他产品功能功效的对比表达方式，突出该产品在清扫效果、房屋拐角清洁处理、障碍物处理方面的突出优势，令人惊叹，且表示信服。

图2-1

2.2.3 问题解答式

首先着重描述痛点问题，引起观者的注意和疑问，然后介绍产品创意或设计解决方案，以解开疑惑，加强观者对产品的认同感。针对用户所面临的诸多问题，提出直接有效的解决方案。需要注意的是，痛点问题必须是用户感同身受并特别在意的，产品的解决方案应切实可行。

2.2.4 故事式

通过讲故事的情节安排，衬托、凸显或强化产品信息内容。即通过精心的设计，把产品信息要素巧妙地融入故事情节中，使观者留下深刻印象。故事式的表现手法主要诉诸观者的情绪和心理，因此故事本身要具有吸引力，能够扣人心弦，引起共鸣。故事情节要简单易懂，让人看了知道在描述什么，如果故事太复杂，则观者不易看懂，不清楚要传达的信息。

Chapter

第3章 产品数字动画设计中的美学要素

产品数字动画展示包括视觉、听觉以及时间三大要素。视觉要素包括图像、文字、动画效果等。画面图形图像的造型表现力和视觉冲击力，是展示动画获得成功、最强有力的表现手段，是产品数字动画展示的首要要素。听觉要素包括旁白、音乐和音响音效。旁白是传递信息的主要手段，表意方式最直接、最明确，效果上易理解；音乐音效是制造氛围、调动节奏的重要手段。时间要素是动态动画展示的特有要素，镜头推移、切换，叙事说明的展开，情节内容的推进，都在时间轴上进行剪辑编排，这些镜头、内容如何在时间轴上展示，需要一些合理的逻辑关系、“蒙太奇”语言。

产品数字动画展示，时长相对较短，对画面中的版式设计、色调搭配、场景效果等要求高。它是兼顾视觉、听觉甚至感觉的一种艺术表现形式。要求主题明确、画面精良、视觉效果冲击力强，让观众过目不忘，或印象深刻，或赏心悦目、富有感召力等体验感受。本章主要列出了产品数字动画展示中产品主体、镜头角度、版式构图、色彩光影、文字设计、音乐音效、编排秩序、转场特效八个要素的美学设计原则、艺术处理手法或者设计制作过程中应注意的问题。

3.1 产品主体

产品主体是产品动画放在首位的展示核心，一定要清晰、准确地表达产品信息。准确表达并不是简单地再现，而是基于产品的特征，加以艺术化的润色，且恰到好处地准确传达产品信息。产品主体的数字模型要精细，材质、色彩、肌理、光影关系等品质要优良。优良的产品品质与细节，具有较强的说服力，能够吸引观者，对产品产生信任感，视觉上具有感召力。产品主体的效果图及三维动画，要根据表现内容，精挑细选合适的透视角度，比如最能体现造型特点或创意点的产品透视角度，仰视角度表现宏伟高大的气场等。为突出产品的特征、特色、创意点，可以利用特写镜头、光效等滤镜效果，来着重突出产品特点。

3.2 镜头景别

3.2.1 镜头角度

镜头角度一般有水平镜头、仰视镜头、俯视镜头三种（图3-1），还有一些特别角度的镜头，如倾斜镜头、顶视镜头、3/4镜头等。

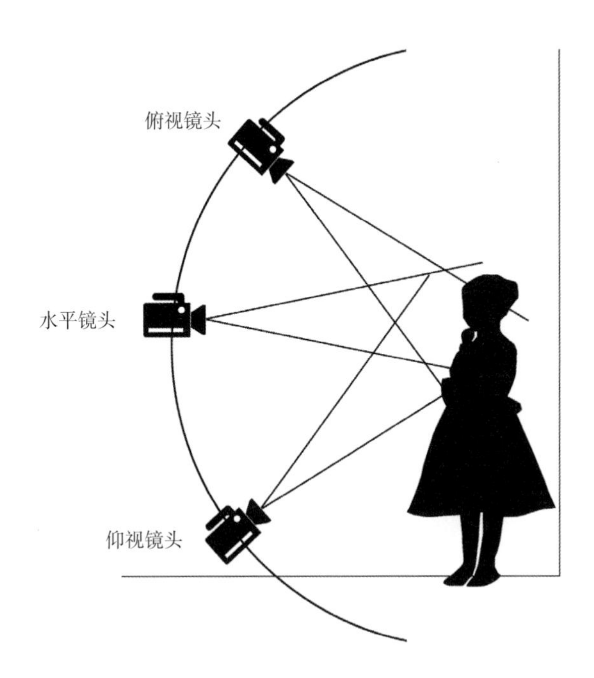

图3-1

（1）水平镜头

水平镜头是指相机与产品在同一水平线上的镜头角度，视觉效果使人感到平等、稳重或亲切感等。水平镜头在普通场景中经常使用，显得干净利索，构图具有对称、端庄的美感（图3-2）。

图3-2

（2）仰视镜头

仰视镜头是摄像机处于低于产品的水平线位置上进行拍摄得到的镜头。对于仰视镜头，由于镜头低于对象，可产生从下往上、由低向高的仰视效果。使用这种镜头，可以使产品形象得到突出、夸大，显得更雄伟高大（图3-3）。

图3-3

（3）俯视镜头

俯视镜头是一种自上而下、由高向低的镜头。这种镜头易表现画面的层次感、纵深感。表现产品时，俯视角度画面能较好地展示场景中产品的方位、阵势等，表现整体氛围。俯视镜头可以造成空间深度感与透视感，使纵向线条得以充分展现（图3-4）。

图3-4

3.2.2 镜头运动

镜头运动包括镜头的运动和镜头内部产品的运动。因为分镜头脚本是在一个二维的空间里表现出来的，所以在绘制分镜的时候我们用方向性箭头或线条来表示运动。一些常见的镜头运动包括横摇、推拉、跟镜、变焦等，其实确定分镜头是很简单的，也就是说一个画面就是一个分镜，即摄像头在同一角度、同一时间、同一空间里的画面。不在同一时空、同一角度中构成的画面可以把它分成几个不同的镜头，也就是不同的分镜。不过有时同一时空或角度里的镜头也会采用两个或几个分镜来表现。

（1）推镜头

推镜头是指被摄体不动，由拍摄机器做向前的运动拍摄，取景范围由大变小，镜头中的景物慢慢靠近观众，就像镜头一点点推近景物一样。分镜头分快推、慢推、猛推等。

（2）拉镜头

拉镜头是指被摄体不动，由拍摄机器做向后运动的拍摄，取景范围由小变大，也可分为慢拉、快拉、猛拉。镜头中的景物慢慢离观众远去，就好像镜头在一点点地拉远一样。同样，拉镜头也可以通过后移摄影机的位置或者改变镜头的焦距来实现。

（3）移镜头

移镜头又称移动拍摄。从广义说，运动拍摄的各种方式都为移动拍摄。但在通常的意义上，移动拍摄专指把摄像机安放在运载工具上，沿水平面在移动中拍摄对象。

（4）摇镜头

摇镜头是指机位固定，通过左右摇摆进行拍摄的拍摄方法。摇镜头的过程中会产生不同的透视。

（5）跟镜头

跟镜头是指跟踪拍摄。跟移是一种跟镜头的方式，还有跟摇、跟推、跟拉、跟升、跟降等，即将跟摄与拉、摇、移、升、降等20多种拍摄方法结合在一起。

3.2.3 景别

景别的大小由物体和摄像机之间的距离大小决定，可分为远景、全景、中景、近景、特写、大特写、全特写、中等特写、极特写镜头。

（1）远景

远景是视距最远的景别，它表现的空间范围最大。远景也是二极镜头之一。远景所提供的视野宽广，注重场景的全面展现，一般在体现产品的使用场景时使用该镜头。

（2）全景

“全景”是相对于主体或某一具体场景而言的。全景用于表现产品形象或产品全貌的画面，并包含一定的环境和活动空间。全景可确定产品和环境的空间关系，因此全景又称为“定位镜头”。全景往往表达视频的总角度，制约着整个视频中分切镜头的光线、色调、产品角度、位置及运动，使之相协调。

（3）近景

近景是主体大部分出现的画面或物体局部的画面，是将对象主体推向观众眼前的一种景别，它的内容更加集中到主体，画面包含的空间范围极其有限。主体所处的环境空间几乎全被排除在画面之外。

（4）特写

特写表现产品的重点区域，或为部分细节画面，常用来从细微之处表现产品的内部特征及本质内容。

3.3 画面构成

3.3.1 构成要素

构成要素是指各被展示对象在画面中依次放置的位置和视觉的重视程度，是视觉感知被展示物体的重视程度，通常分为主体、陪体、背景等（图3-5）。

（1）主体

主体是画面构成中的主要展示对象，用来表达主题思想和内容。主体形象是镜头画面最重要的一个组成部分，是画面构成的结构中心。主体是展示者构图、制作、渲染的主要对象及主要依据，处于画面最显著的位置。主体可以是一个或多个，也可以是固定的或运动的，是在进行画面构成时要重点表达的对象。

主体表现方式有直接表现和间接突出两种方式，直接表现是画面给予主体最大面积、最佳光照、最醒目位置，将主体摆放在画面结构中心，利用突出主体，准确表达主体鲜明特征和质感，达到一目了然的视觉效果。间接突出是画面通过环境烘托、气氛渲染及明暗影调、色调、虚实、动静、大小等对比手法来间接地映衬和强调主体形象。这种主体构图虽然在画面中占据面积不大，但往往处于画面构成中心，吸引人的视线。

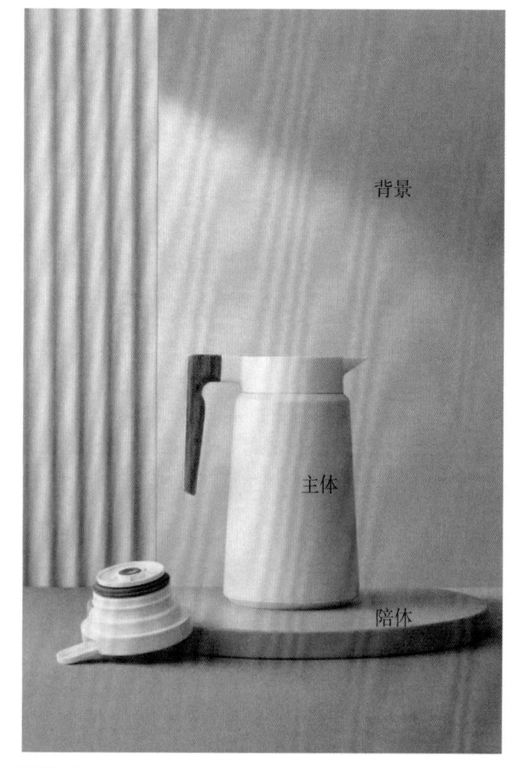

图3-5

（2）陪体

陪体在画面构成中充当主体的陪衬，帮助渲染主题，突显主体形象内容。陪体是画面构成中仅次于主体的表现对象，其存在的意义不可小觑，起到烘托、陪衬、美化和补充主体形象的作用，与主体形成均衡关系。

陪体往往能烘托出主体形象，有时候是主体含义的延伸，有时候是主体含义的补充，与主体一并构成完整的动画展示表达意义，使画面表达内容更为充分、准确再现。陪体是结构画面和平衡画面的重要部分，可以丰富画面的色彩层次和重量层次，加强镜头画面的空间纵深层次感，也可以通过交代事物、事件发生的时间、空间来衬托主体。

（3）背景

背景是画面构成中主体周围的各种景色和空间。某种意义上说，背景既展现主体的所在空间，又表达画面中产品的特性。背景通常包括场景背景和素背景（留白）。

场景背景一般处于展示主体的后面，多数为用来衬托主体、突出主体形象的场景。场景背景具有表达特定环境、创造场景气氛的特征，对主体表达起着辅助作用，与主体一起构成画面内容，揭示画面的含义。在画面空间层次上，增加画面层次深度，衬托主体，和主体形成对比。场景背景的主要特点是空间层次、色彩、影调上有着丰富画面表现性、平衡画面构图。处理过程中需要注意表达力求衬托主体，不可喧宾夺主；镜头影调、色彩、虚实、亮度要与主体形成对比；构成时尽可能简洁。

素背景（空白）是指画面中除了实体对象以外，画面中起衬托作用的色调相近、影调单一、从属于衬托画面实体形象的部分。

3.3.2 构图类型

构图要求要注意主次分明与丰富饱满；注重形式与表现高度融合；注意构图的连贯性；注意镜头画面构图平衡。

3.3.2.1 静态构图

静态构图用来表现相对静止的对象和运动对象暂时处于静止状态，与绘画、照片构图有相同之处，不同之处在于动画可以表现时间流动或镜头画框中产品的运动等。静态构图是使观者在接收信息时能够“一目了然”。静态构图追求画面的绘画性、完美性、平衡感。

静态构图的视觉意义，首先是注重画面的绘画性，要充分考虑受众的视觉心理需要，安排好光线、色彩，控制好镜头的时间长度、景别大小，要防止由于构图本身的作用，造成观众视觉分散和呆板，使连贯的静态构图具有拼贴画面的感觉。其次是确定动画风格样式，在产品数字动画展示中，静态构图会形成明快和沉稳两种鲜明的节奏风格。静态构图是客观静止的表达，可以使作者的主观意图、形式、手法得到集中体现。作者应该考虑如何使观众的视觉更集中，保持视觉上的一种平衡、稳定。最后，静态构图具有强调和渲染的作用，动画展示中静态画面产生的节奏和视觉效果会成为一种积累。静态构图在运动画面中作为转换、作为句号，或者是为了场景处理中的铺垫，用以表达创作者在构图中要强调的内容。

3.3.2.2 动态构图

动态构图是画面中的表现对象和画面结构不断发生变化的构图形式。

动态构图的视觉意义，强调的是构图组合变化所带来的视觉流动的效果，在变化中给观众以更多的运动视觉信息与运动视觉享受。动态构图一般均为多构图形式，由于主体及镜头的格子运动或者同时运动，产生了方向、方位的纵深调度关系，产生了焦点虚实的更迭、前后物体的变化、产品关系的变化，构成画面造型元素多少及位置的变化、角度和景别的变化等，这些变化都使镜头画面不断地产生各种构图组合。

动态构图会表达更多的画面风格样式，由于动态构图本身所造成的视觉构图的更换，带动了画面构图形式充分变化的同时，会形成极为鲜明的视觉形象和多变的画面节奏。

3.3.2.3 常见构图方法

（1）黄金分割

黄金分割具有严格的比例性、艺术性、和谐性，蕴藏着丰富的美学价值，比例为1：0.618。

一般将主体事物放在黄金分割线上，或者将需要表达的主体点放在黄金分割点上，可以在强调该事物主体位置的同时达到很好的构图效果（图3-6）。黄金分割线和黄金分割点用于产品数字动画展示创作中，可以在完善构图的同时突出主体，增强构图美感。

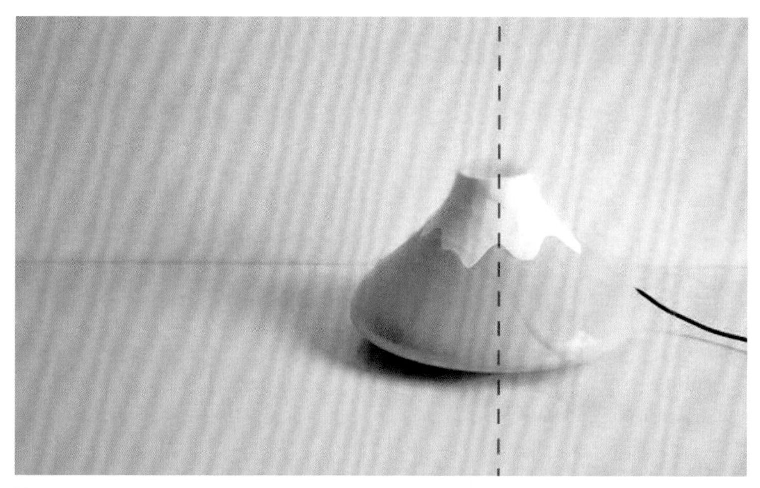

图3-6

（2）井字构图

在画面中长宽边各三等分画线形成的4个交点，在4个点设定产品主展示位置，是简化版的黄金比例分割法（图3-7）。

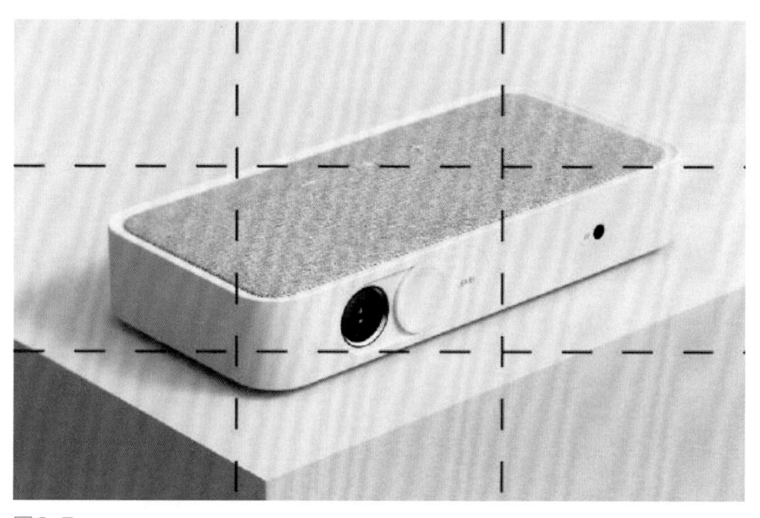

图3-7

（3）阵列构图

在展示时摆放多个同一系列形态一样、大小不一致的产品；或者形态一样、颜色不一样的产品排开会有如音律感的美，例如瓶罐和手机、食品类等都会常用到这样的处理方式（图3-8）。

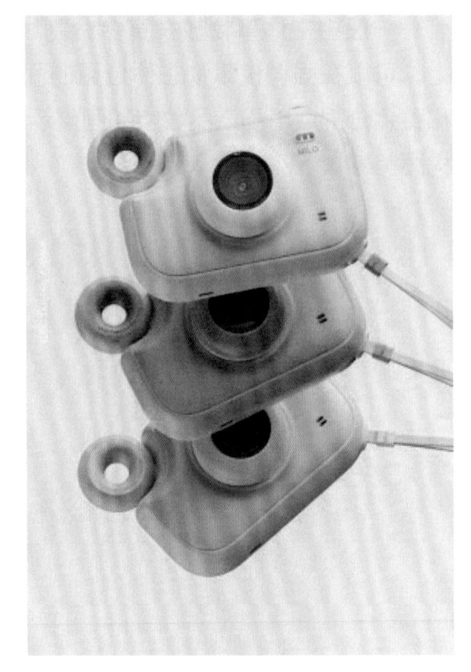

图3-8

（4）平衡画面构图

在要表现两个以上商品时可以考虑通过摆放产品形态大小配合产品本身的色彩和材质打光，小的商品色彩艳些、亮度高一些，大形态的商品则相对暗一些，这样表现在画面中会比较平衡（图3-9）。

图3-9

（5）背景视觉交点构图

把产品置于背景画中构图元素线条的交汇处，让画面中的纹理或线条引导视觉到主展示商品上（图3-10）。

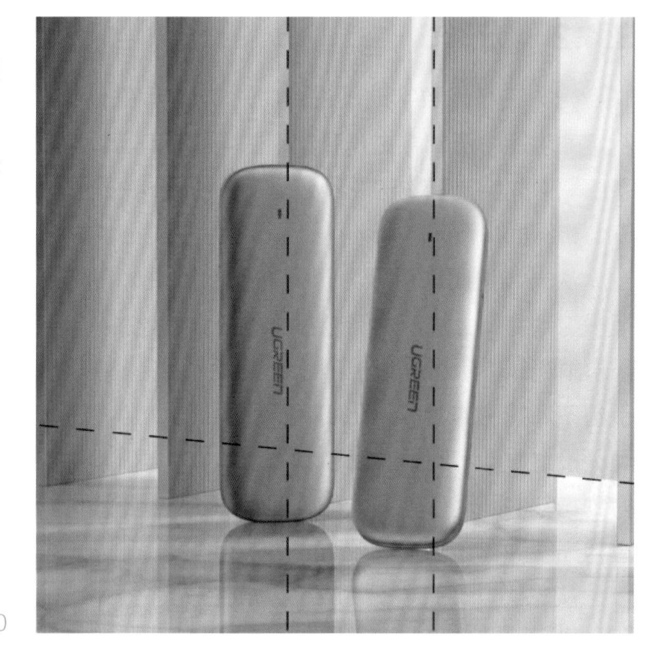

图3-10

3.4 色彩光影

3.4.1 色调

色调是对一部数字动画作品整体颜色的概括评价，是指一部作品色彩外观的基本倾向，一部数字动画作品虽然用了多种颜色，但总体有一种倾向，是偏蓝或偏红，偏暖或偏冷等，这种色彩上的倾向就是一部作品的基本色调。色彩基调的基本表现方式有暖色调、冷色调、单色调、浅色调、强烈对比色调。

画面的色彩基调与色彩搭配，要符合整体动画的主题风格特征，以及产品的属性特征，例如，智慧家电类产品，色彩搭配可以以表现科技感为依据，选择深色背景，蓝色光效，金属质感颜色等；食品类产品，则要体现新鲜、美味、营养，可选择橙色、柠檬黄等色彩。对于具有品牌形象的产品，色彩设计要符合企业视觉品牌形象系统的用色规范。采用统一的企业标志性的色彩形象，提升用户对品牌的识别度。

背景色的应用，要突出产品主体，可以选用产品主体色彩的对比色，或者利用光影关系、明度、饱和度的差异调配，与产品主体色彩拉开距离。

3.4.2 光影

光影在产品数字动画设计中对产品起着重要的烘托作用。光的类型、排布具有一定的功能，例如，主光源起着主导照明作用，辅助光调节光比，平衡图像亮暗面关系，轮廓光突出景物的轮廓造型。光线是构图的重要组成内容，决定画面气氛、画面造型和画面影调。

从光线性质来讲分为直射光线、散射光线和混合光线。直射光线又叫硬光，是指投射到物体上能产生清晰投影的光线，比如晴朗天气下的太阳光、聚光灯照明都属于直射光线。散射光线也叫软光或柔光，是指光线投射到物体上，投影边界柔滑或几乎看不清投影的边界，比如阴天的光线为散射照明。散射光线是块状光源，不是点光源，投射方向不明显，照在物体上没有明显的明暗变化。使用此种光线时，物体可以得到均匀的照明，影调柔和，但物体的立体感较弱。混合光线是指在某一场景中既有直射光线的存在，又有散射光线的存在。

从光线方向来说分为顺光、侧顺光、侧光、侧逆光、逆光、脚光、顶光等。光线方向，主要是相对摄影镜头而言的，也可以说是根据观察者视角而言的，是指光源位置与拍摄方向之间所形成的光线照射角度。任何光位的确定都取决于视点（拍摄位置），视点的变化就意味着光位的变化，意味着拍摄对象受光面积、方向等光线效果的影响。

顺光使被摄体受到均匀的照明，影调柔和，能很好地还原景物固有的色彩效果，但镜头画面比较平淡，表现立体效果较差。在色调对比和反差上也不如侧光、侧逆光丰富（图3-11）。

图3-11

侧光照明可以使被摄体有明显的阴暗面和投影，对产品的立体形状和质感有较强的表现力，但往往形成一半明一半暗的影调和层次。侧顺光和侧逆光是倾斜部分角度的侧光照明，可以很好地表现产品的轮廓和立体感（图3-12）。

图3-12

逆光由于是从背面照明，只能照亮被摄体的轮廓，所以又称作轮廓光（图3-13）。

图3-13

顶光是来自被摄体上方的光线。在顶光照明下，景物的水平面照度大于垂直面照度，景物的亮度间距大，缺乏中间层次。在顶光下拍摄产品，会产生反常的、奇特的效果（图3-14）。

图3-14

图3-15

脚光是由下方向上照明的光线，这种造型光线形成自下而上的投影，产生独特的氛围效果（图3-15）。

3.5 文字设计

产品数字化展示中的文字包括标题文字及展示内文两种类型。文字作为传达信息的工具，阅读性是其第一特性；另外，文字也具有一定的艺术性。

3.5.1 标题设计

标题文字一般作为产品数字化展示的开篇影像，旨在将产品主要信息直接传达给观者，内容要简洁、明确，字数不宜过多，一般控制在7字以内，最多不超过15字，阅读起来才能比较顺畅，让人印象深刻。

另外，应选用适当的字号、字体、字形或特效等艺术处理，以吸引观者的注意力。对于动画标题，常会用到变体字，变体字是指运用艺术性表现方式将文字进行重新设计，在一定程度上摆脱了原有文字形式的束缚，但在设计时必须充分考虑字体风格与画面整体风格及主题内容的一致性。标题性的文字字号一般在14磅以上，并且要把握文字的间距。

3.5.2 内文设计

3.5.2.1 内文基本属性设计

文字的基本属性包括：字体、字号、字距、行距等。字体的选择要与整体画面的风格统一，达到视觉平衡的效果。字号选择方面，在一般情况下，当字号小于4磅时会造成阅读障碍，因此正文文字应为9~12磅。对于字距、行距的把握，不仅是阅读性的需要，也是艺术性的要求。

3.5.2.2　内文对齐方式、排布位置、编排秩序的设计

内文常用的对齐方式有六种：左右对齐、左边对齐、右边对齐、居中对齐、自由排列、文字绕图。对齐方式的合理应用会使动画中的内文与画面整体统一，显得整齐、有规律。在选择对齐方式时，应将文字段落看成整块形状，当作画面中的视觉成分之一，符合画面的整体逻辑关系。例如，较工整的版式，文字段落要根据构图特征齐头或齐尾，不要首行缩进字符；再如倾斜分割式的版式设计，文字段落的整块造型则要与画面构图分割的方向一致；透视性较强的画面可根据其透视关系对内文进行设计。内文文字应根据展示的信息内容，选择一个恰到好处的位置，例如介绍某一个功能部件时，解释说明文字要靠近该部件，或者符合画面版式设计的造型逻辑关系。动画内文的编排在秩序上要有节奏感，迎合产品主体的动画展示节奏（图3-16）。

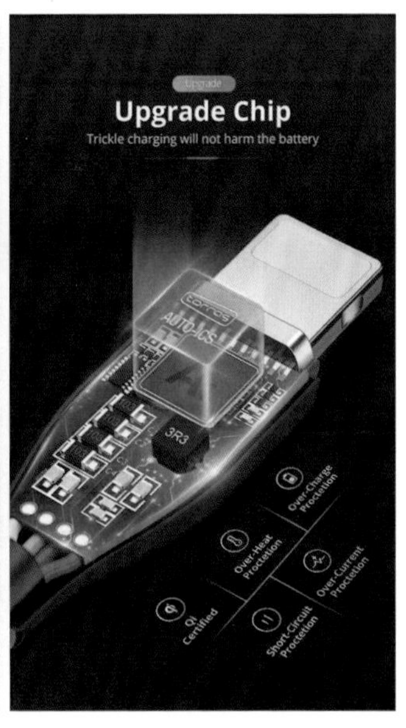

图3-16

3.5.2.3　内文的层次关系

从功能角度讲，动画中的内文也有很多种，如正文、注释等，它们共同构成了整个画面的文字系统。而且对内文进行设计时，需要展现出不同功能性内文的层次关

系，让观者在观看时能感受到内文的逻辑框架。通常从两个方面着手。首先，可以通过改变文字字号和字体的方式来调整文字之间的层次关系。字体的选择对文字层次关系的形成至关重要，通常选择规整、清晰的字体作为正文字体；选择斜体作为注释字体。另外，可以通过改变字体的颜色形成文字间的层次关系，不同颜色的字给人带来的视觉感受不一样，纯度高、与背景颜色对比强烈的字体更加醒目。

3.6 音乐音效

产品数字动画展示常用背景音乐来渲染气氛，使观者轻松，或者刺激观者的注意力，或者音乐与画面配合使展示内容更具吸引力。音感主要是指人耳对音乐的各方面感知，包括距离感、空间感、环境感、运动感、方位感。在产品数字动画设计中的音乐音效里考虑音感可以让声音效果更加真实突出。产品数字化展示中的音乐音效起到配合画面，营造气氛、吸引受众注意，诱导关注，加强品牌好感度的重要作用。对于产品数字动画来说，根据动画的创意点来进行整体的表现，通过音乐音效的配合，能够更加深化产品的主题及印象，让受众更容易接受、记住产品信息。产品数字化展示当中的声音类型分为音乐、音效和人声。

3.6.1 音乐

音乐是以音乐艺术的特征来服务产品数字动画展示中的主题，进而帮助产品展示更好地发挥功能。音乐主要依靠在产品宣传过程中作为一种听觉背景来引导想象或者衬托视频画面，丰富产品数字动画展示的表现力，增加听觉和视觉的感染力，是画面展示节奏、氛围烘托的重要元素。在背景音乐的选择上，要符合整个展示主题风格的意境，以美的或者具有个性风格的旋律，来烘托、活跃氛围，引起观众的兴趣和注意，突出展示主题，使产品数字化展示富有感染力。另外要根据产品内容信息的展示节奏，选择调动节奏变化的适当音乐音效。注意背景音乐与镜头画面内容的配合，音乐在时间上、情节上、节奏上与相应镜头内容的相互匹配。

3.6.2 音效

音效是除了人声和音乐之外的其他声响，包括自然环境中的声响，动物的声音、机器工具的声响、人的动作发出的各种声音等。音效是辅助音乐或者画面而存在的，在电视广告中可以暗示任务的行为、转换场景等，在产品数字动画展示中，可以增加听觉趣味，不会因为单纯的音乐和语言而觉得单调，增强吸引力或注意力。

3.6.3　人声

人声主要是人物的对话以及旁白，在产品数字动画展示中，对话主要围绕产品进行，用语言直接传达信息，介绍产品特征，或者利用语言来吸引注意力。人声解说播音的语感符合主题意境特点，速度适中，自然生动、抑扬顿挫，节奏分明，给人以语言美的享受。

3.7　编排剪辑

3.7.1　编排秩序

编排秩序要符合可视性和逻辑性两方面的要求，好的编排秩序可以让设计表达清晰易读。

可视性是指视觉流程的合理性、流畅性。编排设计应遵循“阅读最省力”的原则，注重画面的空间运用。编排的可视性与人的视觉流程规律和视线诱导因素有着直接的关系。视觉流程规律有固定的认识模式。视线诱导包括：线性方向、形状方向、组合排列、运动趋势等。

逻辑性是指主次信息的有序传达。这种主次分明的视觉层次，有助于使画面产生条理、秩序、统一的视觉效果，有助于主次信息的有序传达，并使观者感受到信息的积极意义。

3.7.2　镜头剪辑

剪辑是指将零散镜头的画面和声音等内容，进行选择、整理和裁剪，然后按照一定的逻辑关系、“蒙太奇”手法、赋予艺术效果的顺序进行组接，成为一段完整的展示视频。

后期剪辑要处理的最基础性的问题，就是镜头与镜头之间的时间和空间关系。应注意以下几个方面。

（1）突出产品主体

镜头剪辑中需遵循突出展示主体的本质特征，强化主体内容，引导观者加深对画面主题和内容的理解，增强影视艺术的感染力。

（2）注意循序渐进的景别变化

一般来说，制作一个展示场景的时候，景别的变化不宜过分剧烈和跳跃，否则就不容易连接起来；相反，如果景别的变化不大，同时镜头角度也没什么变化，那么所拍摄出的镜头也不容易组接。因为在进行镜头剪辑时，景别的变化需要遵循着循序渐进的原则，循序渐进地变换不同视觉距离的镜头，这样可以形成顺畅的连接。

（3）注意轴线规律

轴线是由被摄对象的视线方向、运动方向和对象之间关系所形成的一条假定的直线。镜头组接过程中，画面经过分切，使观众在观察、认识事物的方向、角度、空间、时间顺序等方面产生一定的间断。为了能使观众在观看动画展示作品时形成统一、完整的空间概念，在镜头组接时必须合理安排画面空间的方向性，遵循轴线规律。

（4）注意画面连贯性

镜头组接要遵循“动接动”“静接静”的规律。如果两个画面中的主体运动是不连贯的，或者它们中间有停顿时，那么这两个镜头的组接，必须在前一个画面主体做完一个完整动作，停下来后，接上一个从静止到开始的运动镜头，这就是“静接静”。

（5）画面时长要适宜

每个镜头的时间长短，首先是根据要表达的内容难易程度、观众的接受能力来决定的，其次还要考虑画面构图等因素。

（6）注意节奏规律统一

节奏处理得恰当与否直接影响着观者欣赏的兴趣和作品的成败。产品动画展示作品的题材、样式、风格以及情节的环境气氛、起伏跌宕等，是产品数字动画展示节奏的依据。

3.8 转场特效

转场特效是指从上一个镜头到下一个镜头之间的过渡，一般的类型有切换、淡出与淡入、划像、叠化等。特效类有百叶窗、轮辐、溶解、形状、擦除、梳理、抽出等。

3.8.1 切换

切换，也叫硬切，是指一个镜头瞬间变换成另一个镜头。切换符合人的普遍认知心理，所以，切换是使用最多的转场视觉效果，同一场景内的镜头之间的转换一般使用切换。

3.8.2　淡出与淡入

淡出是指上一段落最后一个镜头的画面逐渐隐去直至黑场（图3-17），淡入是指下一段落第一个镜头的画面逐渐显现直至正常的亮度（图3-18）。淡出与淡入画面的长度，一般各为2s，但实际编辑时，应根据作品的情节、情绪、节奏的要求来决定。影片中淡出与淡入之间可以有一段黑场，给人一种间歇感。

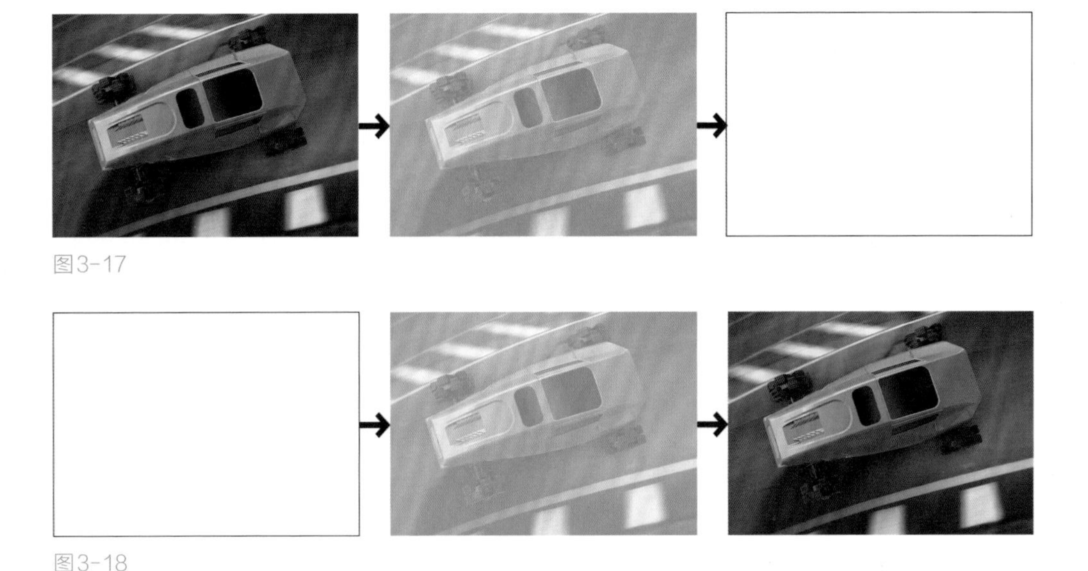

图3-17

图3-18

3.8.3　划像

划像，可分为划出与划入。前一个画面从某一方向退出屏幕称为划出，下一个画面从某一方向进入屏幕称为划入（图3-19）。划出与划入的形式多种多样。

3.8.4　叠化

叠化指前一个镜头的画面与后一个镜头的画面相叠加，前一个镜头的画面逐渐隐去，后一个镜头的画面逐渐显现（图3-20）。叠化主要有以下几种功能：一是用于时间的转换，表示时间的消逝；二是用于空间的转换，表示空间已发生变化；三是用叠化表现梦境、想象、回忆等插叙、回叙场景；四是表现景物变幻莫测、琳琅满目、目不暇接。

图3-19

图3-20

3.8.5 特效类

百叶窗如图3-21所示。溶解如图3-22所示。渐变擦除如图3-23所示。扭曲过渡如图3-24所示。

图3-21

图3-22

图3-23

图3-24

Chapter

第4章 常用软件及基本操作方法

4.1 产品数字动画设计常用软件及简介
4.2 犀牛 Rhino 建模软件
4.3 KeyShot 渲染软件
4.4 After Effects 后期合成软件

4.1 产品数字动画设计常用软件及简介

产品数字动画设计技术包含三维模型、仿真环境、相机/刚体动画、展示特效、说明文字、音乐音效、影响视频，其中会涉及建模软件、渲染软件和后期合成编辑及特效制作软件。以下是各类型的常用软件。

①三维建模软件：有Rhino、3DS Max、Pro Engineer、Unigraphics NX、Alias、SolidWorks等，其中产品或工业设计常用的建模软件为Rhino、Alias、3DS Max。

②渲染软件：有KeyShot、Hypershot、V-ray、Autodesk Showcase等。

以上有些软件具有动画制作功能模块，如3DS Max、SolidWorks、KeyShot。实现从建模、动画制作、到渲染，全套解决方案的全能综合型软件有Cinema 4D、3DS Max、Maya、Softimage、Blender等。

③后期合成编辑及特效制作软件：主要有After Effects、Premiere等。

本书选择了Rhino、KeyShot、After Effects三款软件来介绍产品数字动画设计与制作的基础操作软件。

①Rhino（Rhinoceros，犀牛）是美国Robert McNeel & Associates公司开发的功能强大的专业三维建模软件。它可以广泛地应用于工业设计、建筑设计、机械设计科学研究等领域。Rhino的三维建模功能强大，界面简洁，操作简便，对于准确快速地表现设计创意有着无可比拟的优势。

②KeyShot（The Key to Amazing Shots）是一个互动性的光线追踪与全域光渲染程序，无须复杂的设定即可产生相片般真实的3D渲染影像，还可以制作渲染动画以及VR，是目前比较流行的主流渲染软件之一。

③After Effects是Adobe公司推出的一款层级式的图形视频处理软件，相对于NUKE、Fusion等节点式处理软件的优点是简单易学、操作快捷、支持的文件格式繁多和第三方插件强大等，这使After Effects深受广大艺术家及相关行业人员的喜爱，成为业界中的佼佼者。After Effects不仅能整合各种类型的文件素材，还能通过其强大的特效滤镜，快速地制作出酷炫的特技效果。在处理小规模的电影、电视、广告和动画等方面，After Effects是首选的处理方案。

4.2　犀牛 Rhino 建模软件

4.2.1　软件介绍

4.2.1.1　界面介绍

Rhino 6界面主要由标题栏、菜单栏、命令栏、工具箱、工作视图、状态栏和建模辅助工具等部分组成，如图4-1所示。

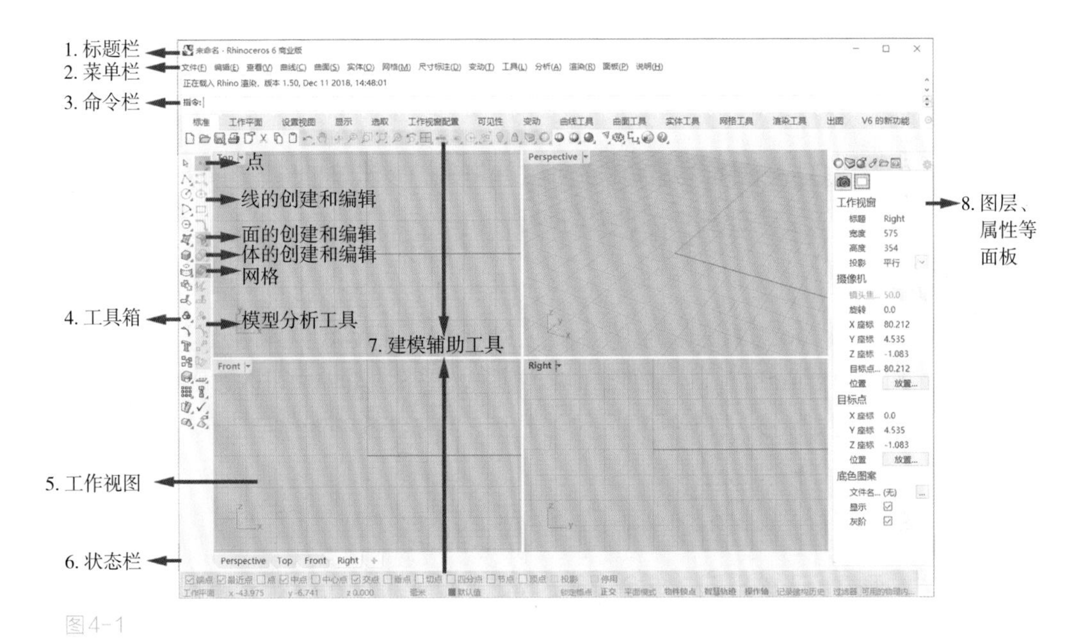

图 4-1

（1）标题栏

标题栏位于软件界面最上方，左侧显示的是软件图标和软件名称以及软件版本，右侧是用来控制窗口状态的3个按钮。

（2）菜单栏

菜单栏位于标题栏下方，用到的绝大多数命令都可以在下拉菜单中找到，所有命令都是根据命令的类型来分类的，包括文件、编辑、查看、曲线、曲面、实体、网格、尺寸标注、变动、工具、分析、渲染、面板和说明菜单。

（3）命令栏

命令栏可以显示当前命令执行的状态、提示下一步的操作、输入参数、显示分析命令的分析结果、提示命令操作失败的原因等信息，并且许多工具还在命令栏中提供了相应的选项，在命令栏中的选项上单击即可更改该选项的设置。

（4）工具箱

若要在Rhino中执行某个命令，有以下3种方法。

①选择菜单栏中的相应命令。

②在命令栏中输入命令。

③单击工具箱中的按钮选择相应命令。

将鼠标光标停留在一个按钮上，将会显示该按钮的名称。Rhino中很多按钮集成了两个命令，使用鼠标左键单击该按钮和使用鼠标右键单击该按钮执行的是不同的命令。

工具箱中有很多按钮图标右下角带有小三角符号，表示该工具下还有其他的隐藏工具。在图标上按住鼠标左键不放可以链接到该命令的子工具箱。

（5）工作视图

默认状态下Rhino的界面分为【Top】（顶视图）、【Front】（前视图）、【Right】（右视图）和【Perspective】（透视图）4个视图。在下拉菜单中可以选择相应视图，用鼠标左键双击视图标签，使该视图最大化显示。具体建模的操作与显示都是在视图区中完成的。

（6）状态栏

状态栏主要显示当前坐标、捕捉、图层等信息。熟练地使用状态栏能够提高建模效率。

（7）建模辅助工具

如图4-1中所示的建模辅助工具，在建模过程中使用非常频繁，单击相应的按钮即可切换其状态，字体显示为粗体时为激活状态，正常显示时为关闭状态。

【锁定格点】：激活此按钮时，可以限制鼠标光标只在视图中的格点上移动，这样可以控制绘制图形的数值和图形的精确性，使图形的绘制更加快捷、准确。

【正交】：激活此按钮时，可以限制鼠标只在水平和竖直方向移动，即沿坐标轴移动，对绘制水平或竖直的图形十分有用。

【平面模式】：激活此按钮时，可以限制鼠标光标在同一平面上绘制图形，这样可以避免绘制偏离相应的空间平面。平面位置的确定以第一个绘制点为准。

【物件锁点】：单击此按钮，可以开启或关闭物件锁点工具栏。

（8）图层、属性等面板

默认界面右侧显示的是【即时联机说明】对话框，当在Rhino中执行某个命令时，在该对话框中会即时显示该命令的说明与帮助，方便初学者快速掌握Rhino的工具与命令。用户也可以将常用的对话框（如【图层】、【属性】面板）放置在此处，以方便操作。图层及属性面板是对物体模型进行分层管理、材质、渲染等属性的编辑操作。

4.2.1.2　基本设置

在开始建模之前，我们需要针对建模的内容来设定工作环境，软件默认的工作环境并不一定适合使用者的要求，这就需要用户根据个人习惯和建模的需要进行相应的设置。本小节将对Rhino7.0工作环境的设定进行系统的介绍。

（1）单位

建模之前，根据建模的内容，先设定好所基于的单位。单击【Rhino选项】对话框左侧列表中的【单位】选项，即可设置单位。【模型单位】用来设置模型的单位，用户可以任意选择或自定义。对于尺寸较大的产品，单位可以使用“厘米”或“米”；当建模对象尺寸较小时，可以基于“毫米”进行建模。

（2）显示模式

Rhino提供了线框模式、着色模式、渲染模式、半透明模式和X射线模式以及平坦着色6种视图显示模式。用户可以根据建模的需要进行任意切换。在视图名称上单击鼠标右键，在弹出的列表中可以选择用户需要的显示方式。

（3）捕捉设置

在使用Rhino进行设计的过程中，使用捕捉设置可以提高建模的精度。捕捉设置主要在图状态栏中的【物件锁点】工具栏中进行，包括端点、最近点、点、中点、中心点、交点、垂点、切点、四分点、节点、顶点、投影和停用物件锁点。

4.2.1.3　视图及物体基本操作

（1）视图的操作方式

透视图一般不用于绘制曲线，可以在该视图中观察模型的形态，有时在此视图中通过捕捉来定位点。用户可以根据需要更改视图，在视图名称上单击鼠标右键，在弹出的菜单中选择【设置视图】下的相应选项即可。

①视图的平移。单击工具箱中的（平移）按钮，在视图中按住鼠标左键拖曳鼠标光标可平移视图。通常使用快捷键可以提高作图速度，快捷键如下。

a. 正交视图：按住鼠标右键拖曳。

b. 透视图：按住Shift键，并按住鼠标右键拖曳，下面简称为“Shift+鼠标右键”。

②视图的缩放。单击工具箱中的（动态缩放）按钮，在视图中按住鼠标左键拖曳即可缩放视图，快捷键为“【Ctrl】+鼠标右键”，也可以用鼠标滚轮缩放视图。

工具箱中其他缩放按钮说明如下。

（框选缩放）按钮：按住鼠标左键并拖出相应的矩形范围，视图将会把框选范围进行放大，适用于对模型某个局部的观察。

（缩放至最大范围）按钮：将该视图中的所有物体调整到该视图所能容纳的最大范围内，便于对模型整体的观察。

（缩放至选取物体）按钮：将所选择的物体缩放至该视图的最佳大小。

③视图的旋转。视图的旋转，一般操作都是对透视视图的旋转。单击工具箱中的（旋转）按钮，在视图中按住鼠标左键拖曳鼠标光标可旋转视图，或直接按住鼠标右键拖曳。

（2）对象的选择方式

Rhino为用户提供了多种对象选择方式，包括点选、框选、按类型选择、全选和反选等。其中，前3种选择方式比较常用。下面对常用的点选、框选和按类型选择进行详细介绍。

①点选。点选单个物体的方法非常简单，只需在所要选取的物体上单击即可，被点选的物体将以亮黄色显示。与点选相关的使用方式如下。

a. 取消选择：在视图中的空白处单击，可取消所有对象的选取状态。

b. 加选：按住Shift键，再点选其他对象，可将该对象增加至选取状态。

c. 减选：按住Ctrl键，再单击要取消的对象，可取消该对象的选取状态。

该方法适合有多个物体模型重叠在一起需要选择其中一个时，软件就会弹出【候选列表】，视图中待选的对象会以粉色框架显示，在【候选列表】框中选择待选物体的名称，即可选取该对象。如果【候选列表】框中没有要选择的对象，选择【无】选项，或直接在视图中空白处单击即可，然后重新进行选取。

②框选。当按住鼠标左键从左上方向右下方进行框选时，只有被完全框住的物体才能被选中；而从右下方向左上方进行框选时，只要选取框与待选取的物体有接触就可以被选中。

③按类型选取。在一个场景中的所有物体，系统能够按类型将其分为曲线、曲面、多边形、灯光等几类，按类型选取的方法可以很方便地同时选取场景中的某一类物体。按下标准工具栏中的全部选取按钮不放，即可弹出子工具，可按各种类型进行选择。这些选择方式也可以在【编辑】/【选取物体】命令中找到。

4.2.2 建模方法及思路

Rhino中点、线、面的建模是以NURBS为核心的建模理论。NURBS全称为“Non-Uniform Rational B-Splines”意为“非均匀理性B样条线”。NURBS建模，即曲面建模，是由曲线和曲面来定义的，是由点生成线，由线生成面，再由面组成立体模型，曲线由控制点控制曲线的曲率、方向、长短。也就是可以通过设置点、线、面来精准地控制模型造型。产品设计的模型是尺度、造型精准的模型，且可转换模型文件为3D Studio、IGES、STEP、OBJ等格式，运用于诸多三维设计、工程设计软件、渲染软件中进行编辑、渲染、样机模型制作等。

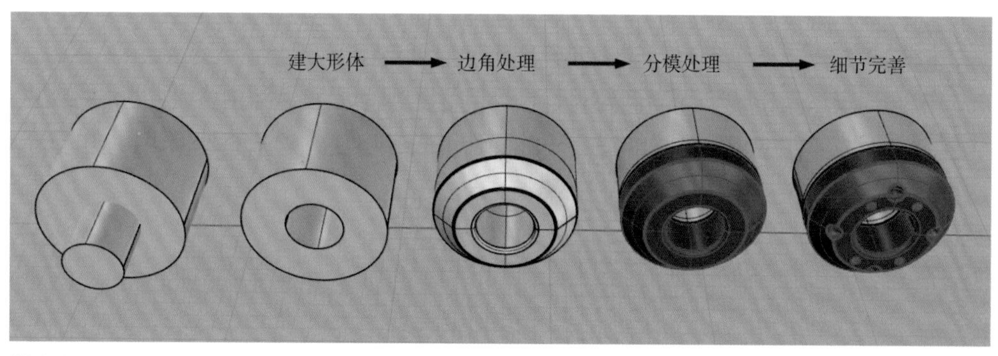

图4-2

Rhino一般的建模方法包括实体建模法和曲面建模方法两种。

实体建模法是由整体到细节、由大到小的建模思路，即先创建一个大形体，再逐步分解，处理细节模型的建模思路。适用于造型简洁、几何体形态的产品建模。

实体建模基本思路如下。

【建大形体】：利用圆柱体工具创建两个不同直径的圆柱体，再用布尔运算差集工具剪掉中间的圆柱体。

【边角处理】：利用边缘斜角、边缘圆角工具倒直切角和倒圆角边。

【分模处理】：按材质、配色或造型特征分模。创建一个辅助平面，其大小关系及位置关系如图4-3所示，平面与圆柱体的交界，即分模的边界。利用布尔运算分割工具，分割圆柱体为两部分，删除辅助平面。将前半部分放置于图层01，倒圆角处理分模处细节。

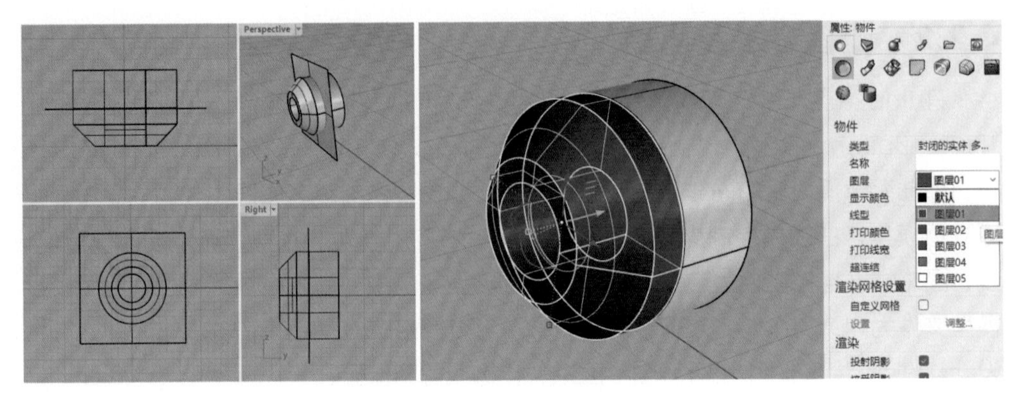

图4-3

【细节完善】: 最后创建、拼接或分割出其他细节模型。

曲面建模法是由线到面再到整体、由小到大的建模思路，即由多个曲面拼接组合成复杂曲面或实体的建模方法。适用于曲面造型复杂多变，需分面建模再拼接的产品造型建模。

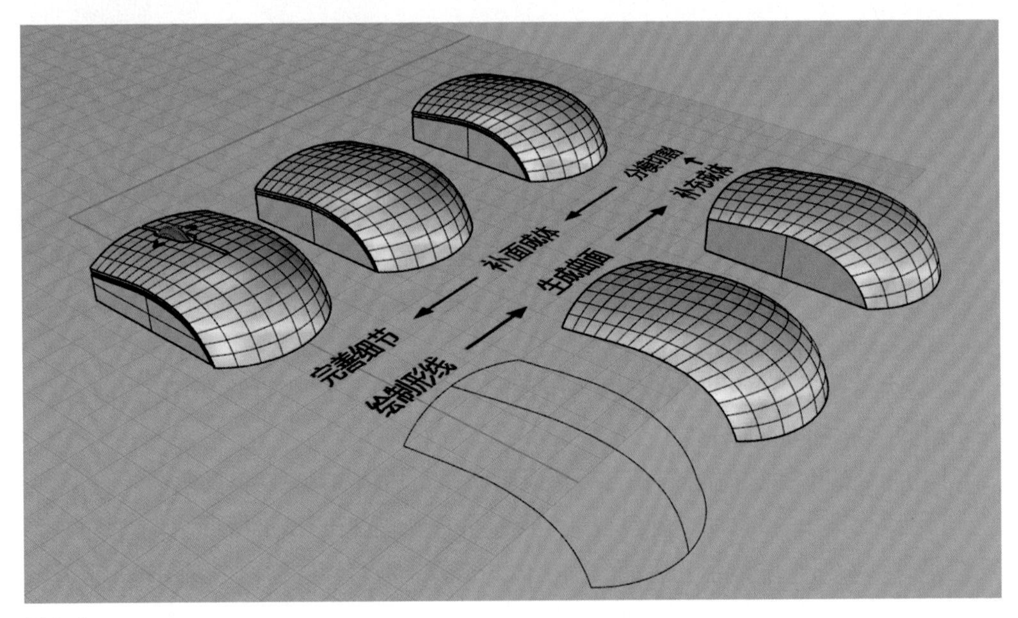

图4-4

曲面建模基本思路如下。

【绘制形线】: 利用曲面工具 并精调控制点，绘制出曲面的主要结构形线。

【生成曲面】: 利用从网线建立曲面工具 ，生成曲面。

【补充成体】：根据造型特征，利用以上曲面或其他曲面创建方法，补充成体。

【分模切割】：创建切割辅助线，利用分割工具 将模型分为上下两部分。

【补面成体】：依据曲面结构线，补面成体。

【完善细节】：处理倒角、细节分模、细节模型等。

Rhino的曲面建模方法有很多种，除了利用从网线建立曲面工具外，工具栏中常用的曲面生成工具还有指定三个或四个角建立曲面 、以平面曲线建立曲面 、放样 ，以及以二、三或四个边缘曲线建立曲面 、嵌面 、单轨扫掠 、双轨扫掠 等。要根据模型的具体情况选择合适的曲面生成工具。

4.3 KeyShot 渲染软件

4.3.1 软件介绍

4.3.1.1 界面介绍

KeyShot 10.0的界面主要由主菜单栏、顶部工具栏、资源库面板、项目面板、面板工具栏、工作视图六个部分组成，如图4-5所示。

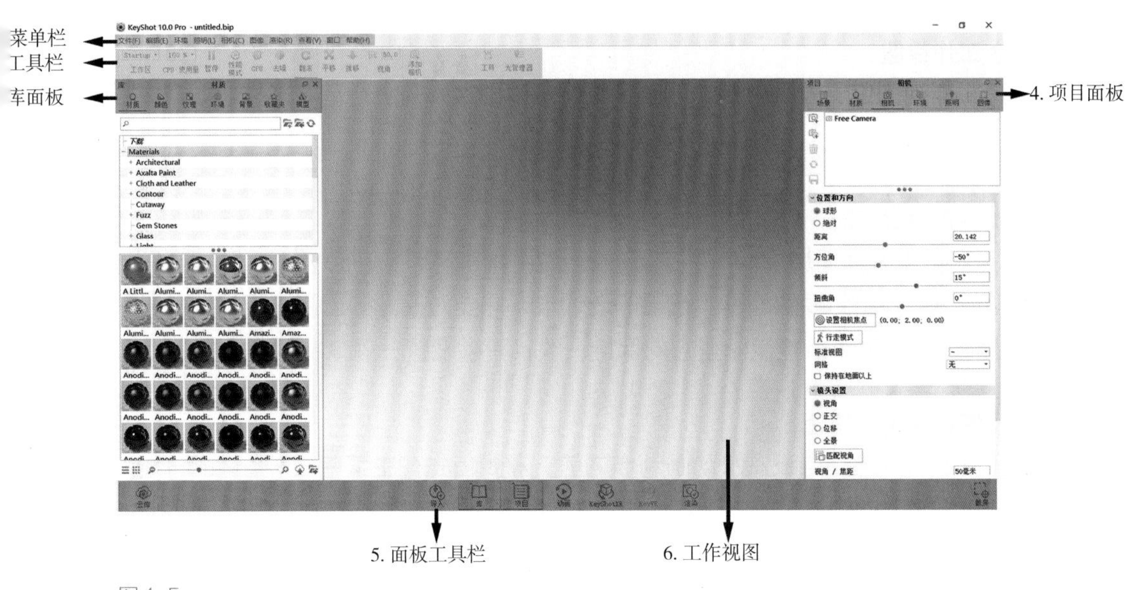

图4-5

（1）主菜单栏

主菜单栏位于界面顶部，这里包括文件、编辑、环境、照明、相机、图形、渲染、查看、帮助的下拉菜单，可以实现文件存储、动作的编辑、设置环境等功能。

（2）顶部工具栏

顶部工具栏位于主菜单栏下面。主要进行工作区、渲染性能模式、视图、相机视角等设置和操作。

（3）资源库面板

资源库面板位于界面左侧，包括材质库、颜色库、纹理库、环境库、背景库、收藏夹、模型库，可以根据需求对产品模型进行相应的添加。

（4）项目面板

项目面板位于界面右侧，包括场景、材质、相机、环境、照明、图像，涵盖了场景中的所有内容和选项的设置与编辑。

（5）面板工具栏

面板工具栏位于界面底部，可以快捷地进行导入文件、打开库或项目、动画制作、渲染输出等操作。

（6）工作视图

工作视图位于界面中部，可以实时显示模型状态并进行基本操作。

4.3.1.2 基本设置

（1）导入模型方向

KeyShot在使用前通常需要进行一些常用基本设置。KeyShot在选择完导入的模型后，会弹出对模型的基本设置的选项卡，需要对模型的位置进行设置，一般选择*Z*轴向上，与Rhino建模模型方向保持一致，其余设置一般情况下保持默认。

（2）图像分辨率预设

在进行产品渲染设置及动画制作之前，需要首先在主菜单栏-图像的分辨率预设中选择好画面的像素/分辨率大小，可以根据展示需求进行选择，输出画面要求越高，选择的像素应越大。要注意的是输出文件时要保证所输出文件的分辨率前后一致。

（3）背景

在添加光环境之后，需要对环境背景进行设置。有三种背景类型，包括照明环境、颜色和背景图像。照明环境即以所选择的照明环境HDRI贴图为背景；颜色背景是自定义纯色背景；背景图像可选择JPEG、TIFF等图片格式的图像作为背景。颜色和图像类的背景只是背景的图像不同，但是环境中的光影特征还是与照明环境的设置有关联的。

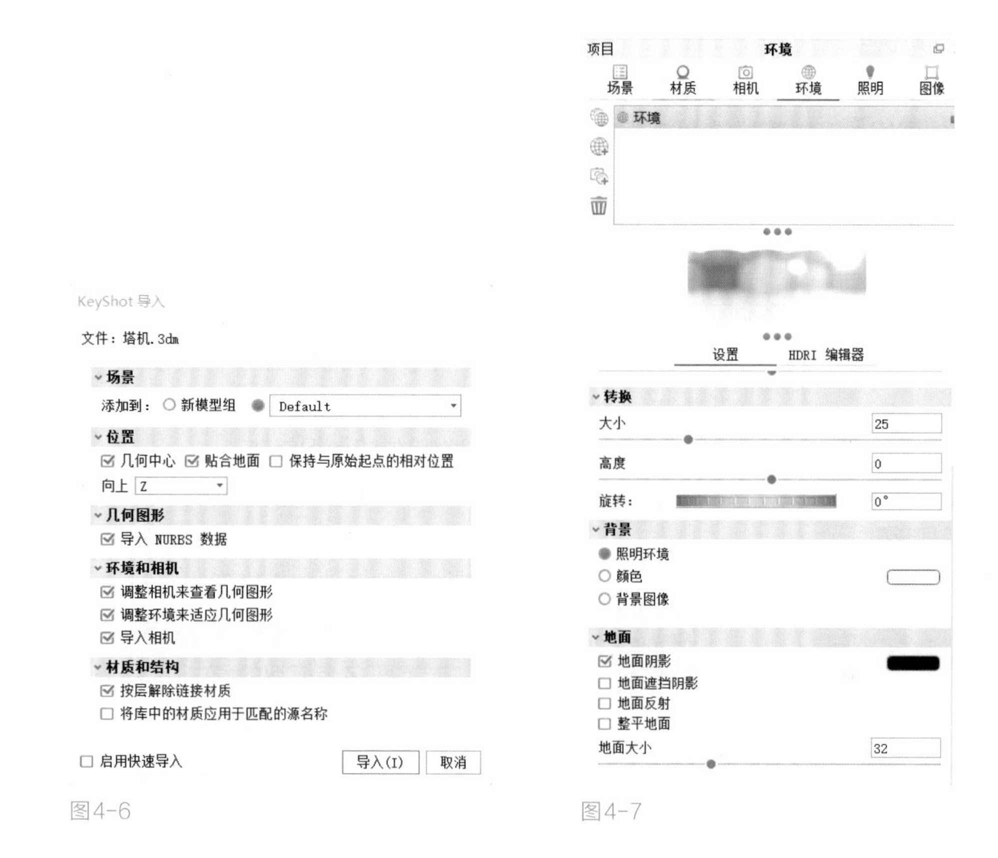

图4-6　　　　图4-7

4.3.1.3　相机视图及物体基本操作

（1）相机视图的基本操作

①观看视图模型。使用鼠标左键或选中顶部工具栏中的（翻滚）可以旋转相机，观察和寻找合适的渲染角度。按住鼠标中键并拖动或选中顶部工具栏中的（平移）可以平移相机位置。使用鼠标滚轮或选中顶部工具栏中的（推移）可以前后推移相机。按住Ctrl+Alt并滚动鼠标中键，可以改变相机的倾斜角度。在移动相机时，若发生模型跑出画面外的情况，可以用鼠标右键单击工作视图空白处，再用鼠标左键点击居中并拟合模型选项，模型就会重新出现在画面中央。

②重置相机。按住Ctrl+R键或点开项目面板中的相机选项，点击 可对相机进行重置。

（2）物体的基本操作

①点选物体模型。项目面板需切换至场景选项才可进行模型的选择，用鼠标左键单击即可选中。

②图层选择物体模型。点开项目面板中的场景选项，模型及其部件分别对应着不同的图层。可以通过选中其所对应的图层来进行选择，Shift+鼠标左键是加选，Ctrl+鼠标左键是减选。

③模型的移动。模型的移动操作有三种方法，选中模型后，按住Ctrl+D键，或点击鼠标右键，打开菜单选项，选择“移动选定项”“移动模型”，或者点击场景选项中位置列表下的移动工具，可以打开模型的操作轴，可从三个轴向对模型进行旋转、平移、缩放的操作。按住Shift键并用鼠标左键拖动旋转轴，可对模型进行以15°为单位的捕捉旋转。

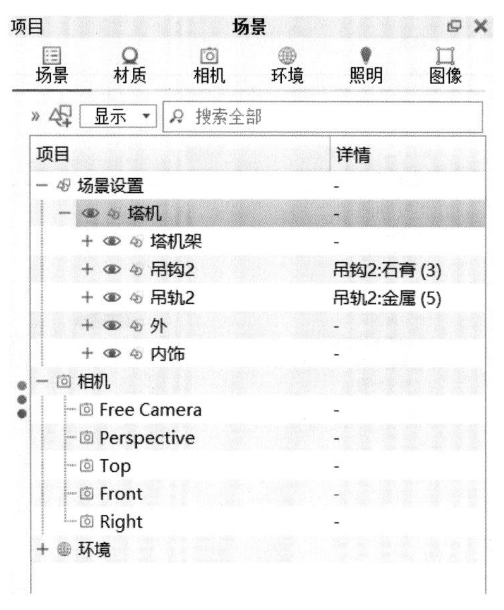

图4-8

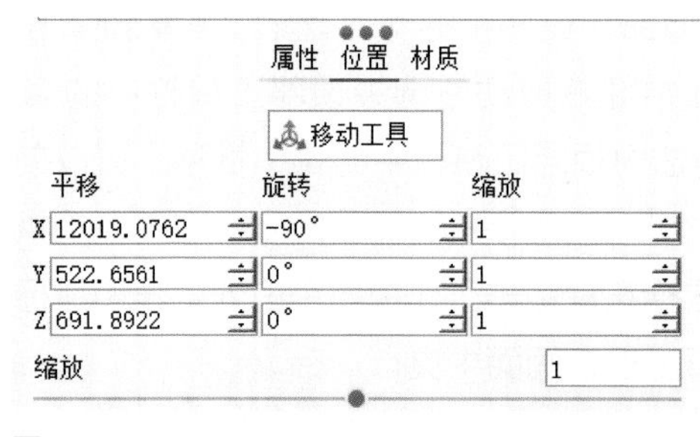

图4-9

④单个及多个模型复制。选择模型或部件后，可以通过鼠标右键中的复制部件对所选内容进行单个模型的复制，或通过鼠标右键单击所选图层进行复制。

若需要多个模型的复制，可以通过鼠标右键单击所要复制模型的图层，选择制作模式，根据需求选择复制数量，进行批量复制。但需要注意的是，只有父图层才能进行这项操作。

⑤模型的显示与隐藏。选中需要进行操作的模型或部件后，可通过点击鼠标右键，从中选取隐藏或撤销隐藏的命令，也可以从场景图层中点击前方的“眼睛符号”来显示隐藏模型。

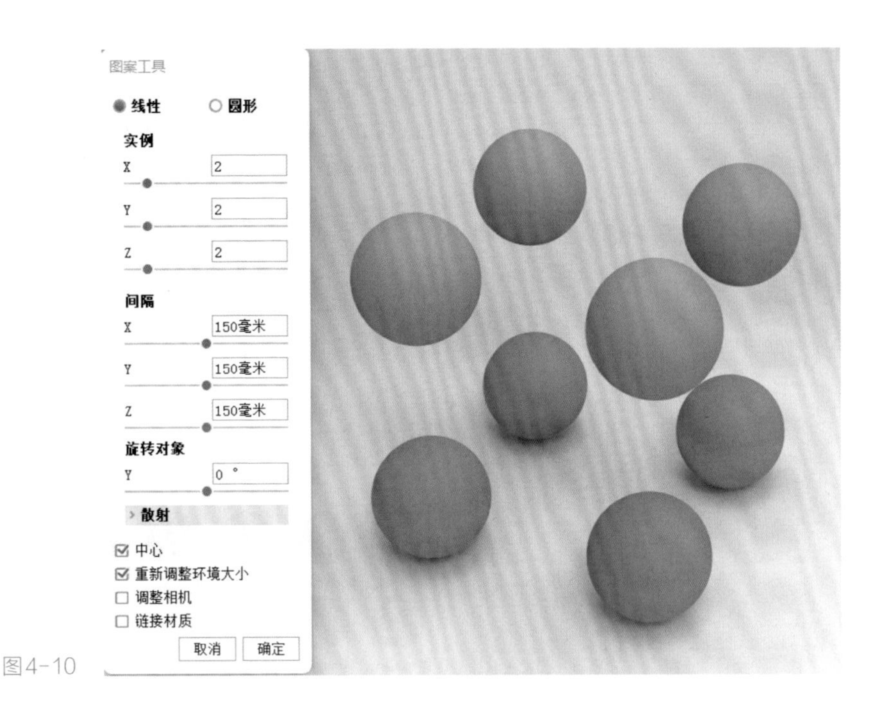

图4-10

4.3.2　渲染基本操作

4.3.2.1　材质

（1）材质的常用参数

KeyShot软件中材质设置的几种常用参数，包括漫反射、镜面、折射率和粗糙度等。漫反射可以理解为模型材质的本体颜色，主要用于表现材质固有颜色。镜面反射是指材质表面没有散射的反射，抛光或很少有瑕疵的材质会更明显地呈现反射和光泽。折射现象在透明材质上体现出来是一种常见现象，不同材质的折射指数，可以通过资料收集获得。粗糙度是指通过滑块来调整材质微观层面的凹凸、表面粗糙程度。大部分情况下KeyShot赋予模型材质是选择材质库中的自带材质，然后通过调节参数设置获得理想的效果。

（2）材质的使用与编辑

①赋予材质。赋予模型材质时，只需要长按鼠标左键将选好的材质球拖放至目标部件上即可。若将材质拖到目标位置不松鼠标左键，则可以预览材质效果。为模型添加好材质后，项目面板的材质选项卡底部会显示出项目材质，里面有当前模型所使用过的所有材质，便于再次使用。

②材质的链接与解除。若模型的不同部件需要使用相同的材质，并在对一个部件

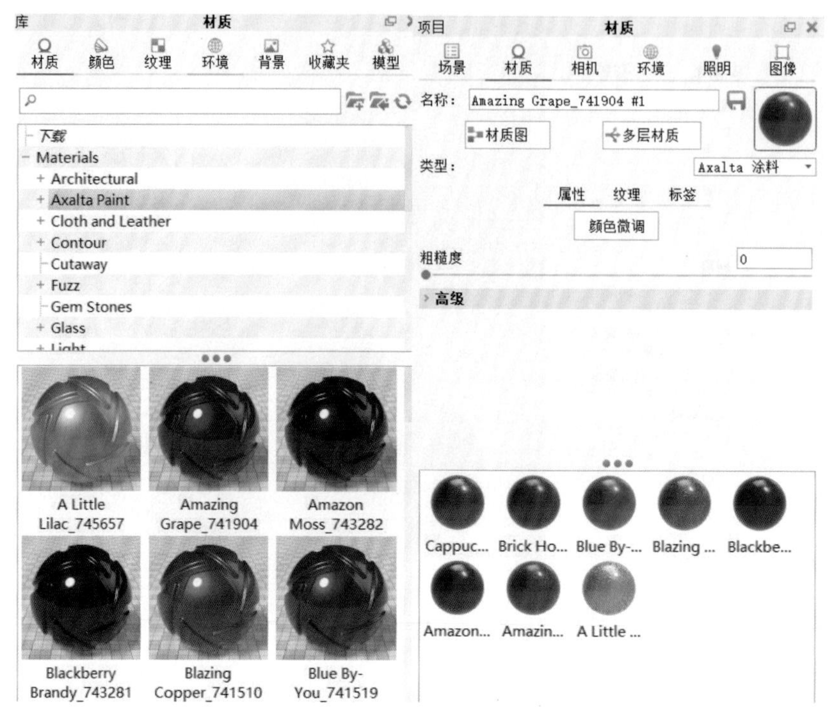

图4-11

的材质参数进行更改时，所有都发生同样的改变，可以将所需材质从项目材质中拖拽到其他部件上，这样这些不同的部件所使用的就是连接到一起的同种材质；或者用鼠标右键单击目标材质，选择复制材质，然后用鼠标右键单击需要更改材质的部件，选择粘贴材质，快捷键复制粘贴材质的方式是按下Ctrl+鼠标左键复制材质，Ctrl+鼠标右键粘贴材质。若想解除连接，需要用鼠标右键单击该部件，选择解除连接材质，就可以恢复成独立不受影响的状态。

③材质的编辑。使用材质库的材质后需要对材质参数进行一定的设置，这些设置都是在项目面板中的材质选项卡中完成的。打开材质选项卡的方式有两种：在工作视图中用鼠标左键双击部件，或用鼠标右键点击部件，打开菜单并选择编辑材质。

（3）材质库常用材质

选择材质库自带材质时，可以从所给列表中进行选择，也可以从列表上部的搜索框中搜索所需材质。

①漫反射材质（Diffuse）。漫反射材质是物体固有色的主要设置，是一种完全散射的材质，不能贴高光贴图。只有漫反射颜色这一个参数可进行调节，用于控制材质颜色。

②平坦材质（Flat）。平坦材质通常当作背景材质使用，如汽车格栅后部的材质。

为部件添加平坦材质后可以使该部件达到色泽均匀、无任何阴影的效果。平坦材质是一种简单的材质，只有颜色参数可进行调节。

③玻璃材质（Glass）。玻璃材质分为普通玻璃（Basic）、磨砂玻璃（Frosted）、实心玻璃（Solid）、肌理玻璃（Textured）。

普通玻璃是一种较为简单的材质，只有颜色和折射参数设置。可以单击颜色框选取所需色彩。调整折射指数。折射是指控制多少光穿过部件时发生弯曲，材质库提供的普通玻璃大部分折射指数默认为1.5，增加该值可以使部件变得更通透。折射的复选框用于控制是否启用折射属性，不启用时部件就会呈现出表面透明，仅有反射的效果，适用于需要看清玻璃表面背后事物的情况。

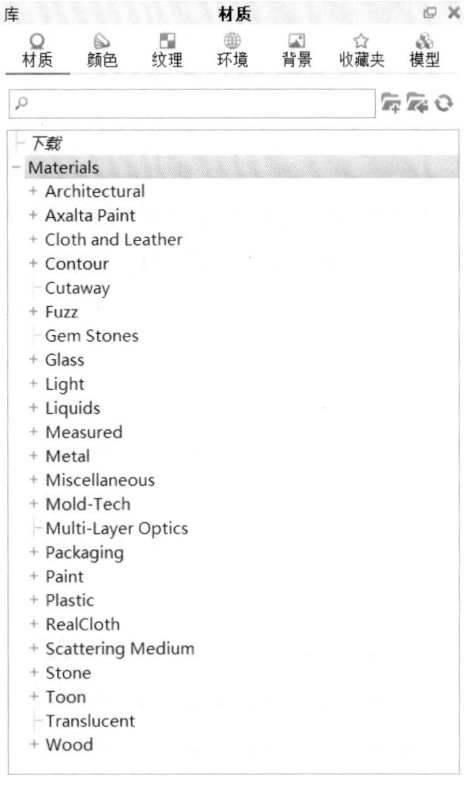

图4-12

实心玻璃材质可以对材质颜色、透明距离、折射指数、粗糙度进行调节。颜色控制着实心玻璃的本体色彩，但色彩深度是要配合透明距离进行调节的，透明距离可以用来调节材质颜色的透明程度。粗糙度是指设置玻璃材质的颗粒感，影响其透明度。

磨砂玻璃和肌理玻璃其实是在实心玻璃的基础上，对材质进行粗糙度的增加或进行纹理贴图，其余设置与实心玻璃类似。

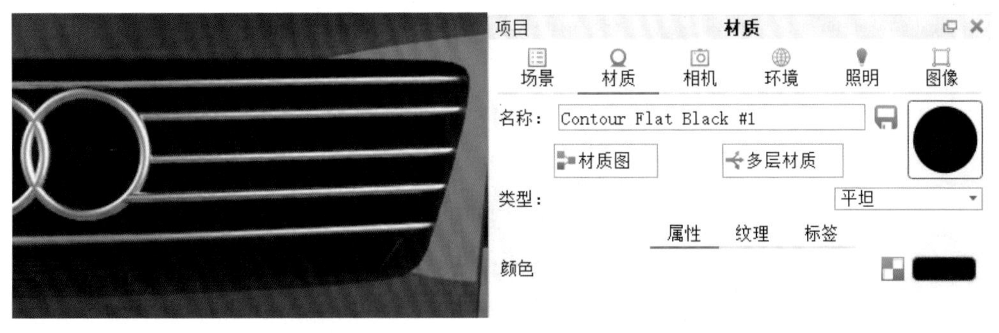

图4-13

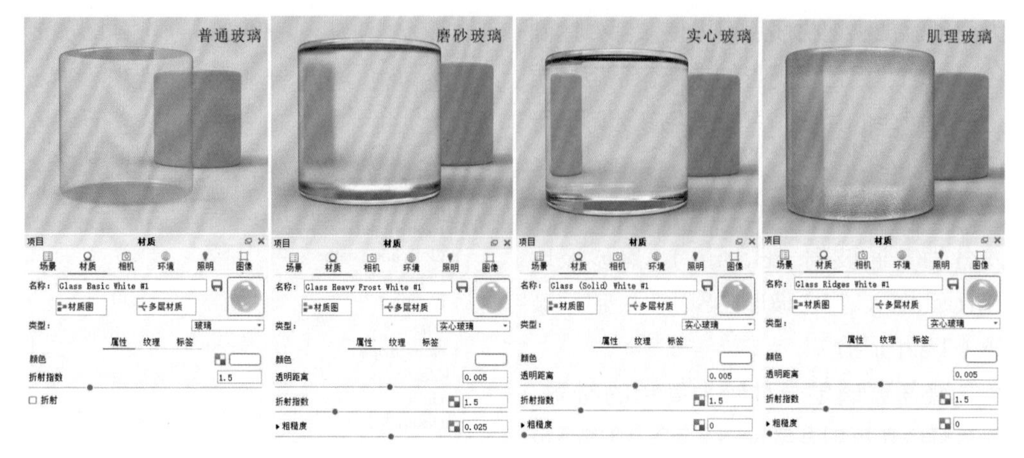

图4-14

④金属材质（Metal）。金属材质的种类较多，主要通过两部分内容的参数设置对材质进行调节，包括颜色选项卡和已测量选项卡。颜色选项卡主要可以对金属色彩和粗糙度进行调节。已测量选项卡可以对金属的粗糙度和采样值进行调节。粗糙度的数值越高，材质表面越不光滑，显得越粗糙；而采样值越高，材质表面的“缺陷”会分布越均匀，粗糙程度越均衡。所有的金属都可以自定义勾选阳极电镀复选框，启用后，金属材质表面会增加一层阳极氧化膜。其中图层折射率用于控制氧化膜的反射程度，数值越高，反射越强。涂层吸光系数用于控制涂层吸收光线的量，数值越大，金属颜色越暗，但数值增大到一定程度会导致白色金属反射，一般情况下，电镀涂层的涂层吸光系数预设为0。涂层厚度的正常预设范围是100～1000nm，它用于控制电镀氧化膜后能够看到的金属颜色，如果数值较高会出现彩色环层。

⑤塑料材质（Plastic）。塑料材质可通过调节基本的参数以适用于各种塑料产品

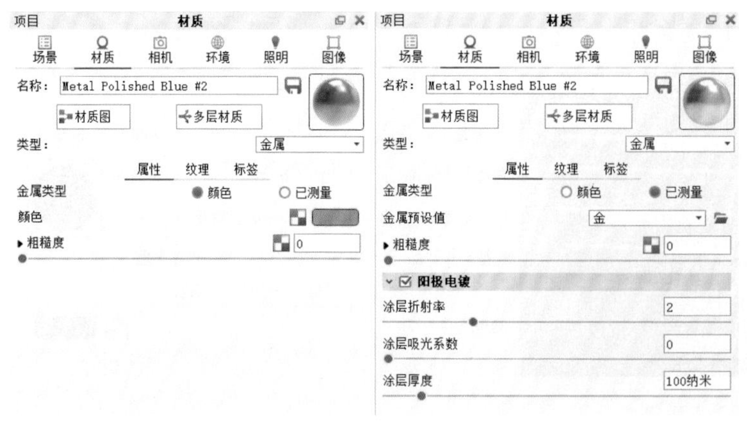

图4-15

的材质特征。漫反射为材质的固有色，高光为材质高光处的颜色。粗糙度为表面颗粒或肌理的粗糙程度。折射指数为材质的折射率。

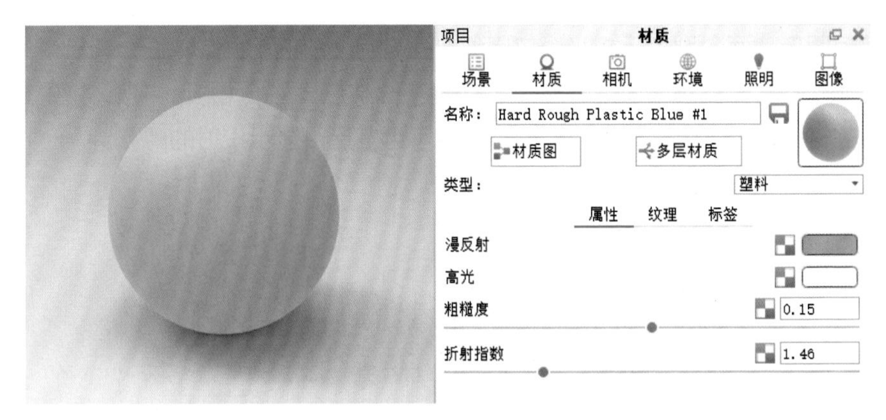

图4-16

⑥半透明材质（Translucent）。半透明材质常在工业产品中出现，如半透明的保护壳、灯罩等。相较于其他材质，半透明材质可以对次表面进行控制。表面用于控制材质的固有色，如果表面设置成黑色，则不会将半透明的效果表现出来。次表面用于控制光线穿过模型时投射出来的颜色，颜色通常受到其穿过模型的色彩的影响。半透明用于控制光线能否穿透表面以及穿过表面的深度，数值越大表面能看到的颜色越多，表面显得越柔软。纹理和表面颜色混合影响材质的色彩。高光与粗糙度与上文类似。对于折射指数，通常将1.4预设为起始值，数值越大，材质越通透。勾选全局照明复选框则代表材质的光照环境会独立于工作视图中的整体光照环境。

图4-17

⑦发光材质（Light Sources）。发光材质可以用于模拟小光源、LED、灯具、显示屏等。区域光漫射的作用类似泛光灯，颜色和电源可以用于调节光源色彩和强度，光源强度的调节通常选择流明或勒克斯。高级选项中，应用到几何图形前面和应用到几何图形背面分别表示将光源应用到曲面几何图形的前面或背面；相机可见指是否在工作视图实时显示或渲染时显示被赋予该光源的模型；反射可见指环境中具有反射性质的材质是否显示光源的反射；阴影中可见指是否显示投射的阴影。

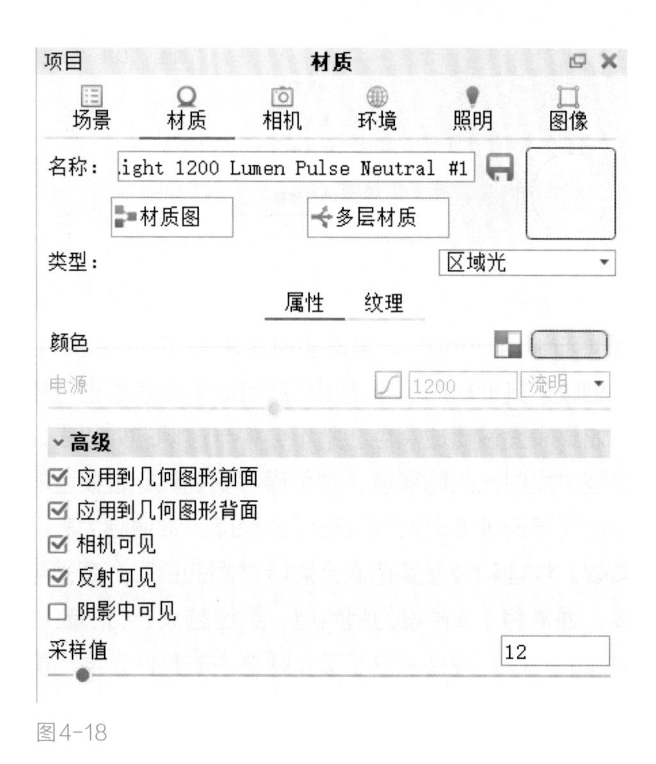

图4-18

点光漫射是将模型部件中心当作光源的漫射点，可以通过颜色和电源来调节光源色彩和强度，通过半径控制灯光投射的阴影的衰减。对于IES灯，需要单击编辑器中的文件夹图标配置文件，这样才能在预览时看到配置文件的形状，在工作视图中看到网格形状。

⑧艾仕得专业车漆材质（Axalta Paint）。艾仕得专业车漆材质是一组通用性极强的材质，适用范围可以从小型电子产品到各种汽车。艾仕得专业车漆的颜色都是调配好的，所以只能进行颜色的微调。此外可以对折射指数和采样值的设置。

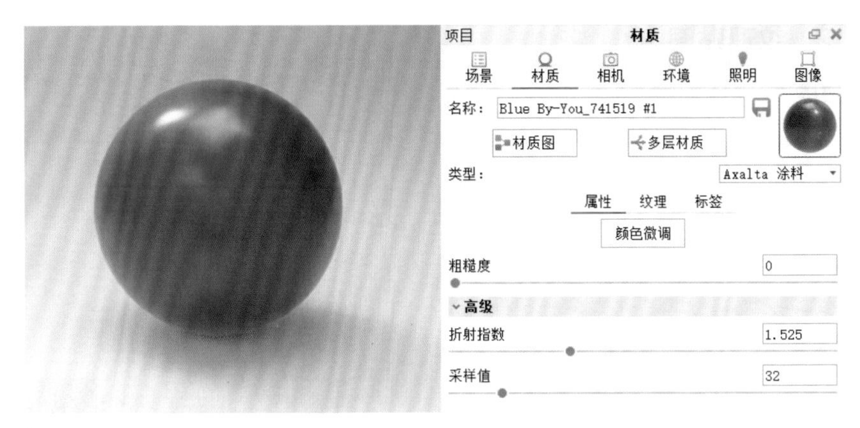

图4-19

（4）颜色库

颜色库位于材质库的右侧，包括基础颜色、PANTONE色和RAL色三部分。若要使用颜色库提供的颜色，可以通过将所选颜色拖放到部件上的方式进行应用，若要进行调整，可以打开材质选项卡，点击颜色面板进行更改。

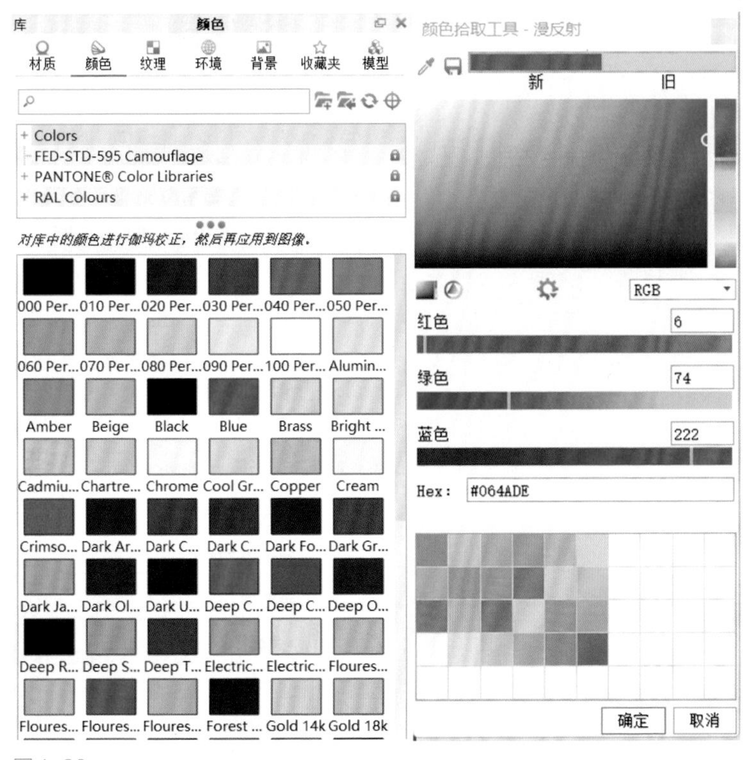

图4-20

4.3.2.2 纹理贴图

（1）纹理库

纹理库提供了许多纹理用于增强材质表面特征的真实感，可以在进行纹理贴图时使用。

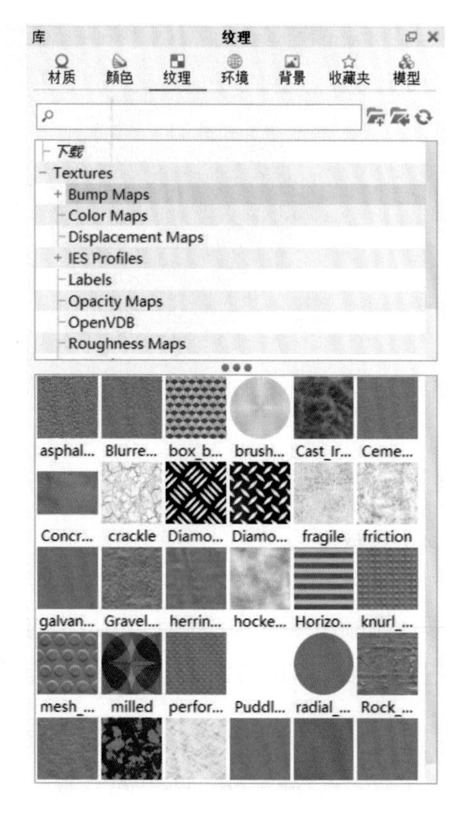

图4-21

（2）纹理类型

KeyShot主要有图像纹理、2D纹理、3D纹理及动画纹理四种类型。

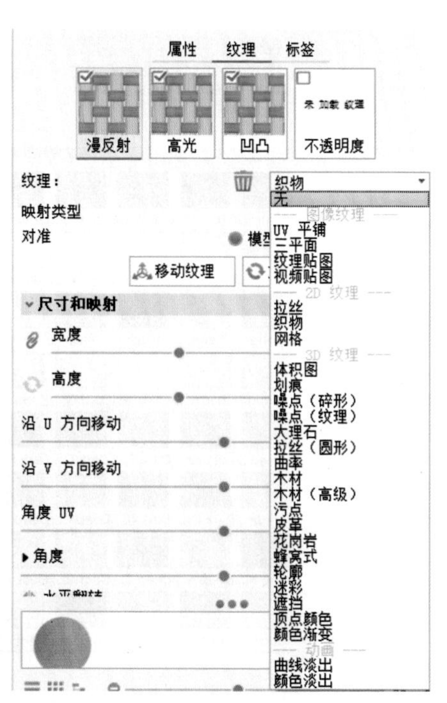

图4-22

图像纹理以图片作为纹理贴图，可对其进行映射的类型（平面、框、圆柱形、球形等）、UV重复平铺、大小、位置、颜色等设置。

2D纹理包括拉丝、织物、网格纹理。拉丝纹理通常用于模拟低粗糙度的金属表面的凹凸效果；织物用于模拟编制类材质；网格用于表现模型表面一些细小形状，如图4-24所示。

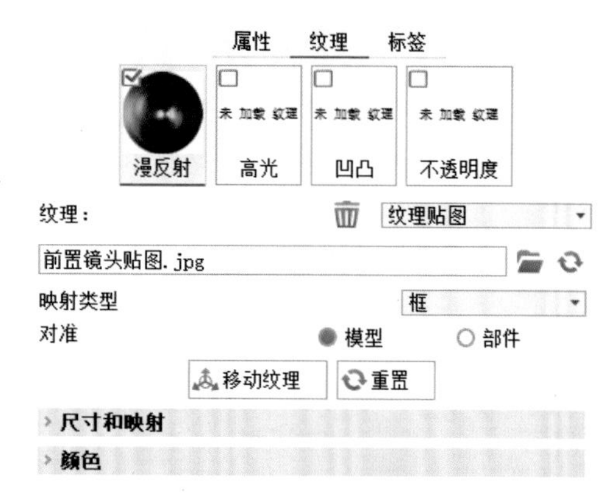

图4-23

图4-24

3D纹理中包括划痕、噪点、大理石、木材、皮革、花岗岩、蜂窝式、迷彩等纹理。可以根据模型需要选择适用的纹理，对颜色、凹凸、大小等进行调节。

纹理动画包括曲线淡出和颜色淡出，分别指纹理随着时间逐渐变为透明和纹理的颜色随着时间发生变化。

（3）贴图类型

KeyShot有四种类型的贴图：漫反射贴图、高光贴图、凹凸贴图、不透明度贴图。

①漫反射贴图。漫反射贴图可以使所贴图片代替原本的漫反射、基色和透射设置。进行贴图时可以全彩显示图片，也可以勾选与颜色混合复选框，实现PNG贴图的效果。

②高光贴图。高光贴图的反射强度可以由黑色和白色进行区别，黑色代表反射强度为0%，白色代表100%。模型需要高亮的部分，贴图部分应为白色，暗沉的部分应为黑色。

③凹凸贴图。凹凸贴图可以用贴图的方式模拟模型的细节，如模型表面上的划痕、点状凸起等。凹凸贴图主要有两种形式：黑白图像和法线贴图。黑白图像是指黑色为凹陷下去的状态，白色为凸起的状态。法线贴图相较于黑白贴图，拥有更多颜色，这些颜色表示X、Y、Z坐标轴上不同的失真水平。

④不透明度贴图。不透明度贴图常用于创建网格、孔洞等效果，可以免去建模掏空这一步骤。不透明度模式的设置主要有三种方式：使用Alpha通道创建透明度；用黑白两色区别不透明度，黑色完全透明，白色完全不透明；色彩反转，白色完全透明，黑色完全不透明。

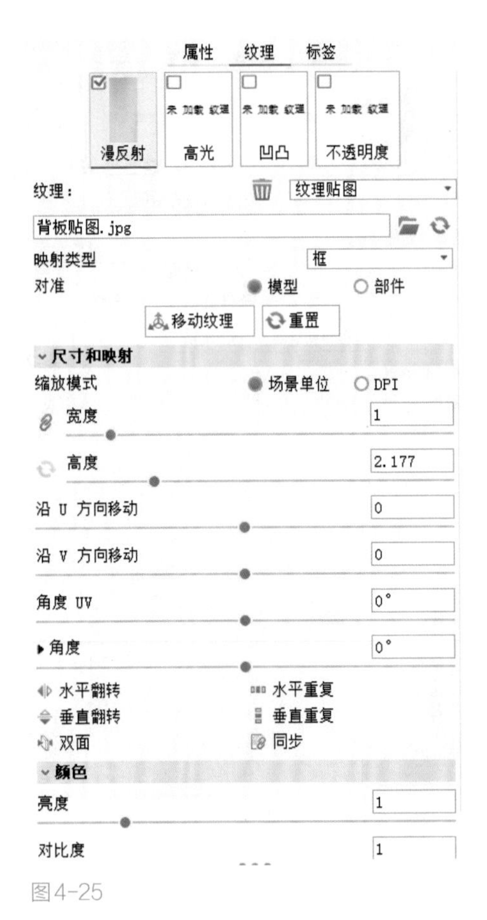

图4-25

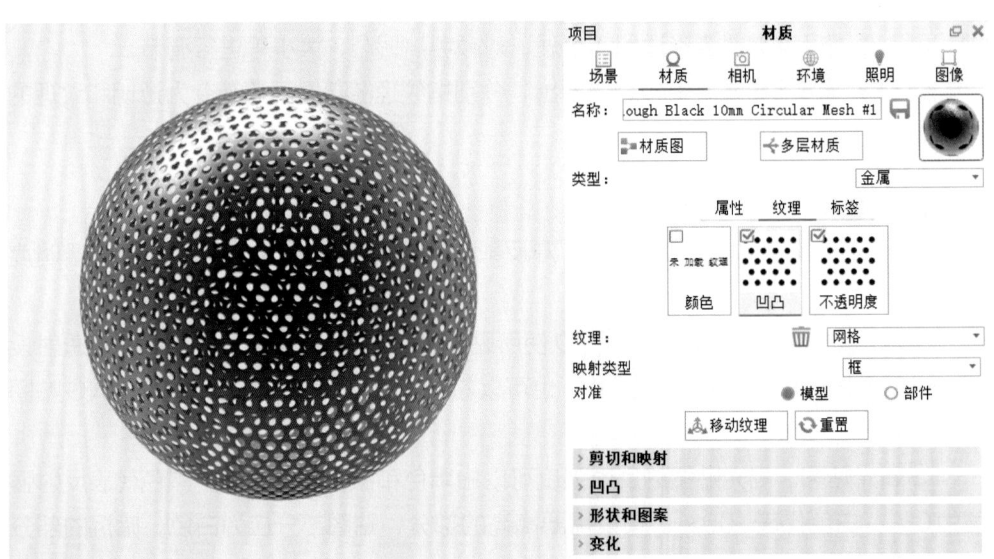

图4-26

（4）映射类型

KeyShot有七种不同的映射类型。平面是指平面贴图在*X*、*Y*或*Z*轴的投影纹理，可以在交互式纹理工具中设置其方向；框是指从立方体的六个边的投影纹理，是一种简单快速的映射方式，比较常用；球形是指从球体向内的投影纹理，在赤道线最符合原始贴图，越往内越收敛；圆柱形是指从圆柱体向内的投影纹理，在圆柱体内部表面最符合原始贴图；UV贴图可以通过Rhino模型的设计将贴图应用于很多不同的表面；相机映射可以保证相机改变时，纹理外观保持不变；节点映射可以使用UV程序纹理。

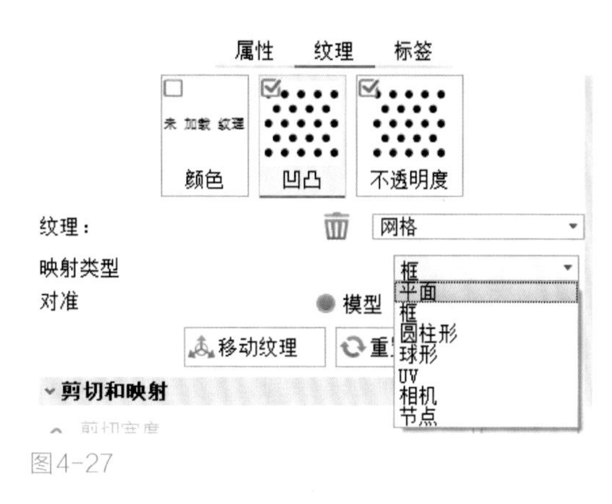

图4-27

（5）移动纹理

在贴入需要的纹理贴图后，可能需要对纹理进行位置、大小、方向的调整。单击移动纹理选项按钮会显示出如图4-28所示的操作轴，该工具在框、球形、圆柱形映射的情况下可以使用。其中三个箭头可以用于平移贴图位置；三个圆环可以对贴图

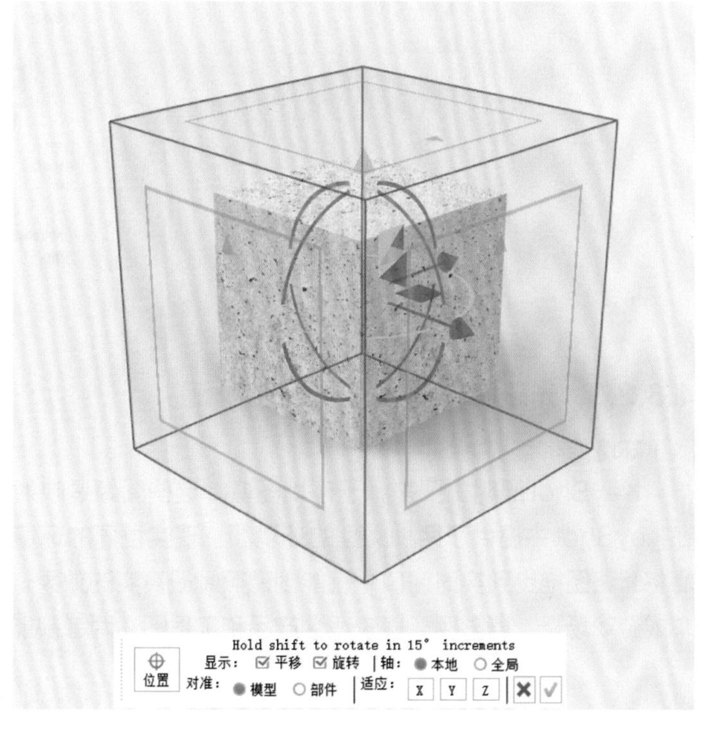

图4-28

进行旋转，按住Shift键可以控制15°的变化量；立方体的手柄可以对模型进行缩放。同时还可以通过鼠标左键单击模型的方式，快速更改贴图位置。在调节好之后，点击√可以保存更改，或点击 × 取消更改。

（6）标签纹理

KeyShot可以将贴图添加到标签再粘贴到模型的某个位置，常常用来为模型添加商标（Logo）、模型表面文字及图案等。标签的映射类型通常默认为法线映射，可以让标签投影到物体表面，然后用鼠标左键单击移动纹理选项按钮使标签调节到所需的位置和大小。启用双面功能会使应用的模型两侧均显示标签，启用同步功能会使应用标签的所有纹理进行同步贴图设置。

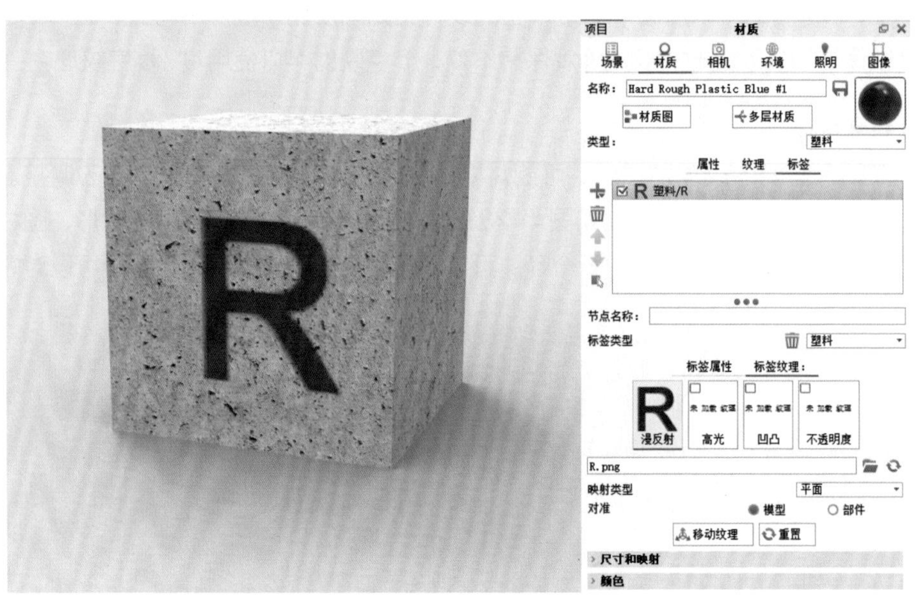

图4-29

4.3.2.3 光环境

（1）环境库

KeyShot照明主要来源于环境图像，这些图像是映射到球体内部的32位图像。在KeyShot中提供了两种类型的环境图：现实世界的环境和类似摄影棚的环境。只需将缩略图拖曳到实时窗口中就能创建照片般真实的效果。现实世界的环境较适合汽车或游戏场景，摄影棚环境较适合产品和工程图，两者都能得到逼真的效果。

（2）环境的设置

环境设置分为两部分：第一部分是对灯光的调节和转换，可以直接对整个光环境的亮度、对比度、角度、大小进行设置；第二部分是对背景进行调节，一般是将背景更改为纯色或换成契合的图片。

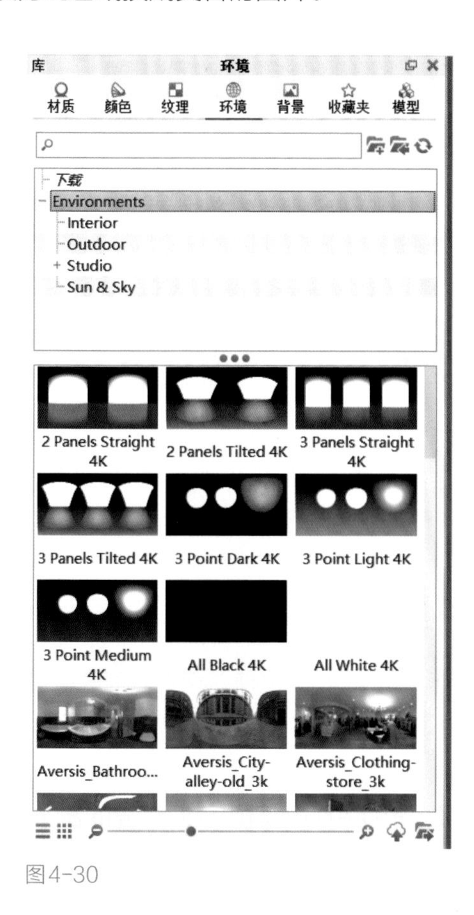

图4-30

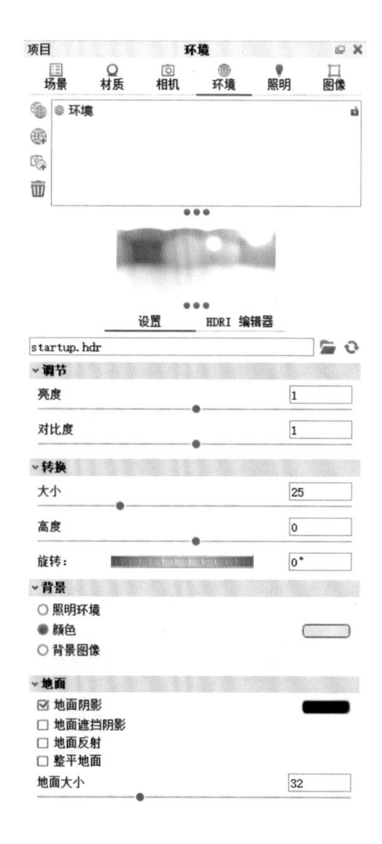

图4-31

（3）HDRI编辑器

①添加针。针主导着整个环境的光效，可以通过移动现有针，将其拖动到需要的位置，若达不到预期效果，则需要添加针。除添加最常用的针外，还有倾斜光源、图像针、复制针。倾斜光源可以调整光源颜色和不透明度的变化；图像针可以选择图像，创建特定的反射模拟环境；复制针则会拍摄HDRI图像并当作新的针。

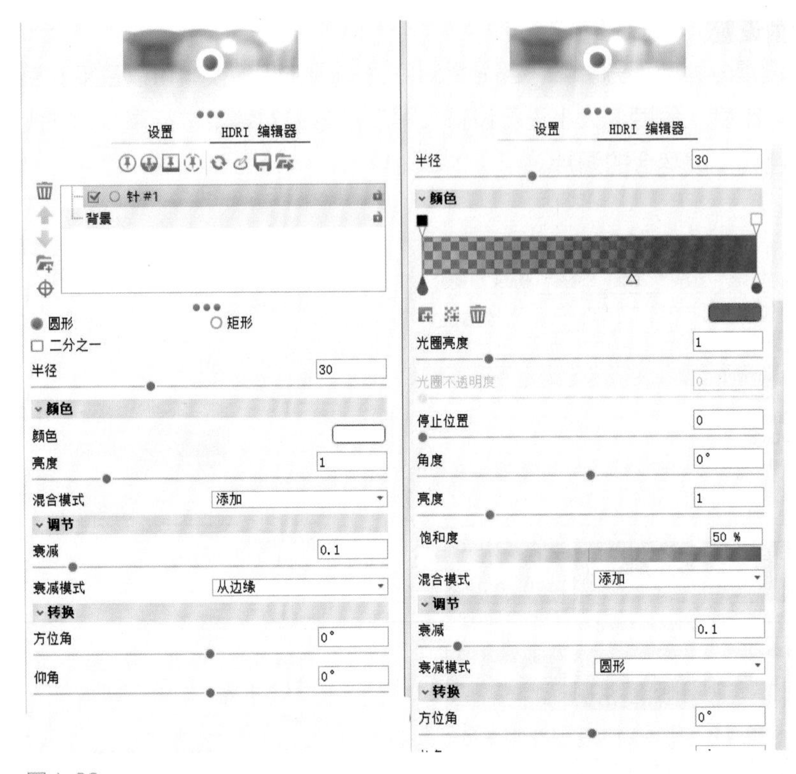

图4-32

②灯光类型针。KeyShot中的针有圆形针和矩形针两种，这两种针都可以选择切成1/2。在灯光针的参数设置中，有很多设置在圆形针和矩形针中是相同的。颜色用于调整灯光颜色；亮度用于调整明暗程度；衰减用于调节灯光边缘的柔和度，数值越大越柔和；衰减模式控制灯光的衰减方式；转换中方位角用于对灯光的左右移动，仰角上下移动。在圆形针中，半径用于调整灯光的半径大小；混合模式用于调整不同针之间的相互影响。在矩形针中，大小控制矩形灯光的长宽；角度控制旋转灯光的角度；圆角控制矩形的四个角。

4.3.2.4 相机

KeyShot相机列表中包含了场景中所有的相机，选中相机，场景就会切换成该相机的视角，这些相机都是可以添加或删除的。在调节好模型的视角后，通常会建立一个新的相机，锁定视图视角。调节相机角度常用的设置有距离、方位角、仰角、扭曲角、模式等。

为便于观看模型的某个细节，可以选取模型的某一点作为中心点。按住Ctrl+Alt键并用鼠标右键点击选取新的中心点，相机就会对鼠标右键所点击的点进行定位处理，将该点作为整个相机的中心位置。之后再进行观看时，相机则以该点为中心进行移动。

相机镜头有视角、正交、位移、全景四种类型，视角和正交使用较多。使用最多的是60°视角，即一种略微仰视的角度；正交一般用于渲染标准视图，如前视图、侧视图等。

图4-33

4.3.3　动画基本操作

（1）动画的三种类型

点开面板工具栏中的动画选项，会弹出动画制作面板。点开左上角的动画向导，可以看到KeyShot提供的三类动画：模型动画、相机动画和环境动画。

①模型动画。模型动画是指模型自身进行运动。模型动画类型包括转盘、模型自转、平移、模型自身移动、旋转、模型自转或绕轴旋转、淡出、模型透明度变化。

②相机动画。相机动画是指模型不动，相机围绕模型发生相对运动及相机参数变

化的动画类型。与模型动画同理，选择需要的相机移动方式，再进行参数的调节。相机动画提供了相机景深、推移、路径、倾斜、切换事件、绕轨、扭曲角、全景、缩放、平移。其中，相对比较随意且常用的是路径动画，可以是通过新增控制点的方式来添加相机的位移动画，如图4-35所示。如果需要制作数据精准且后续参数可调节的相机动画,则应选择相机路径外的其他相机动画类型，如推移、倾斜、平移、缩放等参数可调节的相机动画。

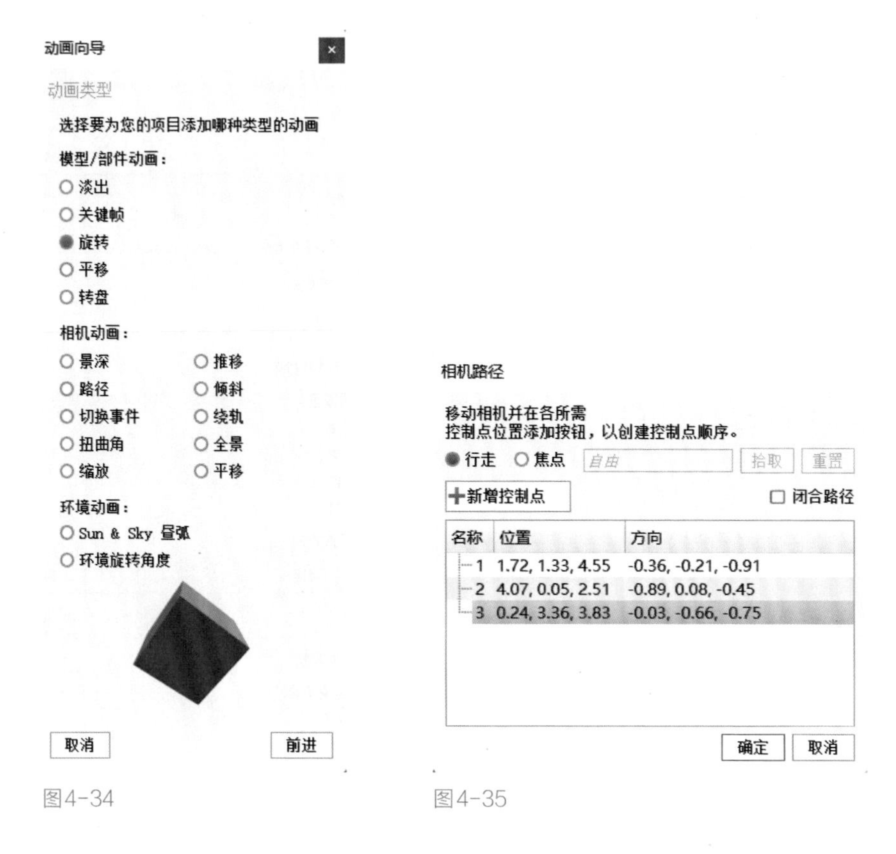

图4-34　图4-35

③环境动画。环境动画是指模型和相机不动，环境或光环境发生变化，包括昼弧旋转和环境光旋转两种类型。

（2）动画时间轴

①时间轴工具栏。时间轴工具栏中包含动画向导和播放操作动画的功能键。

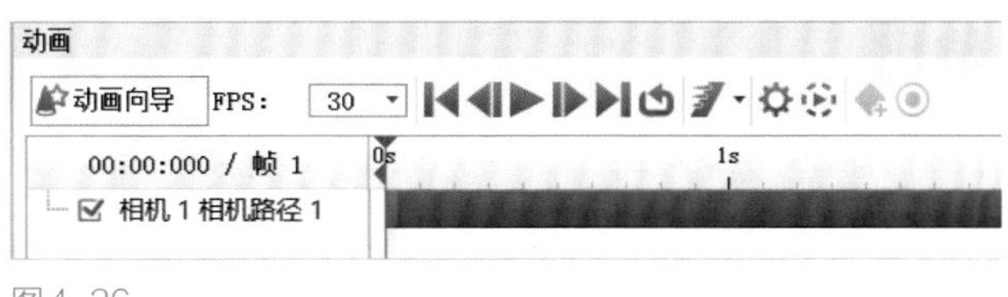

图4-36

②动画列表层。一个动画动作会占据动画列表的一行，可以通过勾选其所对应的复选框来选择隐藏或显示动画。

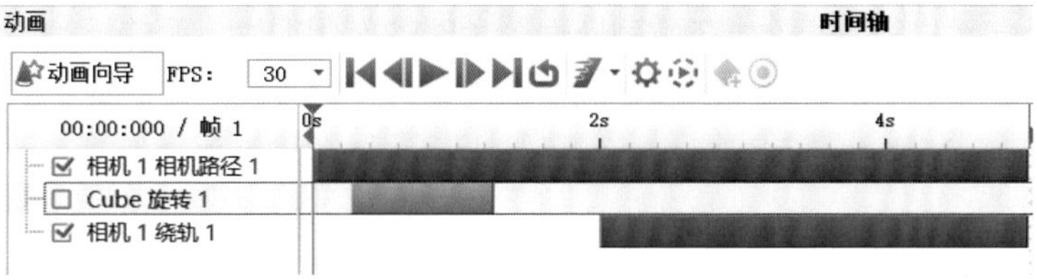

图4-37

③动画时间。动画列表层的同一行右侧为时间线面板，对应着动画动作的起止时间和结束时间，可以通过平移时间节点的方式改变动画的起止时间，通过拉长或缩短节点的方式改变动画时长。

④动画属性。动画属性面板可以用于控制动画的运动参数，除了时间参数设置的方式一致外，其他不同的动画类型对应着不同的参数属性的设置。

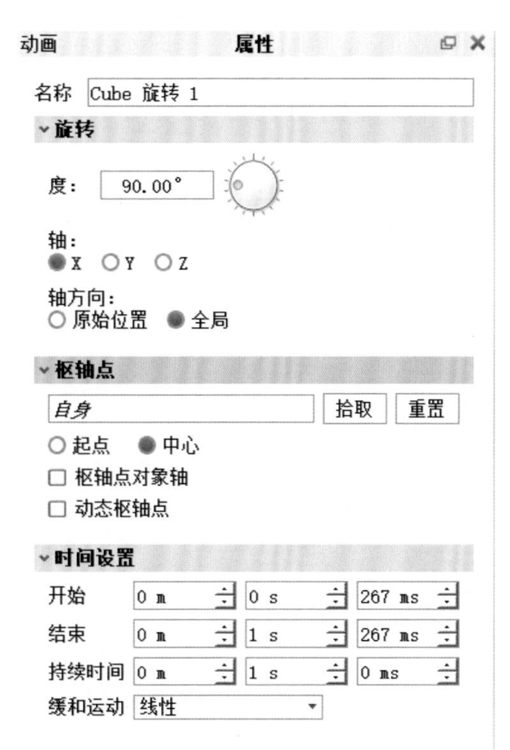

图4-38

4.3.4 文件输出

KeyShot动画制作的一般步骤为：导入物体、添加材质、设置环境、设置背景、制作动画、文件输出。文件输出渲染选项位于底部工具栏的“渲染”标签中。KeyShot10.0可以进行静态图像、动画、XR三种类型的文件输出，其中较为常用的是渲染静态图像和动画。

（1）静态图像渲染输出

在渲染静态图像时，首先要对输出面板中图像的名称、路径、格式、大小、渲染层等进行设定，其中渲染层在后期处理图片时的作用很大，可快捷地对图片的某个区域进行调整。其次是对选项面板中的渲染质量进行把控。一般需要调节的参数是采样、抗锯齿和阴影品质。采样用于控制图像中每个像素的采样数量。在大场景的渲染中，模型的自身反射与光线折射的强度或者质量都需要较高的采样数量，较高的采样数量设置可以与较高的抗锯齿设置配合。提高抗锯齿级别可以将物体的锯齿边缘细化，这个参数值越大，物体的抗锯齿质量也会越高。阴影品质则用于控制物体在地面的阴影质量。除此之外，有时还会用到光线反射、全局照明质量、像素过滤器大小、阴影锐化等参数的设置。

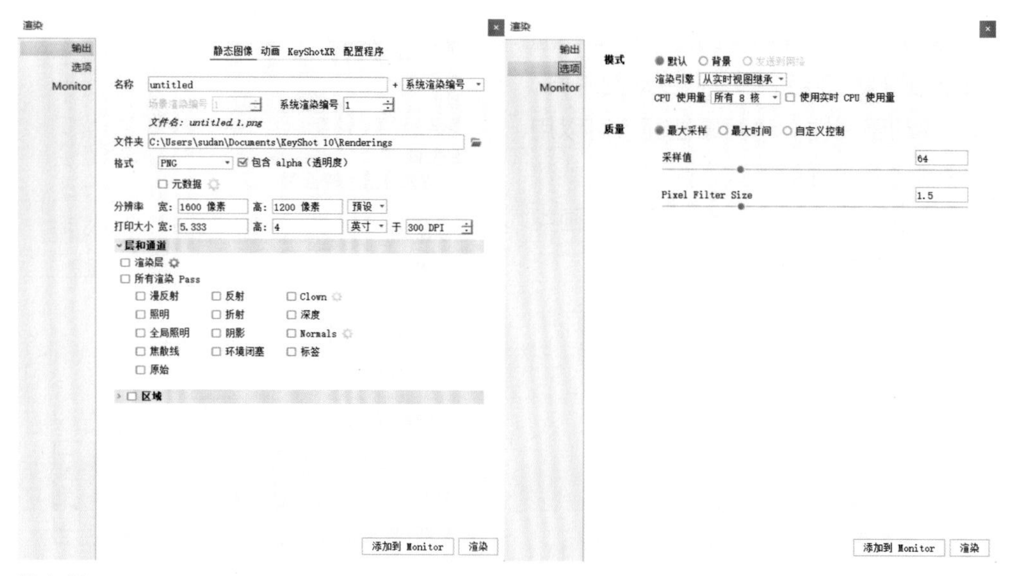

图4-39

（2）动画渲染输出

在渲染动画时，分辨率与之前预设时保持一致，根据需求选择时间范围，可以对整个持续时间、具体的工作区或帧范围进行渲染。输出形式可以选择视频输出或帧输出，或两者都选择，帧输出是指渲染时每一帧都会输出成一张图片。渲染时可以根据需求勾选上层和通道中的Clown选项，将文件的颜色通道渲染出来。如果想对模型局部进行渲染，则可以勾选区域选项，确定区域范围，进行文件输出。

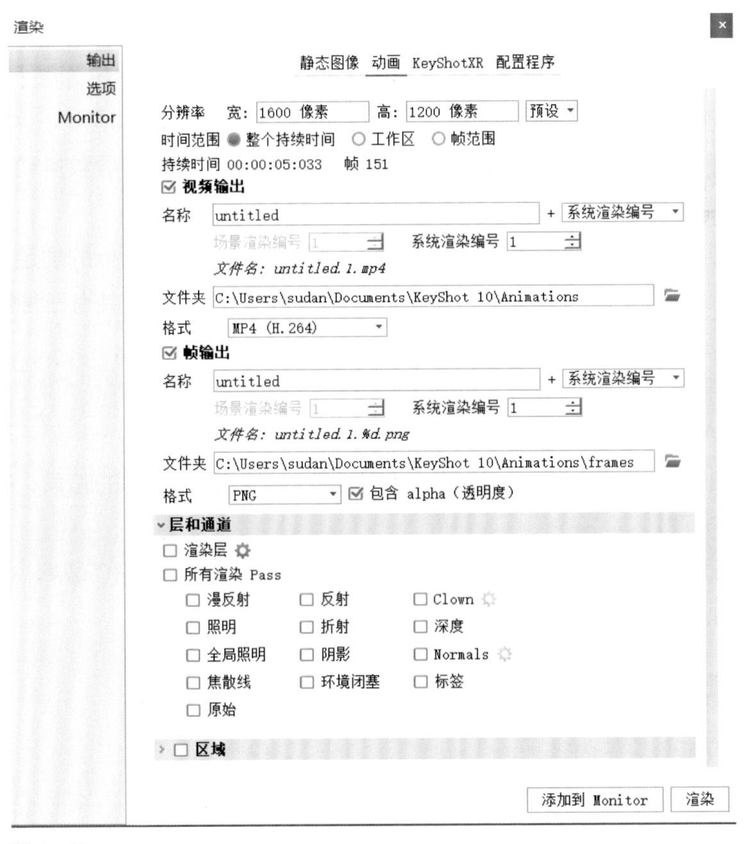

图4-40

（3）渲染队列（Monitor）

在需要进行多个任务渲染时，可以暂时将任务添加到队列，调整好后对所有的任务集中输出。将需渲染的任务设置好后，点击添加队列，即可添加到待渲染的列表中。等所有任务都准备好后，点击处理Monitor即可渲染所有任务。

4.4 After Effects 后期合成软件

4.4.1 常用专有名词解释

分辨率：指单位长度内包含的像素点的数量。如720像素×576像素，是指每一条水平线上有720个像素点，共576条线。屏幕可显示的像素越多，画面就越精细。

像素宽高比：指图像中的一个像素的宽度与高度之比。例如，PAL制式的像素宽高比为1.067，NTSC制式的像素宽高比为0.9。

帧速率：帧速率也称为FPS（Frames Per Second，单位为帧/s），是指每秒钟刷新的帧数。越高的帧速率可以得到越流畅、越逼真的动画。PAL制电视是25帧/s，也就是25FPS，过小的帧速率会使画面播放不流畅，导致抖动，过多的帧速率会导致资源浪费。

电视标准：电视标准是对电视信号的传输方式及各项技术指标的规定。全球有多种电视制式，各有其特点。彩色电视按其加进色度信号的不同，共有三种制式：

①NTSC制——美国、加拿大、日本、韩国、菲律宾等；

②PAL制——中国、德国、英国、印度、新加坡等；

③SECAM制——法国、东欧等。

虽然各种制式相互之间可以转换，但因为存在帧频和分辨率的差异，在品质方面会存在一定的问题。

常用移动端（手机端、平板端等）播放合成设置：1280像素×720像素（720p），1920像素×1080像素（1080p）。

4.4.2 界面介绍

窗口面板包含以下内容。

①标题栏：显示软件标题及文件名称。

②菜单栏：After Effects包括文件、编辑、合成、图层、效果、动画、视图、窗口、帮助。

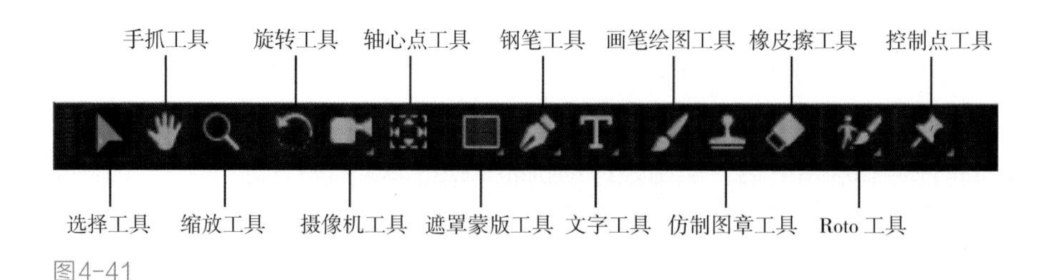

图4-41

③工具栏：包括经常使用的工具。有些工具采用的不是单独的按钮，在其右下角有三角标记的都含有多重工具选项。

④项目面板：主要用于素材管理和合成，对项目进行预览。包含素材的导入、预览、管理以及正在制作或已经制作的合成。

⑤合成预览显示窗口：可以直接显示素材组合特效处理后的合成画面，该窗口不仅有预览功能，还具有控制、操作、管理素材、缩放窗口比例、当前时间、分辨率、图层线框、3D视图模式和标尺等操作功能。

⑥时间线面板：时间线面板是动画后期合成操作最频繁的核心控制区域，把各种素材以图层的关系放置于时间线面板上，在此区域可以对各个图层的位置、时间、特效和属性等进行精确设置，对图层进行剪辑，调整层的顺序和制作关键帧动画等。

⑦其他操作编辑面板：包含其他功能模块，如信息、音频、预览、特效与预设窗口等。

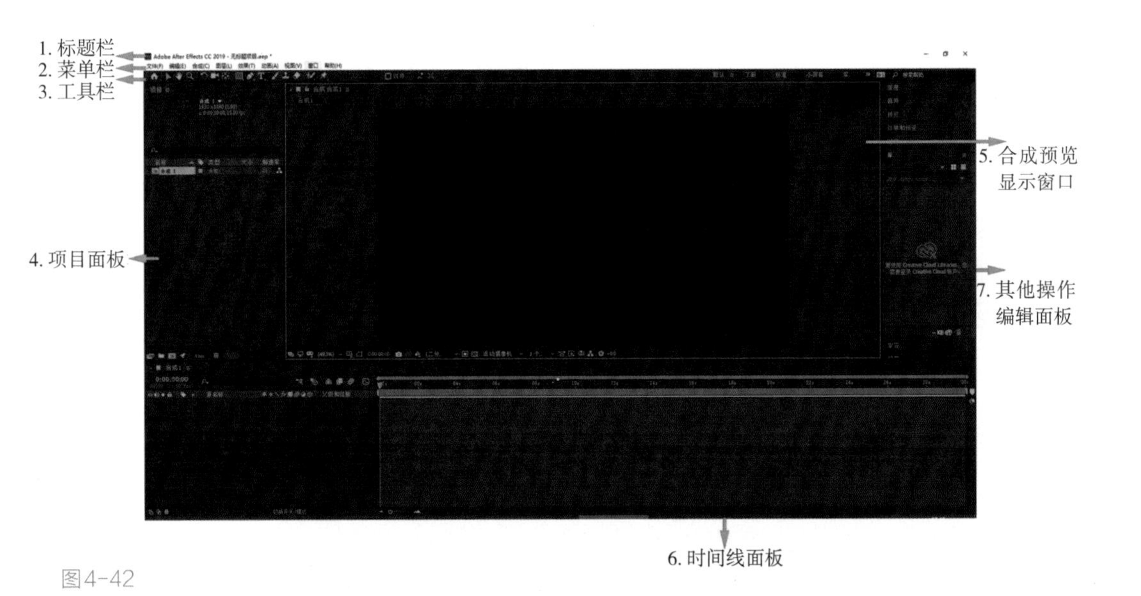

图4-42

4.4.3　基本设置

After Effects允许用户定制工作区的布局，在窗口中用户可以根据工作的需要移动、拖拽和重新组合或精简工作区中的窗口和面板。所有窗口和面板的布局样式都可以在窗口菜单工作区选项中进行设置。按键盘“~”键，可全屏显示正在操作或激活的面板或窗口。再次按“~”键则取消全屏显示。其中，合成预览显示面板可以利用拖拽工具随意地在窗口内拖拽移动。

（1）项目设置

创建新项目：【文件】-【新建】-【创建新项目】。

打开项目：【文件】-【打开项目】。

保存项目：【文件】-【保存项目】。

关闭项目：【文件】-【关闭项目】（注意【关闭项目】与【关闭】的区别：【关闭项目】是直接把项目关闭。而【关闭】是指在预览窗口和时间线面板被激活的状态下点击关闭，关闭的是合成，在项目面板被激活的状态下点击关闭，关闭的是项目）。

自动保存设置：【编辑】-【首选项】-【自动保存】，可自行设置自动保存时间及保存路径。

（2）合成设置

创建合成：【合成】-【新建合成】。

合成设置：【合成】-【合成设置】，合成预览面板中基本设置画面的宽高像素、像素长宽比、帧速率、分辨率、开始时间码、持续时间以及背景颜色等。

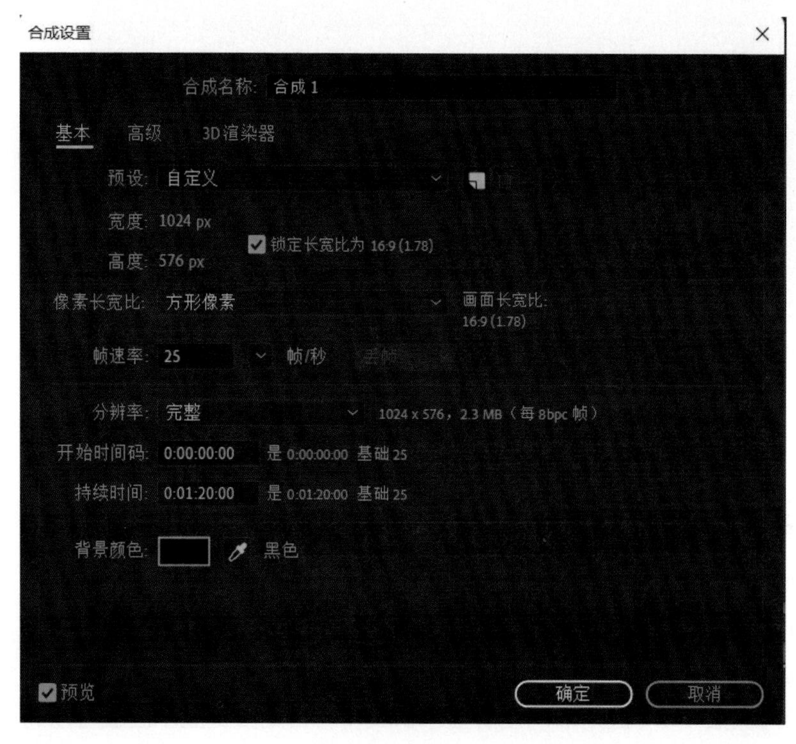

图4-43

4.4.4　项目、合成、图层关系及基本操作流程

（1）AE 项目、合成和图层的关系

项目、合成、图层的关系类似大盒子套小盒子，逐层包含的关系。如图4-44所示，一个AE文件就是一个项目，一个项目中可以由多个合成和素材库组件而成，合成是由一个或多个含有图像、时间因素的图层组拼而成的视频框架。而视频后期合成制作的主要工作是对图层中元素（包括文字、图像、视频、音频、效果等）的物理属性和时间属性进行编辑及图层的编排剪辑。

（2）AE 后期合成的基本操作流程

如图4-45所示，首先新建一个项目，在项目文件中对素材、合成和图层进行组织管理和编辑。在素材库中导入所需素材，新建合成，设置像素分辨率、帧速率、起止时间和背景色等参数，然后在合成中新建各类图层，并对图层中的元素制作关键帧动画、添加图层效果，对视频的先后顺序进行精细的编排剪辑，制作转场切换效果，最后预览调整、渲染输出视频文件。

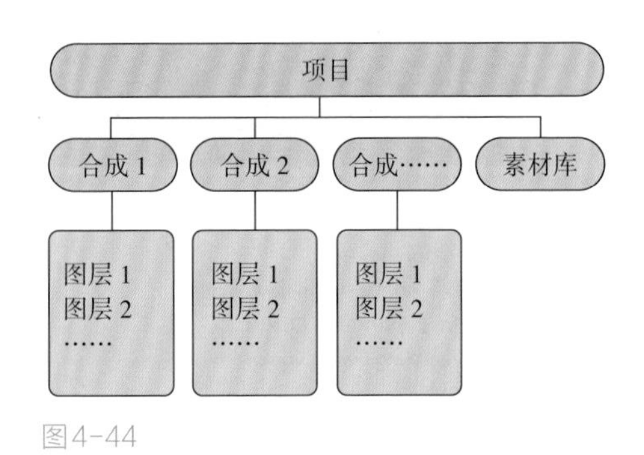

图4-44

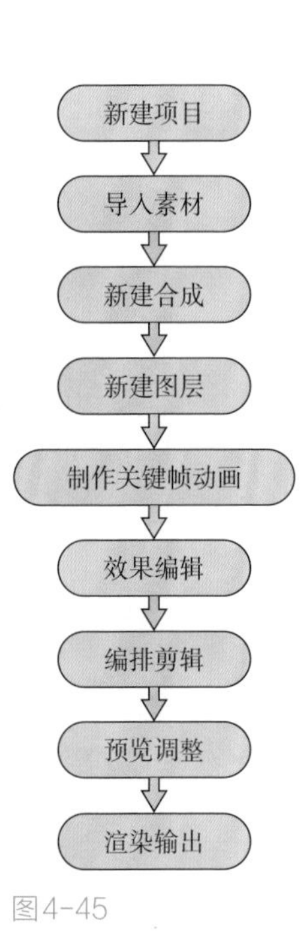

图4-45

4.4.5　素材的导入与管理

4.4.5.1　素材导入

素材是After Effects的基本构成元素，在After Effects中可导入的素材包括动态视频、静态图像、静态图像序列、音频文件、Photoshop分层文件、Illustrator文件、After Effects工程中的其他合成、Premiere工程文件以及Flash输出的swf文件等。

①一次性导入一个或多个素材：【文件】-【导入】-【文件】，针对同一文件夹

位置的素材的导入。

②连续导入单个或多个素材:【文件】-【导入】-【多个文件】,针对在计算机磁盘的不同位置的素材的导入,可以选择导入【多个文件】,直至全部素材导入结束,点击右下角“完成”结束素材的导入。

③导入序列素材:在“导入文件”对话框中勾选“序列”选项,就可以以序列的方式导入素材。

素材的导入方法:

①将素材拖拽到合成面板中;

②项目面板空白处点击鼠标右键-【导入】,如图4-46所示。

③项目面板空白处双击鼠标左键。

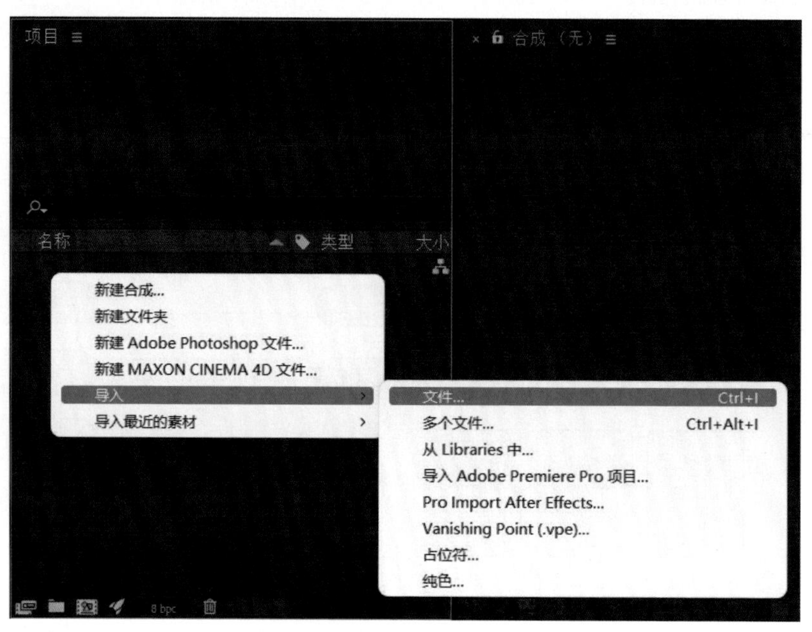

图4-46

4.4.5.2 素材管理

①复制素材:选择要复制的素材,按快捷键Ctrl+C和Ctrl+V,进行复制和粘贴。

②重命名素材:选择素材并单击鼠标右键,可以重命名素材。

③分类素材:点击鼠标右键,新建文件夹,可对素材进行分类整理。

④删除素材:选中素材并按Delete键即可对素材进行删除。

4.4.6　图层

4.4.6.1　图层的类型

AE 中的图层是合成编辑、动画制作的关键内容。AE 中的图层和 Photoshop 图层概念相似，都具有按照上下顺序叠层的关系，而 AE 中图层的属性更丰富，最主要的是具有了时间的要素。AE 图层的类型包括素材图层、合成图层、文本图层、纯色图层、灯光图层、摄像机图层、形状图层、空对象图层和调整图层九种主要类型。

①素材图层：素材图层是以素材为元素而创建的图层，包括图像、视频、音频、PS 文件、图像序列等素材。素材图层创建方法是直接将素材库中的素材拖入图层面板。

②合成图层：一个合成图层中可以嵌套多个合成，也就是说项目中其他合成也可以添加到当前合成的图层中。可直接将素材库中的素材拖入图层面板，如图 4-48 所示。

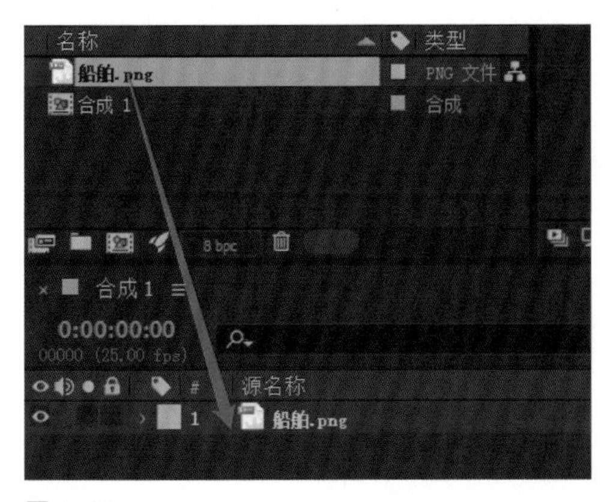

图 4-47

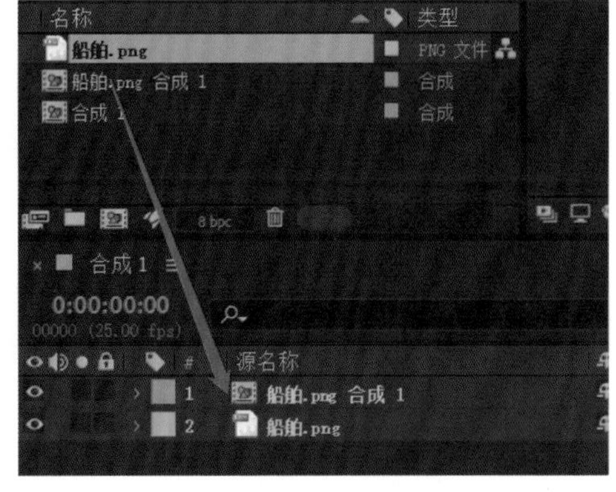

图 4-48

③文本图层：专门用来添加文字以及编辑文字、动画及效果的图层。文本图层创建方法有两种：一是在图层面板中点击鼠标右键新建文本图层；二是使用工具栏中的 T 文字工具，在合成预览面板中创建文本图层和文字。

④纯色图层：纯色图层是创建一个单一颜色方形色块的图层，新建时可设置纯色色块的像素大小和颜色，在图层空白区域点击鼠标右键创建纯色图层。

⑤灯光图层：灯光图层可对图层下方具有 3D 属性的图层模拟灯光效果，因此想要为某一图层添加灯光效果，要满足两个要素，即该图层位于灯光图层下方并开启 3D 属性。点击鼠标右键创建灯光图层，可设置灯光类型、光源颜色、强度、锥形角度、锥形羽化等参数。添加灯光图层的前后效果如图 4-52 所示。

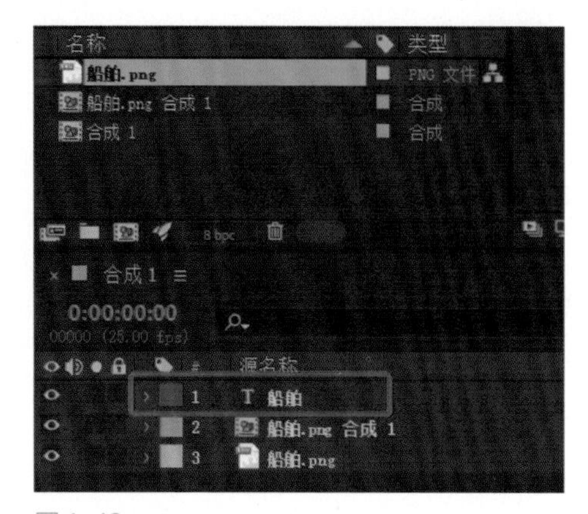

图4-49

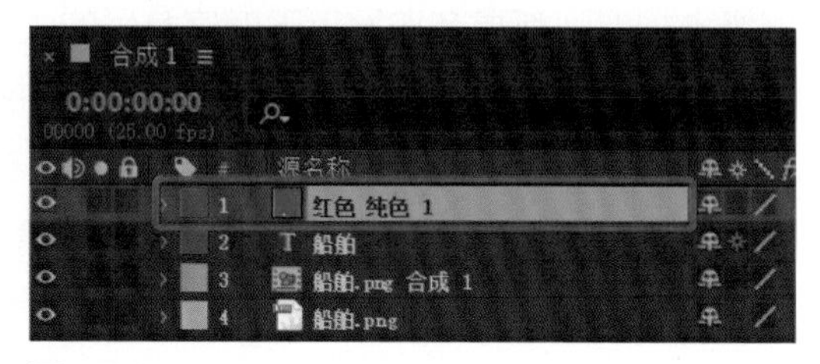

图4-50

图4-51

图4-52

⑥摄像机图层：摄像机图层可模拟三维镜头效果，同样是对摄像机图层下方具有3D属性的图层产生作用。点击鼠标右键创建灯光图层，可设置摄像机类型、名称、焦距等参数。添加摄像机图层，并设置摄像机缩放及图层-变换-*Y*轴旋转属性参数的前后效果如图4-53所示，图像在*Y*轴方向产生透视效果。

图4-53

⑦形状图层：形状图层常用于绘制图形、制作遮罩动画。用形状工具绘制矩形、圆角矩形、圆形、多边形和星形规则图形，用钢笔工具绘制自由图形。

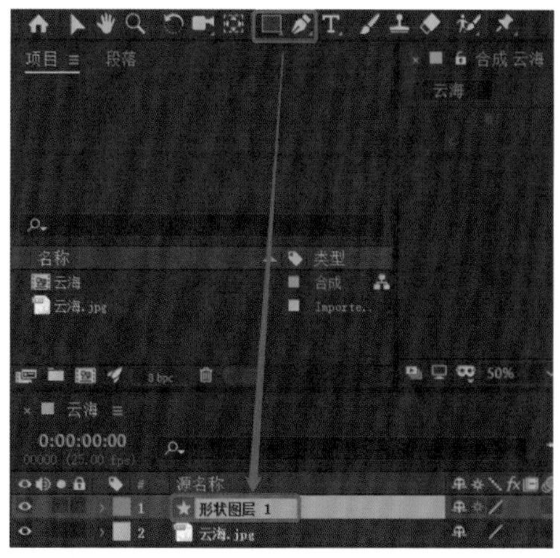

图4-54

图4-55

小贴士：
如果在当前图层为素材图层、纯色图层中绘制形状，则自动创建蒙版遮罩，即对该图层中的内容进行形状部分的遮挡或显示。

⑧空对象图层：通常用于关联控制其他图层，如用空对象图层与摄像机图层建立父级关系，以空白图层的属性来控制摄像机。

⑨调整图层：在图层面板空白处点击鼠标右键创建调整图层后，是一个没有图像内容的图层，但是可以对其添加特效效果，以对下面图层内容产生作用。常用调整图层对画面整体的色彩效果进行调整。

4.4.6.2 图层的五大基本属性

素材图层、合成图层、文本图层、纯色图层、形状图层、空对象图层和调整图层都具有五个基本变换属性，包括锚点、位置、缩放、旋转、不透明度。展开图层下的变换菜单，便可对图层中元素的五个属性进行编辑。快速展开五个属性快捷键为其英文首字母，即锚点（A）、位置（P）、缩放（S），旋转（R）、不透明度（T）。其中锚点、位置、缩放、旋转参数，如果图层为二维图层，则有X、Y两个方向的参数，如果图层具有3D属性，则有X、Y、Z三个方向的参数。

①锚点：对图层中的元素进行缩放、旋转、位移时的基准点。

②位置：图层在合成画面中的位置坐标。

③缩放：可设置图层缩放的比例（%），等比例缩放需激活锁定按钮；非等比例缩放，某一方向单独缩放，则取消锁定按钮。

④旋转：设置图层中的元素以锚点为基准进行旋转的角度。其表达式为$ax+b$°，a为圈数，b为度数。如2x+60°，即图层绕锚点旋转2圈又60°。

⑤不透明度：图层的不透明以比例（%）的参数进行设置，透明度为0%，则图层完全不显示；透明度为100%，则图层完全显示。

4.4.6.3 图层的管理与剪辑

（1）图层管理

①排列图层：图层位置的上下移动与Photoshop中图层的操作方法一致，可用鼠标手动拖拽，也可使用快捷键操作（图层上移Ctrl+]，图层下移Ctrl+ [，图层置于顶层Ctrl+Shift+]，图层置于底层Ctrl+Shift+ [）。

②对齐图层：在窗口菜单中调出对齐面板，即可对图层中的元素进行对齐分布的快速设置。

③图层的预合成：在动画制作或视频剪辑过程中，常需要对多个图层进行编组，即将多个图层嵌套入一个预合成图层，既可视其为当前合成一个图层的概念进行操作，也可双击进入预合成对已编组的各个原图层进行编辑。常用图层预合成的操作方法为选中要编组预合成的图层，点击鼠标右键选择预合成命令，或者输入快捷键Ctrl+Shift+C。

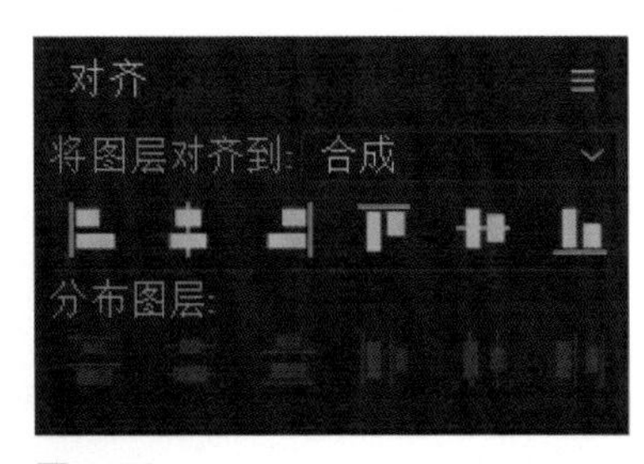

图4-56

④图层其他管理操作：点击时间线面板左下角的转换控制窗格，显示图层模式、轨道遮罩、父级和链接编辑面板，点击出入时间窗格，显示图层出入时间、持续时间和图层伸缩倍数的编辑面板，如图4-57所示。图层模式与Photoshop中的图层

模式概念一致；TrkMat轨道遮罩是根据上边图层的Alpha或亮度通道信息来决定本图层的透明度的，如图4-58所示；父级和链接，用于对图层与其他图层建立父级关系的设置，例如父级图层具有位移关键帧动画，则该子级图层则不需设置位移关键帧动画，便可依据父级图层移动；图层伸缩，即设置原图层时长的倍数，例如将视频图层放慢一个播放倍速，将伸缩值设置为200%即可。

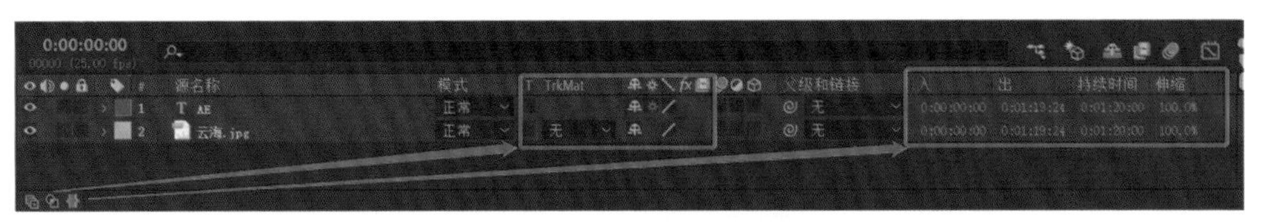

图4-57

图4-58

（2）图层剪辑

图层剪辑是对图层在时间轴上前后播放关系的编辑。可手动拖拽图层时间条的出入时间点和缩放播放长度，调整上下图层的时间关系的断开、重叠等。在视频剪辑过程中，常会拆分、删除某一片段，该操作主要是利用拆分图层、提升或提取工作区域的命令来操作。

小贴士：
若要快速精准地手动调整图层的出入时间点，可先将时间指针放置于该点，拖拽时间条靠近时间指针时会自动捕捉指针所在的时间点。

①拆分图层：选中图层，将时间指针置于要拆分的时间点，点击编辑菜单-拆分图层命令，或输入快捷键Ctrl+Shift+D，便将图层拆分为两部分，成为两个图层。如图4-59所示。

图4-59

②提升/提取工作区域：提升或提取工作区，是删除图层某一时间段的内容，以工作区作为辅助工具，设置要删除的时间段。具体操作是先将时间线面板中的工作区前后两端时间点设置好，然后选中图层，点击编辑菜单-提升或提取工作区命令。提升工作区是指删除工作区内容，后半部分的起始时间点不变，如图4-60所示；提取工作区是指将工作区内容删除后，将后半部分起始点与前半部分的终止点衔接。

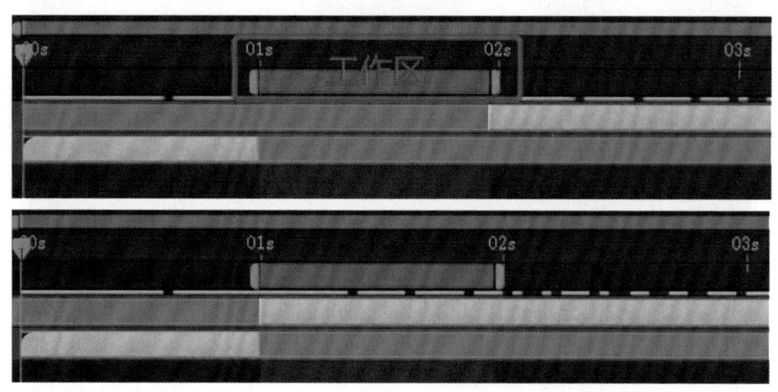

图4-60

4.4.7 关键帧动画

在AE中制作关键帧动画，要理清一个动画动作的起止状态，包括物理属性和时间点两个要素，中间的状态则由计算机自动插值计算得出。物理属性包括图层的五大变换属性、效果状态等，时间点即动画的开始时间点和结束时间点。只要有一个物理属性状态的变化，就要做一个对应起始和终止关键帧的时间和物理两个要素参数设置。如图4-61所示的是一个位移类型的动画，小球沿着S形状的路径位移行走，这段路径动画是对小球图层位置属性制作的关键帧动画，整个动画有四段动作状态，第一段为起始点①到终止点①的位置变化，第二段为紧接着的连续位移动画，从起始点②到终止点②，其中第一段的终止点①也是第二段的起始点②，以此类推，理清每个动作的起止状态后，便可对起止点进行物理属性和时间点的参数设置来做动画。基本步骤为先设时间点，后设置物理属性。

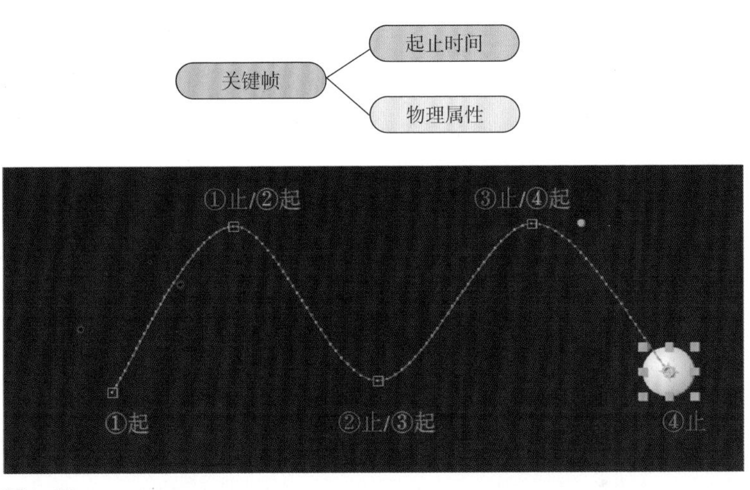

图4-61

关键帧动画制作的基本步骤为先设置时间点，后设置物理属性。以上述小球的位移动画为例。

（1）合成设置创建素材图层

新建项目－导入小球素材（小球为png格式的图像）－新建合成－将素材库中的小球.png拖拽至图层面板，创建素材图层－等比例缩放小球至大小合适。

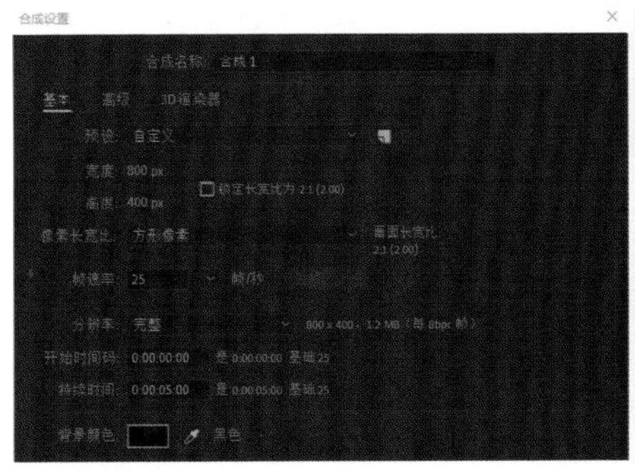

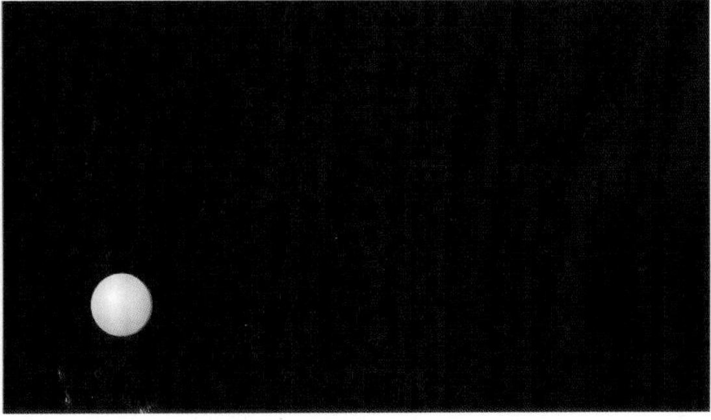

图4-62

（2）关键帧时间及物理属性参数设置

①第一段①起状态的关键帧设置：将时间线面板中的当前时间指针器（后文中简称为“时间指针”）移至0s0帧处，将小球移动至大致①起位置，按P键，快速展开小球图层的位置属性，点击时间秒表 ，便在时间线面板中创建了关键帧，该关键帧记录了此状态的时间点和位置参数。

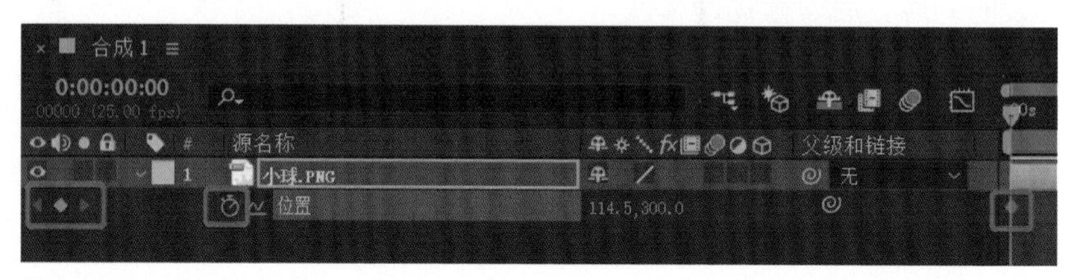

图4-63

②第一段①止状态的关键帧设置：先将终止时间点设置为1s0帧处，即将时间指针移至1s0帧处，然后移动小球位置至大致①止处，时间点和物理属性发生了改变，第二个关键帧便自动创建，如图4-64所示。第二段至第四段的关键帧动画操作步骤同上。

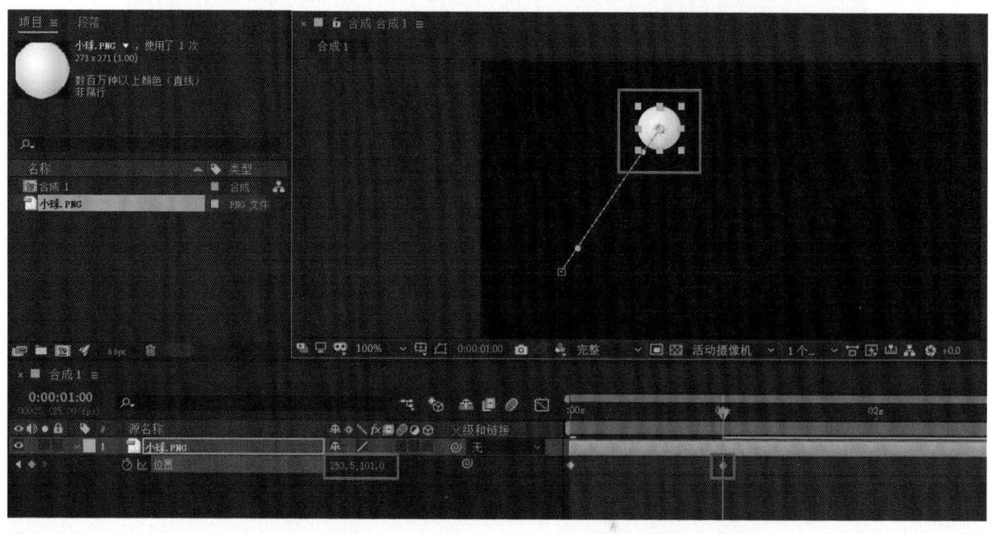

图4-64

按空格键，或点击预览面板中的播放键▶，便可在合成预览面板中观看小球沿路径位移的动画效果。

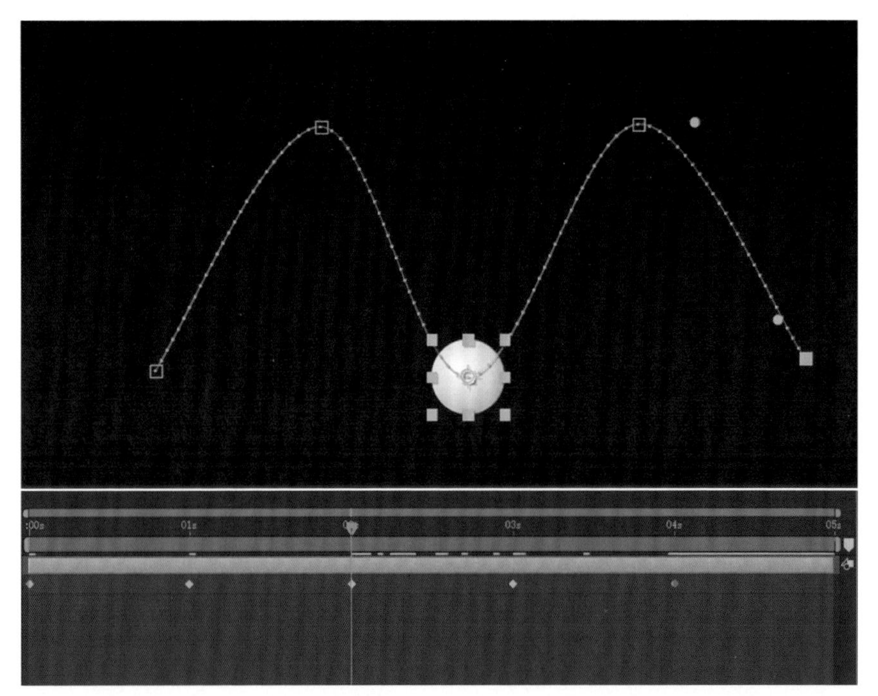

图4-65

4.4.8　效果滤镜

After Effects设置了大量的效果滤镜，添加效果有三种方式：一是在效果菜单中为图层添加想要的效果滤镜；二是选择图层点击鼠标右键，在效果菜单中查找效果；三是在窗口菜单中调出效果和预设面板，快速查找搜索效果，如图4-66所示。常用的效果包括过渡转场类、抠像类、模糊类、生成类、透视类、颜色矫正类等。这些效果不仅能应用于静态图像上，而且可用于动态画面上，制作动态的效果变化，使视频动画更加生动、绚丽、富有创意。

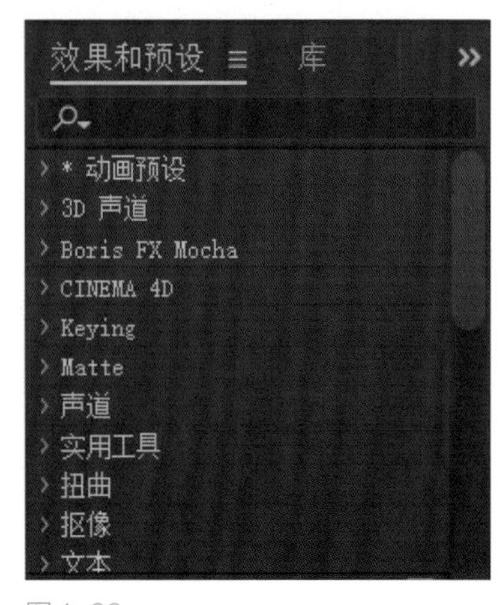

图4-66

AE中大部分效果的添加和编辑操作相似，且操作简单，主要是对效果参数的设置及关键帧动画的制作。一般初次使用某种效果滤镜，可根据参数概念的含义进行设置调试，直至满意为止。以过渡类百叶窗效果为例，制作镜头转场的效果。新建项目－导入云海图片和云山图片素材－以云海图片创建素材层及合成，合成时长为5s－将两个图层时间条的末尾和开始重叠2s

（图4-67）-为云海图层添加百叶窗效果（在效果和预设面板中搜索百叶窗，然后将其拖拽至图层即可，如图4-68所示）-将时间指针放置于1s处，点击图层百叶窗效果中过渡完成参数的秒表，添加关键帧，设置过渡完成为0-将时间指针放置于3s处，设置过度完成为100%，如图4-69所示；按空格键预览百叶窗过渡效果，即云海图片播放1s后，开始以百叶窗形式消失，并逐渐显示出下层云山的前2s内容，如图4-70所示。

图4-67

图4-68

图4-69

图4-70

4.4.9　视频输出

视频动画制作完成并预览，没有问题之后，便可渲染输出视频格式的文件。渲染输出命令为合成菜单下的【预渲染】，也可按Ctrl+M键快速调出显示渲染面板。渲染输出前主要是对渲染、输出模块和输出位置的设置。点击【渲染设置】打开设置面板，主要对要渲染起始时间进行设置，一般默认渲染全段视频，也可自定义设置渲染某一时间段的动画视频。

点击【渲染设置】打开设置面板，主要对格式进行设置，可渲染视频类的格式，如AVI、QuickTime等，也可渲染图片序列类的格式、音频类格式。【渲染到】是对输出保存位置的设置。

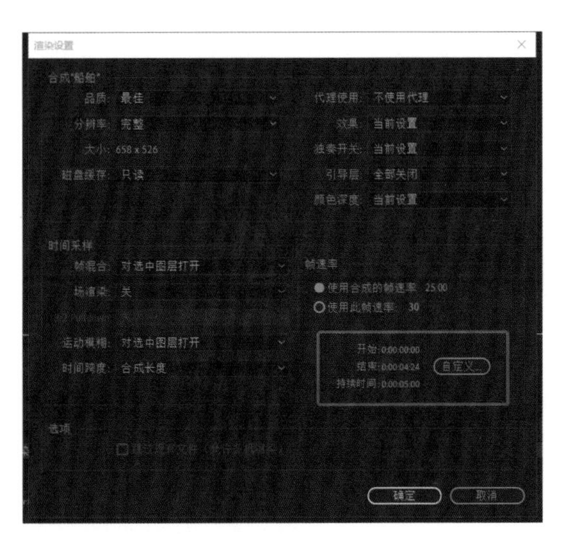

图4-71

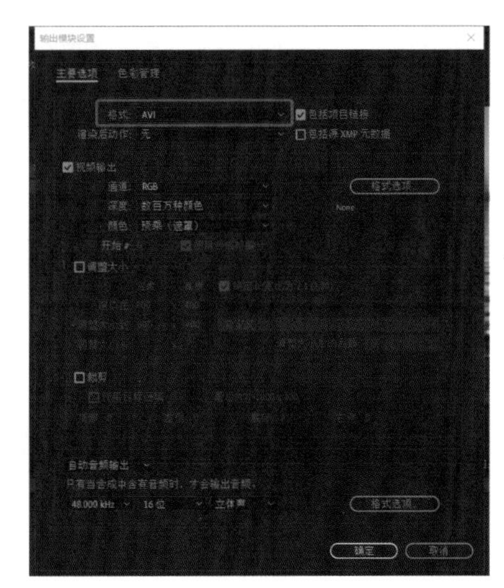

图4-72

Chapter

第5章 浏览式动画——智能手机动画设计与制作

第5章教学视频

浏览式动画——智能手机动画的实战练习操作，采用快捷、常用且实用综合的建模、渲染和后期合成工具，完成一套完整的浏览式手机数字动画展示，通过学习和练习能够比较快地掌握产品数字动画展示技术基础操作方法。

5.1 犀牛建模

以图5-1中的智能手机为例，分析智能手机的造型特征。主体造型为扁平的长方体，边缘倒圆角，分前（屏幕）-中（金属边框）-后（背板）三部分，其余细节模型包括前置摄像头、侧边按键、后置摄像头、顶端和底端的音孔等。因此建模基本思路为：在倒圆角的长方体模型上分割具有特殊造型的前、中、后三部分模型，并修正细节，之后逐步创建并完善细节模型。

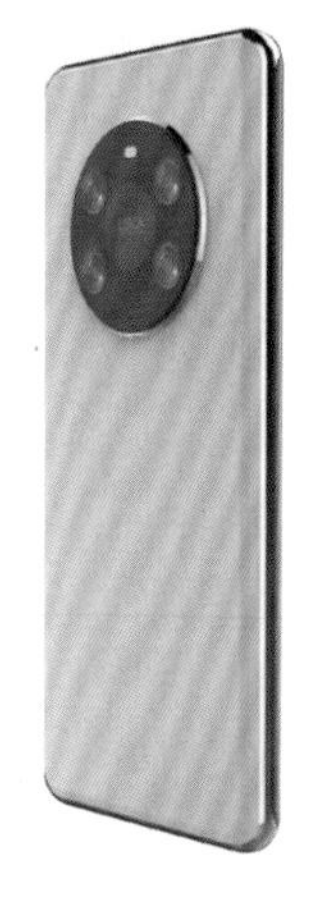

图5-1

5.1.1 主体模型创建

5.1.1.1 单位设置

新建Rhino文件，选择单位为毫米的小模型模板。

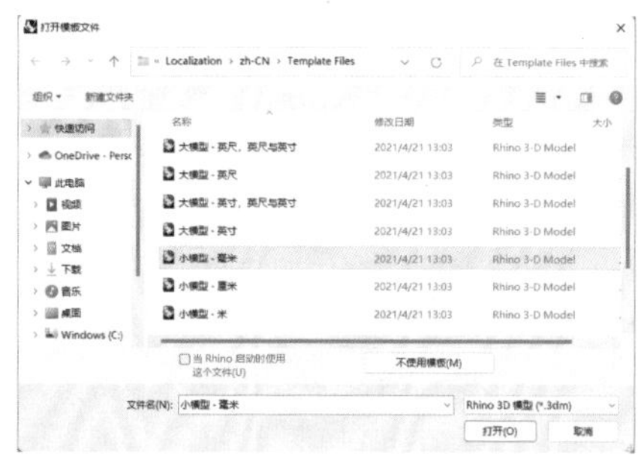

图5-2

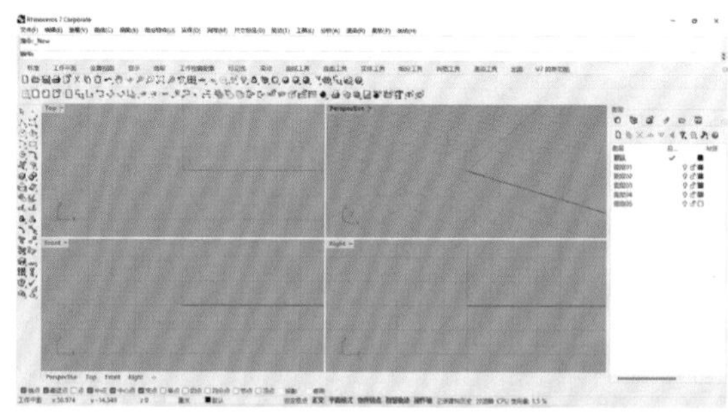

图5-3

小贴士：
模型文件的单位也可在文件菜单-文件属性面板中更改单位设置，如图5-4所示。

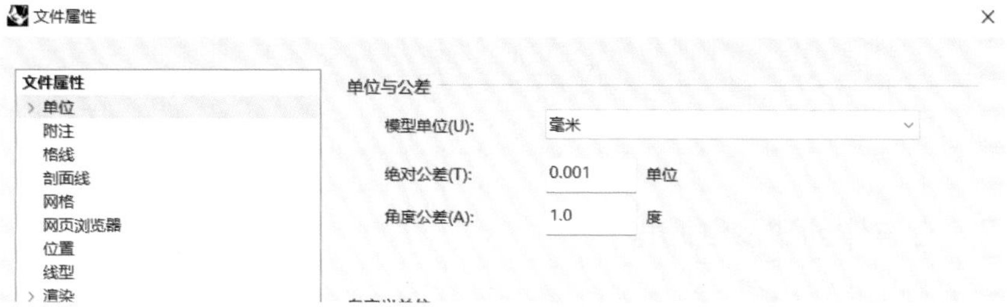

文件属性

文件属性
› 单位
附注
格线
剖面线
网格
网页浏览器
位置
线型
› 渲染

单位与公差
模型单位(U): 毫米
绝对公差(T): 0.001 单位
角度公差(A): 1.0 度

图5-4

5.1.1.2　放置背景图

首先在Front视图中放置一个参考背景图，可参考其样式、尺寸创建模型。双击Front标签，放大视图。创建一个163mm×75.5mm的矩线段，点击左侧工具栏中矩形线段按钮口，按照指令栏的提示分别输入长75.5、宽163的尺寸数据，点击鼠标右键或按回车键完成矩形线段创建，如图5-5所示。

图5-5

点击Front标签的三角下拉菜单，选择背景图-放置，选择“前视图.jpg”文件，打开视图左下角的端点捕捉，按照指令栏的提示，捕捉矩形线段的两个对角点，完成背景图放置，如图5-6所示。

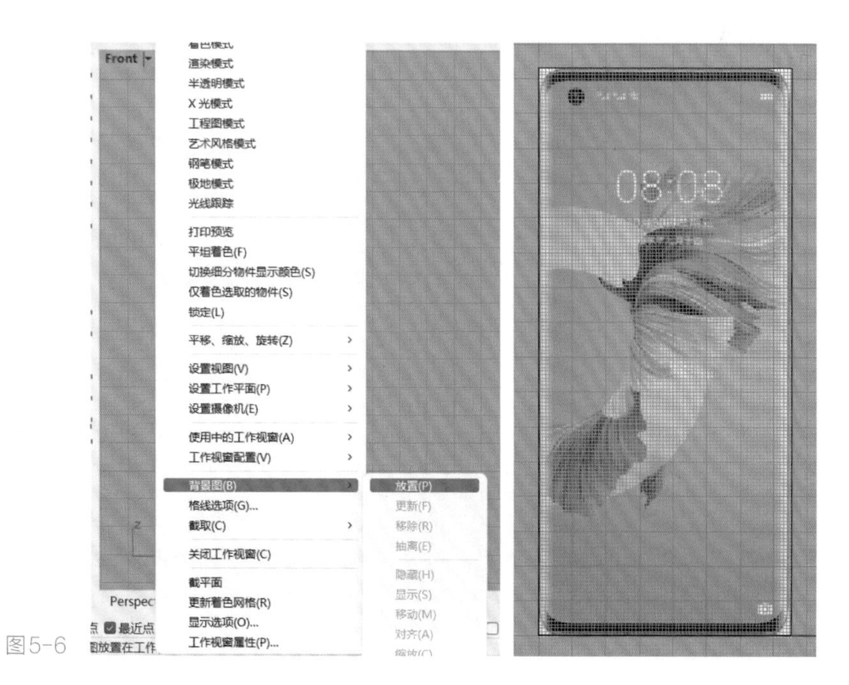

图5-6

> 小贴士：
> 三维模型最好是按照实际产品尺寸1:1的比例建立，这样才能预览接近真实的尺度关系。背景图仅是建立模型时的参考，不需要时需点击相应视图下拉菜单-背景图-移除。

5.1.1.3 立方体创建及倒圆角

点击左侧工具栏中的立方体工具，打开端点捕捉，按照指令栏里的提示，以左下角为起始点，用鼠标左键点击一次该点，在指令栏依次输入75.5、163、10，输入每个尺寸数据后都按回车键，完成立方体的创建，如图5-7所示。

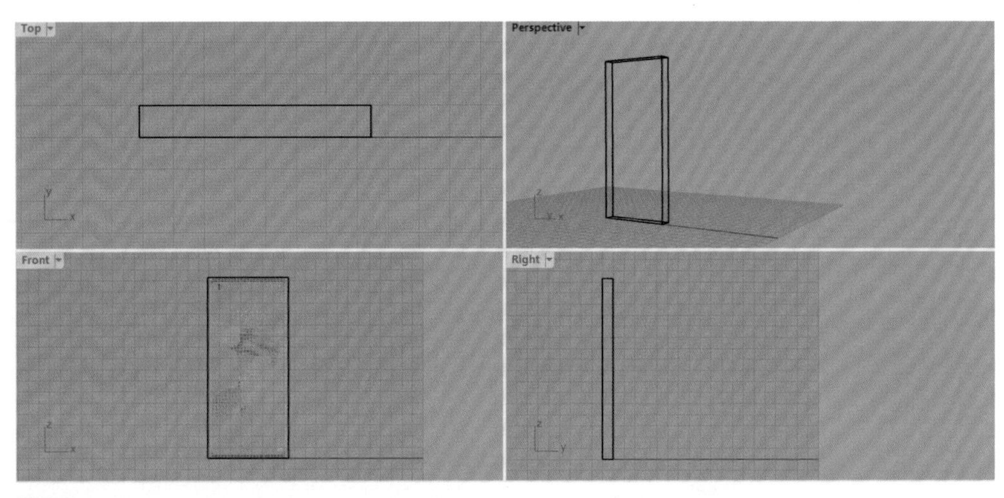

图5-7

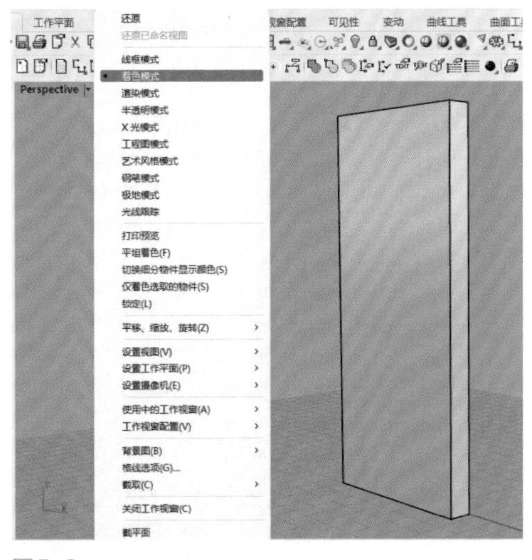

图5-8

切换透视图的显示模式，点击Perspective标签，选择着色模式，双击Perspective标签，放大显示该视图，如图5-8所示。

点击左侧工具栏中布尔运算联集-边缘圆角工具，在指令栏中输入倒角半径为8，点击鼠标右键或按回车键，在视图中依次点击立方体四角上的边缘线，如图5-9所示，然后点击两下鼠标右键，或按两次回车键，完成四个边角的倒角，如图5-10所示。

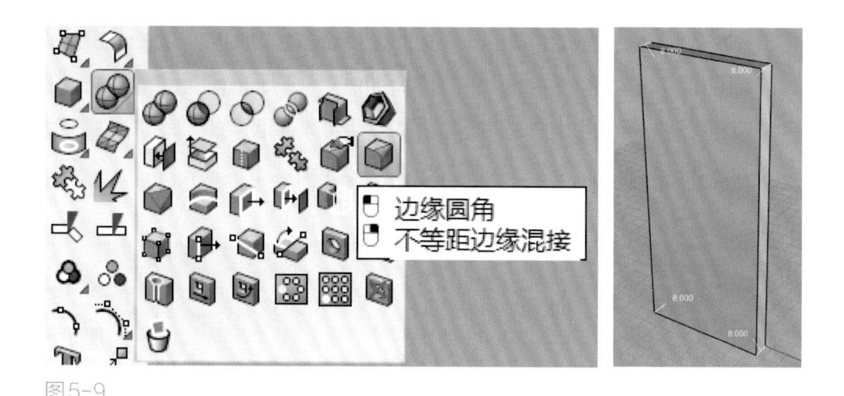

图5-9

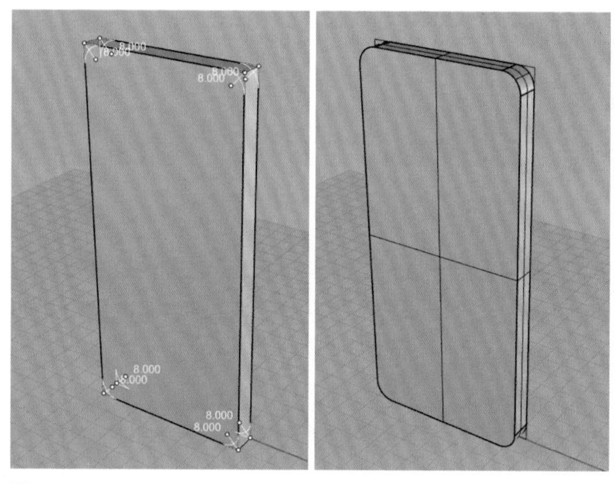

图5-10

小贴士：
①在选择三维模型不同方位的部件时，点击鼠标右键可旋转视图进行选择。
②在选择倒圆角的边缘时，如果多选了不需要的边缘，可按Ctrl键进行减选。

5.1.1.4 隐藏辅助线

建模过程中，需要制作很多辅助线来做参考，模型建立完成后，后期模型的调整还会需要参考辅助线。如果辅助线一直显示在视图中，会影响模型的观察与选取，因此需要对辅助线进行隐藏。可以直接点击标准工具栏中的隐藏选定物件工具 。为了方便管理，还可以将辅助线列入单独一个图层，进行统一、快速的显示和隐藏。具体操作方法如下。

首先在右侧的图层栏中新建图层，或重命名未使用的图层，双击图层名称，更改图层名称为“辅助线”；然后选中视图中的辅助线，打开右侧属性面板，在图层选项中，点击下拉菜单，选择辅助线，将辅助线模型列入辅助线图层；再打开图层面板，点击小灯泡按键，即隐藏该图层中的模型物件，如图5-11所示。

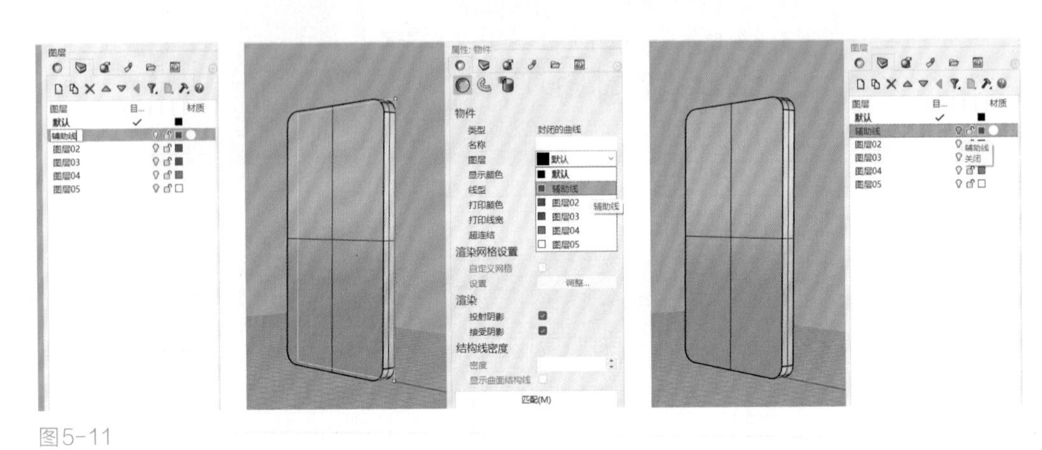

图5-11

继续对立方体剩下的边缘进行倒圆角。点击左侧工具栏中布尔运算联集-边缘圆角工具，在指令栏中输入倒角半径5，在透视视图中框选整个模型，点击两次鼠标右键，完成倒圆角，如图5-12所示。

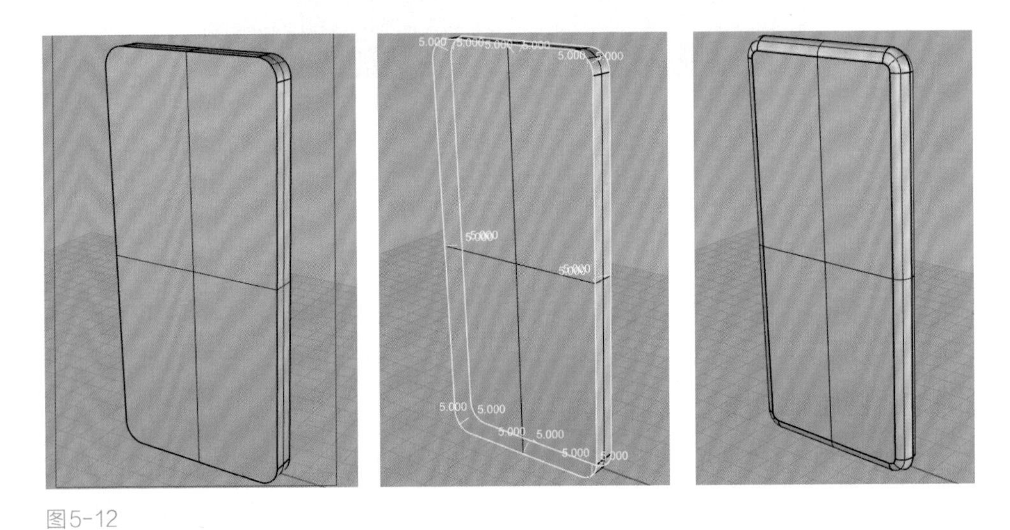

图5-12

小贴士：
在选择模型剩余未倒角的边缘时，可采用框选方式快速完成倒角边缘的选择。

5.1.1.5　创建屏幕模型

双击Right视图，放大视图。点击多重直线工具，打开平面模式、中点捕捉，从下向上绘制辅助线，如图5-13（a）所示。点击左侧工具栏中曲线圆角工具，在指令栏中输入倒角半径10mm，分别选择要倒圆角的两条线段，点击鼠标右键完成倒圆角，如图5-13（b）所示。

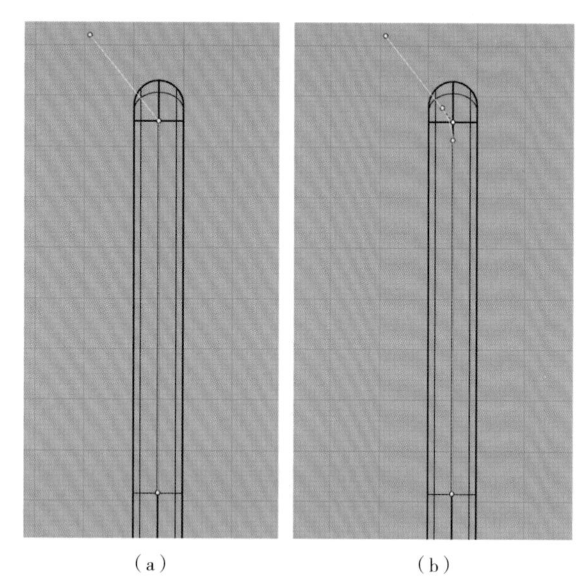

（a）　（b）

图5-13

选择镜像工具，打开正交模式，以线段的下部端点为对称轴起点，水平线上任意一点为对称轴终点，指令栏中的复制选择“是”，点击鼠标右键完成线段镜像复制。然后选择两条线段，点击组合工具，将两条线段组合成一条线段，如图5-14所示。

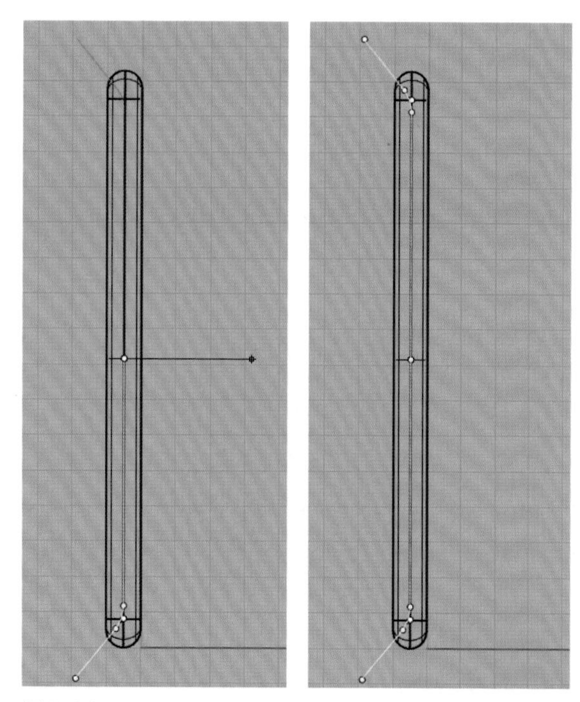

图5-14

小贴士：
镜像工具，在左侧移动工具的扩展菜单中选择，如图5-15所示。

选中辅助线，点击挤出直线工具，挤出长度超过手机宽度即可，如图5-16所示。

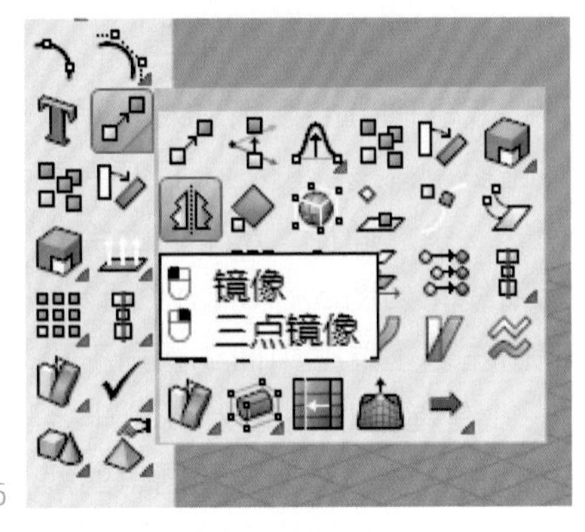

图5-15

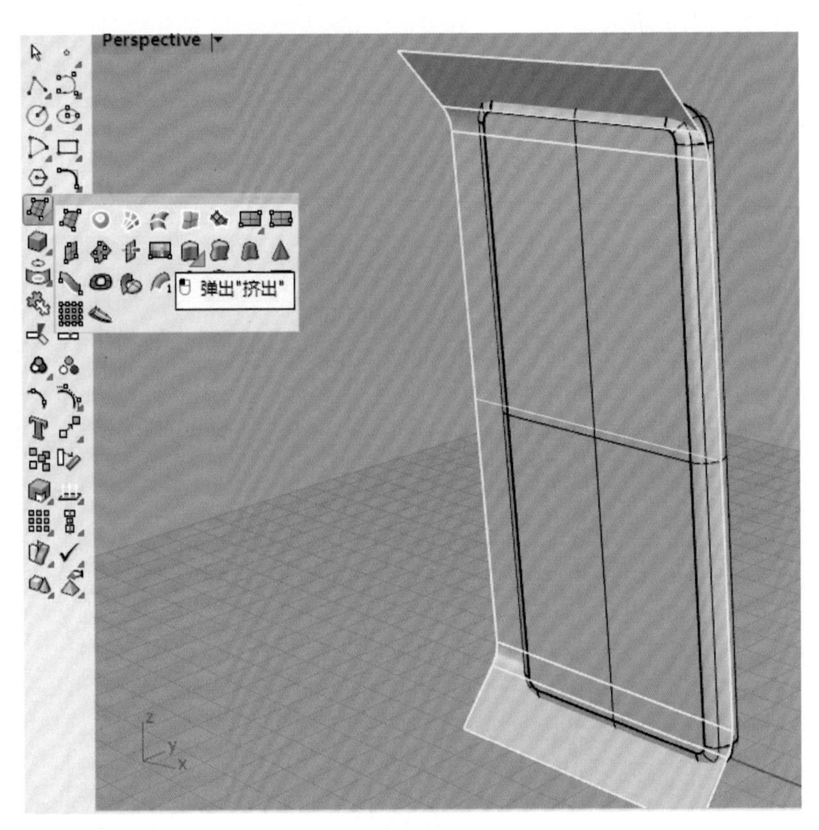

图5-16

然后利用布尔运算工具，将实体依据挤出的辅助面分为前后两部分。点击布尔运算联集中 扩展菜单的布尔运算分割工具，先选择手机实体为要分割的曲面，点击鼠标右键或按回车键，再选择辅助面为切割用曲面，点击鼠标右键或按回车键后，即将手机实体分为前后两部分，删除辅助面，如图5-17所示。

接下来对屏幕模型边缘进行倒圆角的细节处理。选中屏幕模型，列入屏幕图层，在图层面板中点击屏幕图层为目前操作图层，点击默认图层和辅助线图层中的小灯泡按钮，单独显示屏幕模型，如图5-18所示。

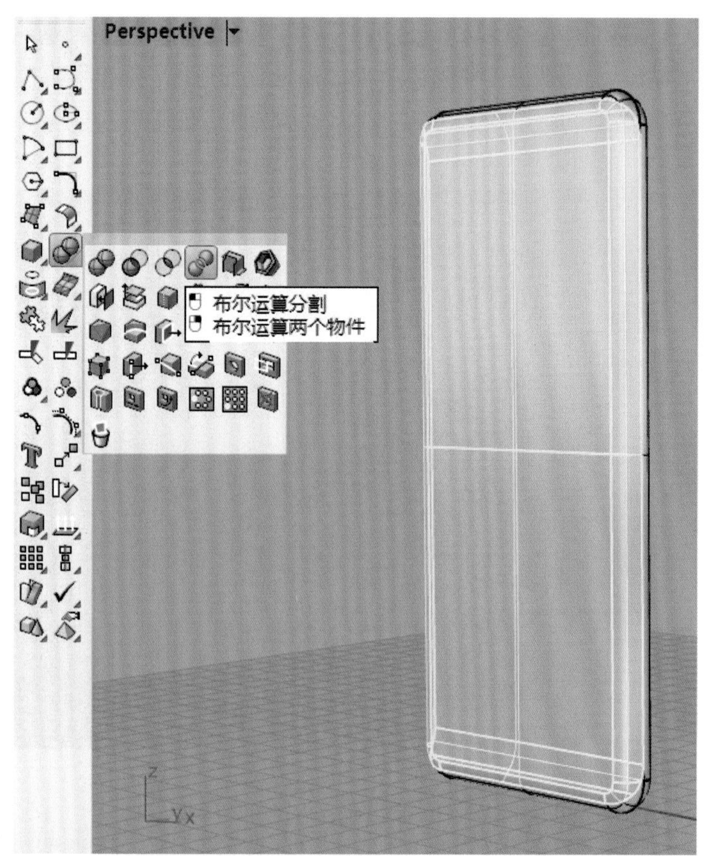

图5-17

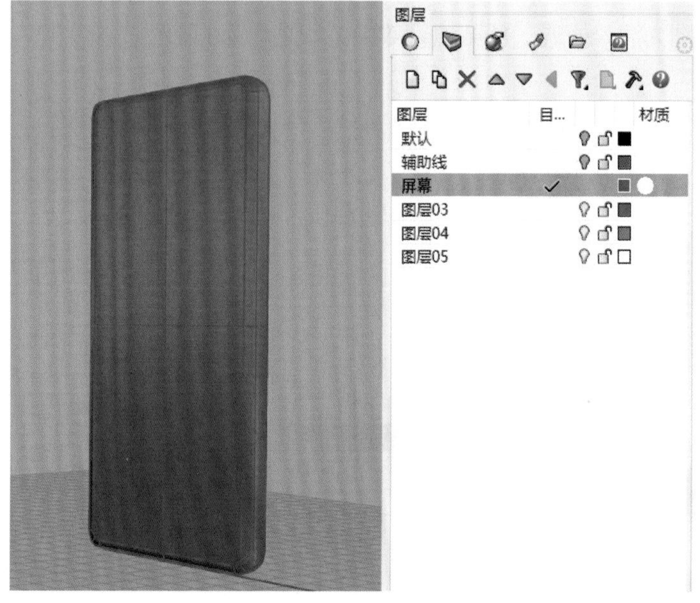

图5-18

点击布尔运算联集扩展菜单中的边缘圆角工具，对屏幕实体模型的边缘进行倒角，在指令栏中倒圆角半径输入0.5mm，框选手机模型，快速选择屏幕模型的所有边缘，点击两次鼠标右键完成倒圆角，如图5-19所示。

图5-19

点击屏幕图层中的材质按钮，修改屏幕材质类型为油漆，颜色为黑色，如图5-20所示。在图层面板中，点亮默认图层的小灯泡，显示所有模型，并切换透视图为渲染模式，预览渲染效果，如图5-21所示。

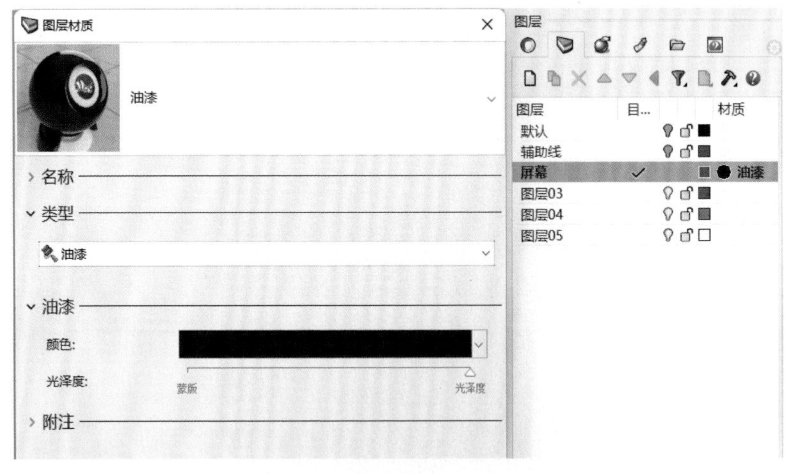

图5-20

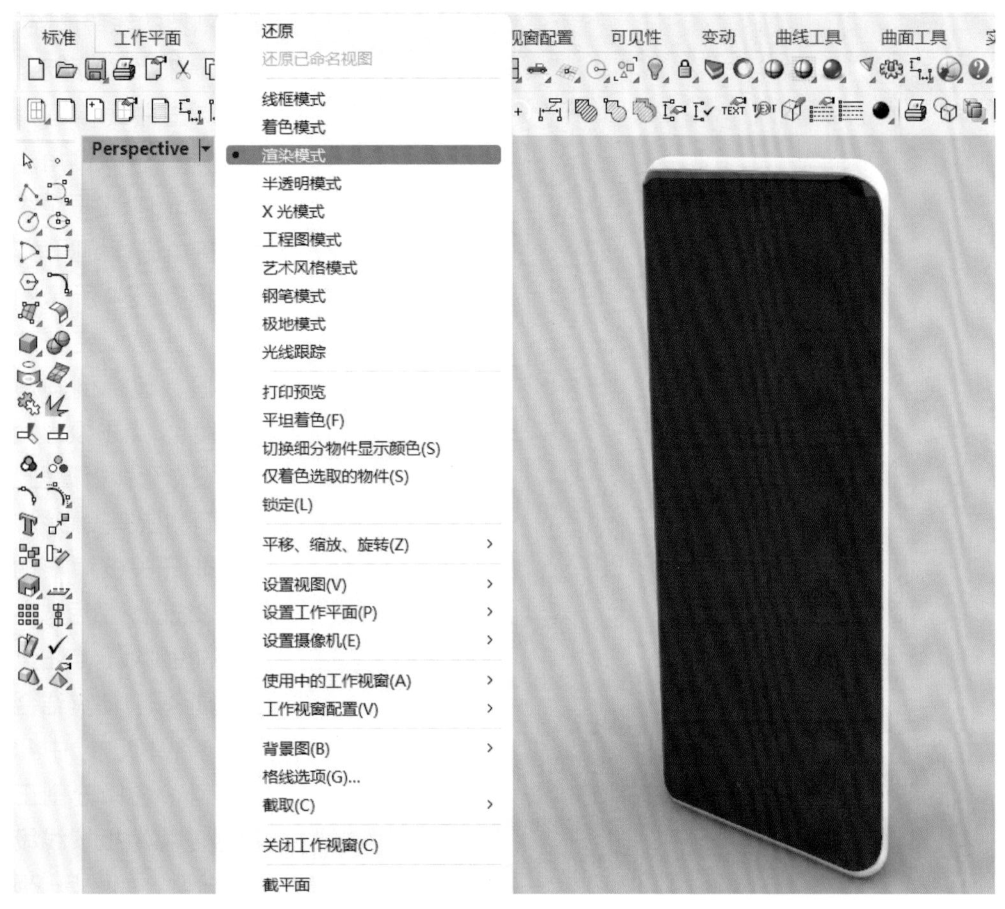

图5-21

> 小贴士：
> 图层面板中的颜色设置为相应图层标签的颜色设置，在视图线框模式、着色模式中，模型根据所在图层的颜色设置进行显示。图层面板中的材质是为模型物件赋予的材质，可设置石膏、玻璃、油漆、金属等多种材质类型，并对其颜色、光泽度等材质属性进行调节，在视图中的渲染模式下可预览效果。

5.1.1.6　手机背板模型创建

利用多重直线工具 以及曲线倒圆角工具 ，参考屏幕模型辅助线创建方法，创建图5-22（a）（b）示意的辅助线。利用投影工具 ，将辅助线投影至手机实体模型，如图5-22（c）所示。

打开物件锁点-最近点捕捉，在平面模式打开状态下，参考图5-23（a）绘制直线，起点和终点要捕捉在投影线的最近点上。点击分割工具 ，分割投影线，并

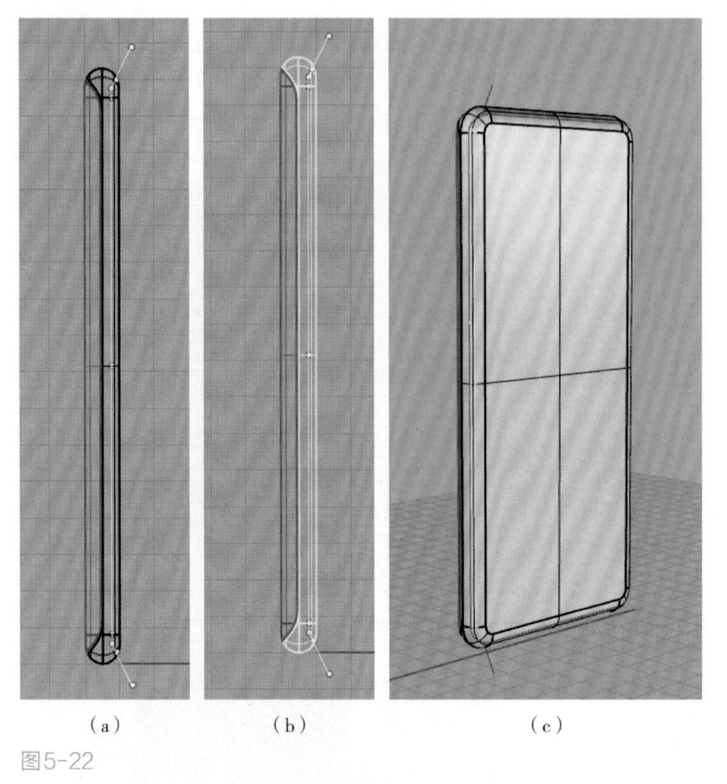

（a）（b）（c）

图5-22

（a）（b）

图5-23

将分割掉的线段删除，如图5-23（b）所示。

点击曲线倒圆角工具，输入倒角半径为5mm，将每个线段连接角进行倒圆角，选择图5-24所示的线段（注意要完整选择线段，包括倒圆角的线段），点击投影命令，投影至背板模型。背板两侧皆有投影线，删除非开关按键一侧的投影线段。然后选中所有的投影线，点击结合工具，使其结合为一条线段。选中背板模型，选择分割工具，将背板按线段进行分割，如图5-25所示。

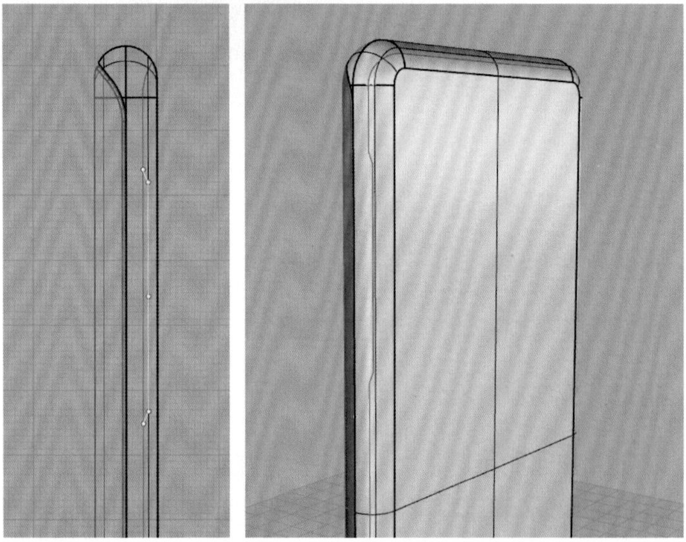

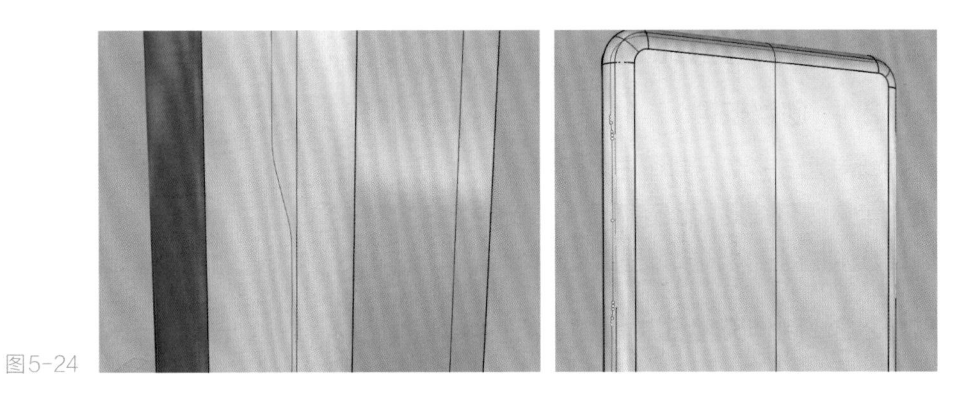

图5-24

设置金属边框图层，该图层模型设置为金属材质。点击图层面板中的材质球，类型选择金属，颜色为浅灰色，调整抛光度。将中间部分的模型列入金属图层，透视视图打开渲染模式，观看主体模型效果，如图5-26所示。

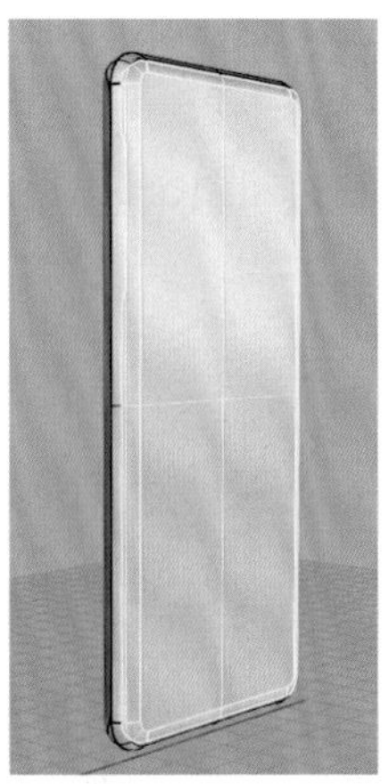

图5-25

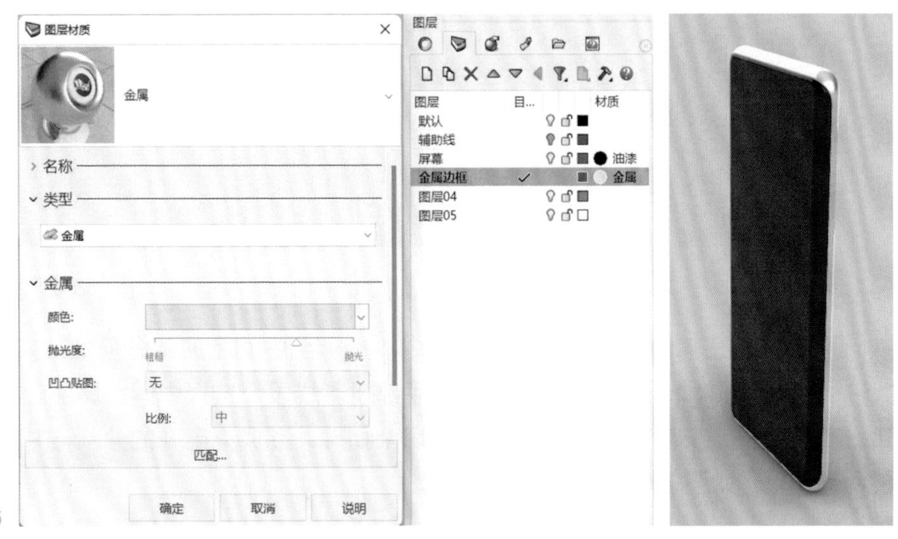

图5-26

5.1.2 细节模型创建

5.1.2.1 创建按键

参考图5-27，制作右侧手机开关机、音量调节按键。创建两个尺寸适中的长方体并倒圆角，放置适当位置即可。

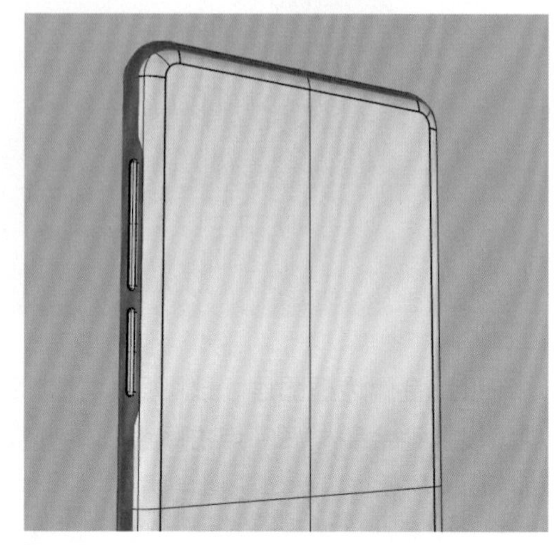

图5-27

5.1.2.2 制作充电孔

在顶视图手机中心位置绘制8mm×2.5mm的长方形线段，曲线倒圆角半径为1.25mm，完成充电孔辅助线条绘制，如图5-28所示。

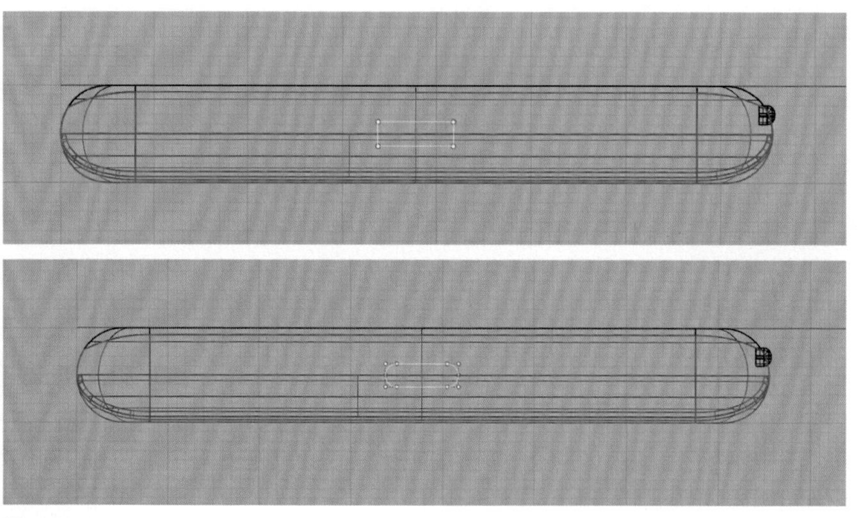

图5-28

选中充电孔辅助线条，点击投影命令，投影至中间金属部分模型。如图5-29（a）所示，删除顶部的投影线段，保留底部投影线段。选择中间金属部分模型，采用分割工具，以充电孔投影辅助线为切割物件，完成充电孔的分割，并删除切掉的面片模型，如图5-29（b）所示。

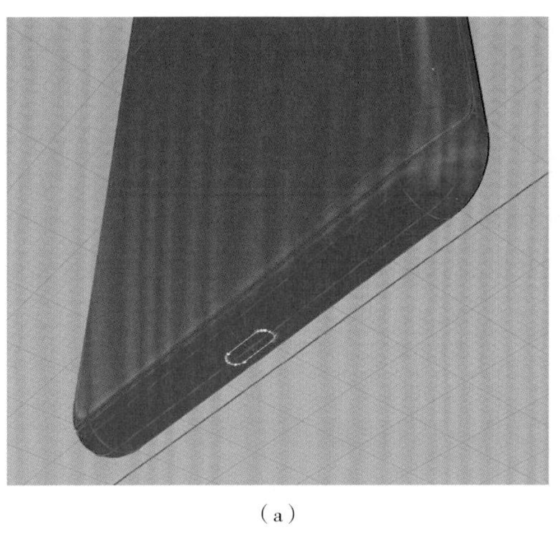

（a）

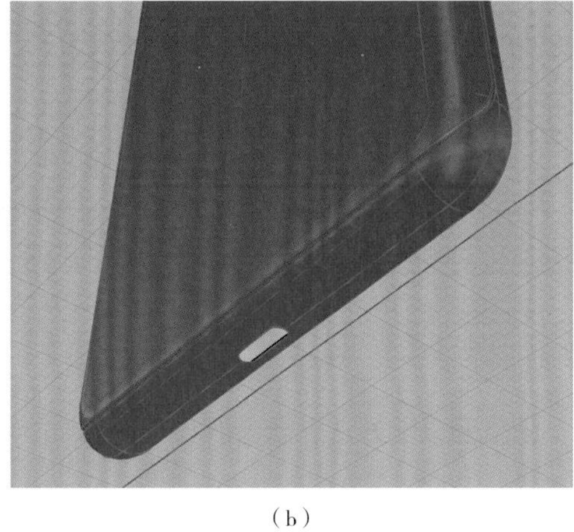

（b）

图5-29

在图层面板中点击金属边框图层，使其为当前操作图层。点击曲面菜单 - 挤出曲线 - 直线命令，选择充电孔投影线段，并挤出模型。选择挤出模型及中间金属部分模型，点击组合命令，使其组合为一体。然后进行边缘倒角，倒角半径为0.3mm，完成充电孔的制作，如图5-30所示。

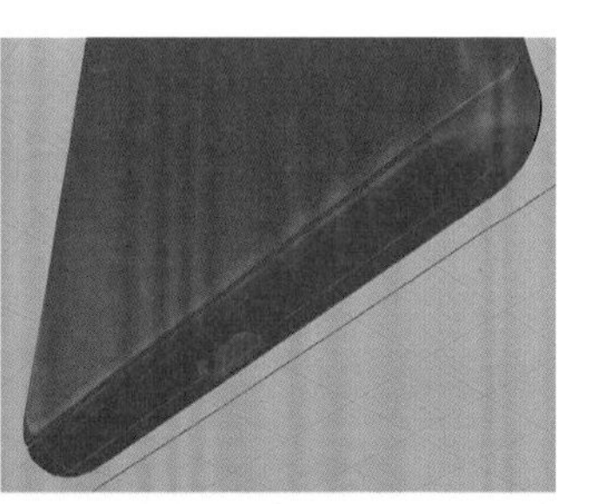

图5-30

5.1.2.3　创建底部小圆孔

首先点击立方体扩展菜单 - 圆柱体工具，创建一个半径为0.5、高为5的圆柱体，并放置在合适位置（圆柱体要穿插于手机底部模型），如图5-31（a）所示。选择阵列工具，*X*方向数目为6，*Y*和*Z*方向的数目都为1，然后大致以圆柱体的中心为第一参考点，向右移动鼠标，选择合适的第二参考点，点击鼠标右键完成圆柱体的阵列，如图5-31（b）。然后选中中间金属部分模型，点击布尔运算差集命令，完成差集布尔运算，如图5-31（c）所示。

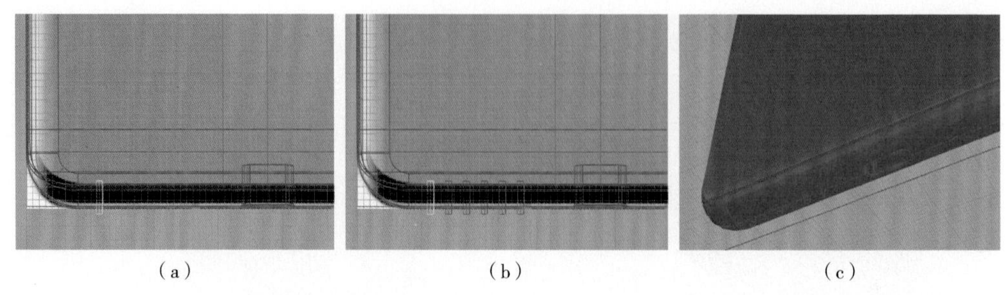

（a）　（b）　（c）

图5-31

依照以上方法，参考图5-32，完成手机顶部以及底部圆孔的创建。

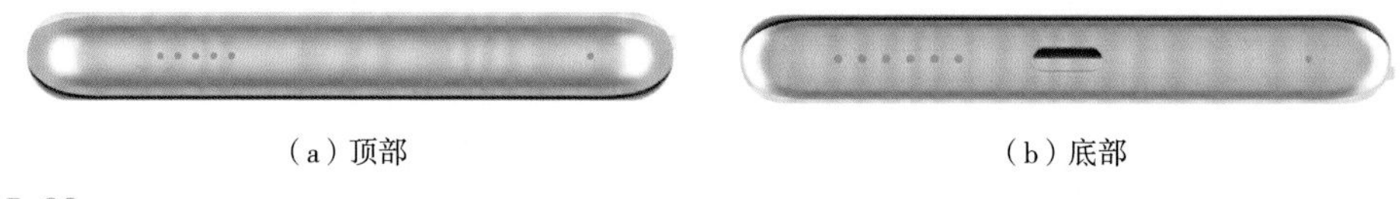

（a）顶部　（b）底部

图5-32

5.1.2.4 制作前置摄像头

绘制半径为2.5mm的圆柱体，其长度能够贯穿屏幕模型即可。如图5-33所示，点击布尔运算分割工具，分割出屏幕和前置摄像头模型，删除圆柱体模型。将前置摄像头模型列入新建的前置摄像头图层，并设置为黑色油漆材质，如图5-34所示。

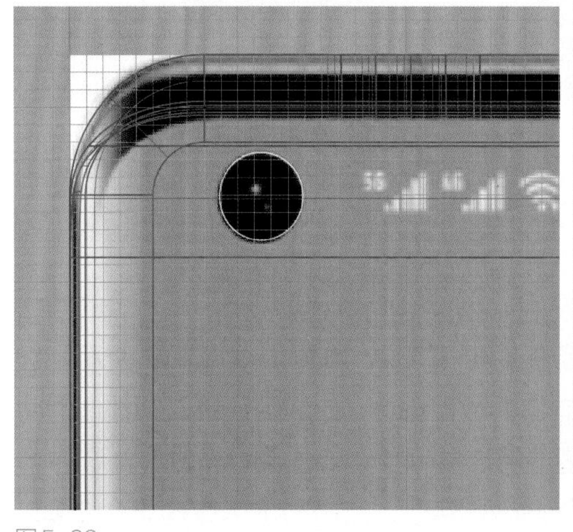

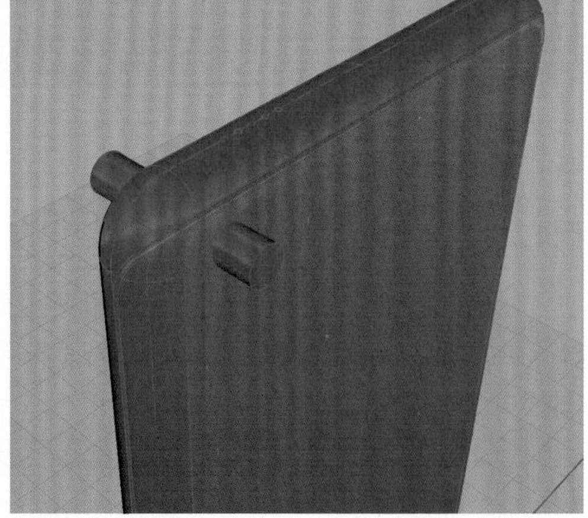

图5-33

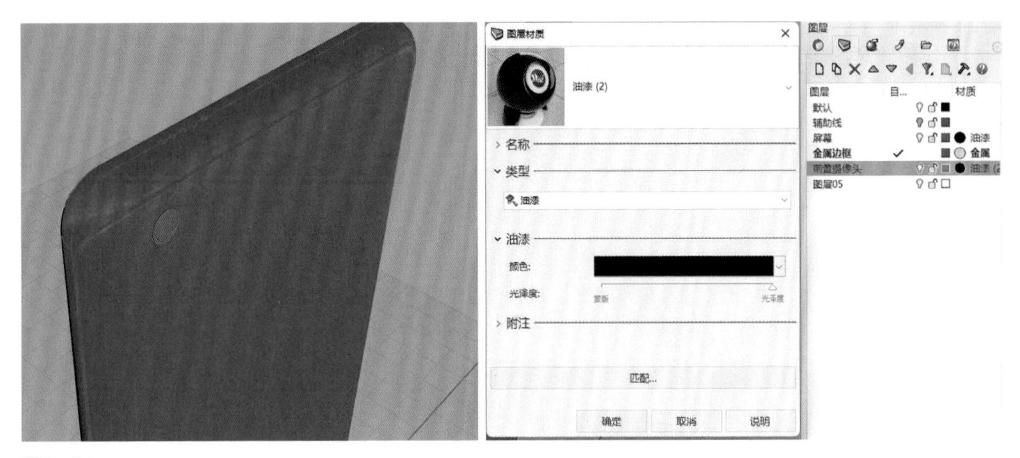

图5-34

5.1.2.5　创建后置摄像头

首先新建后置摄像头图层，在该图层中创建后置摄像头模型。参考图5-35中的位置绘制半径分别为22mm、9mm的同心圆线段（创建第二个圆形线条时，可捕捉第一个圆的中心点为圆心，创建同心圆）。然后捕捉两个圆上的最近点绘制直线，以直线的中点为圆心，创建半径为5mm的摄像头圆形辅助线段。打开正交模式，选择镜像工具，以同心圆的圆心点为对称轴起点，垂直向下在任意位置选择对称轴终点，完成镜像，并继续镜像创建图示中的下边两个摄像头辅助线，如图5-35所示。

图5-35

选中所有圆形线段，打开正交模式，停用点的捕捉，将圆形线段移动至靠近手机背板的后方位置，如图5-36所示。

选择曲面-挤出平面曲线-直线命令，在指令栏中，实体选择“是”，挤出长度输入2mm，完成挤出实体的创建，如图5-37所示。

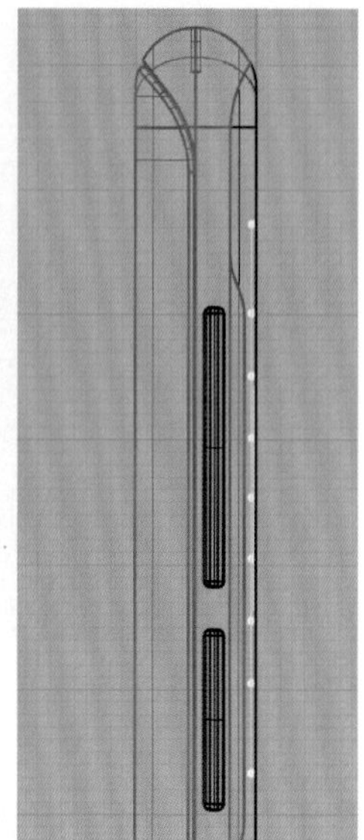

图5-36

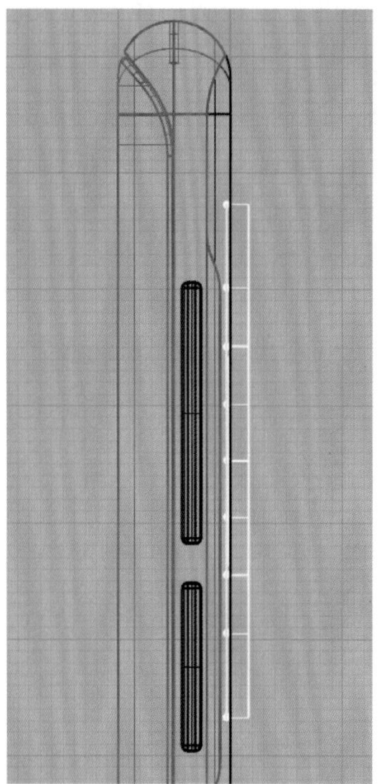

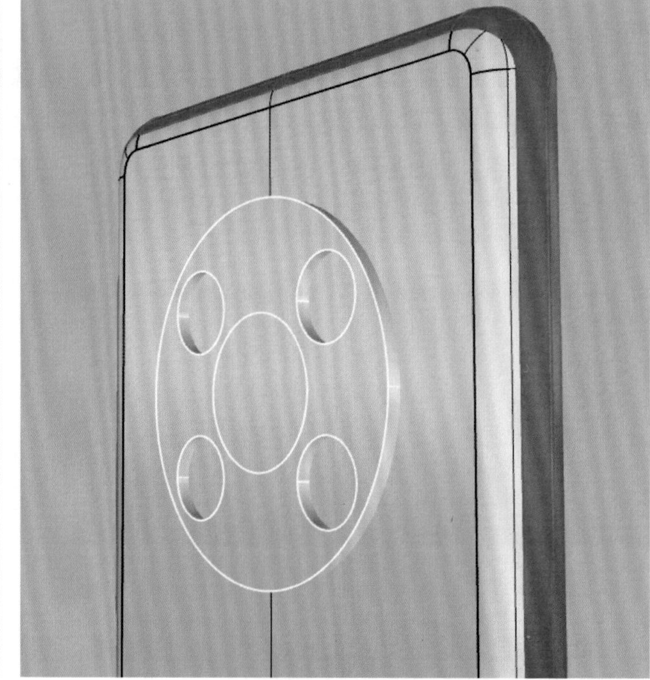

图5-37

同样操作方法，挤出中间的五个圆形线条，挤出长度也为2mm，如图5-38所示。

新建后置镜头图层，设置图层模型材质，并将后置四个镜头列入该图层。新建后置镜头Logo图层，更改图层显示颜色，并将中部挤出的圆柱体模型列入该图层，如图5-39所示。

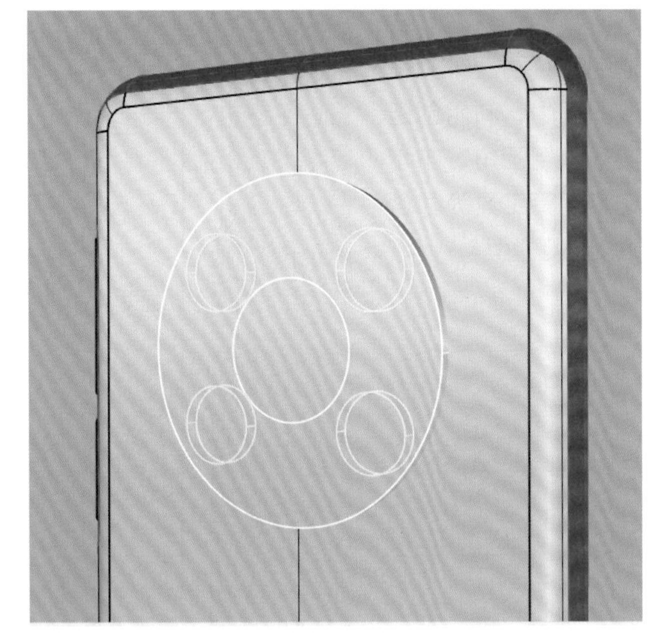

图5-38

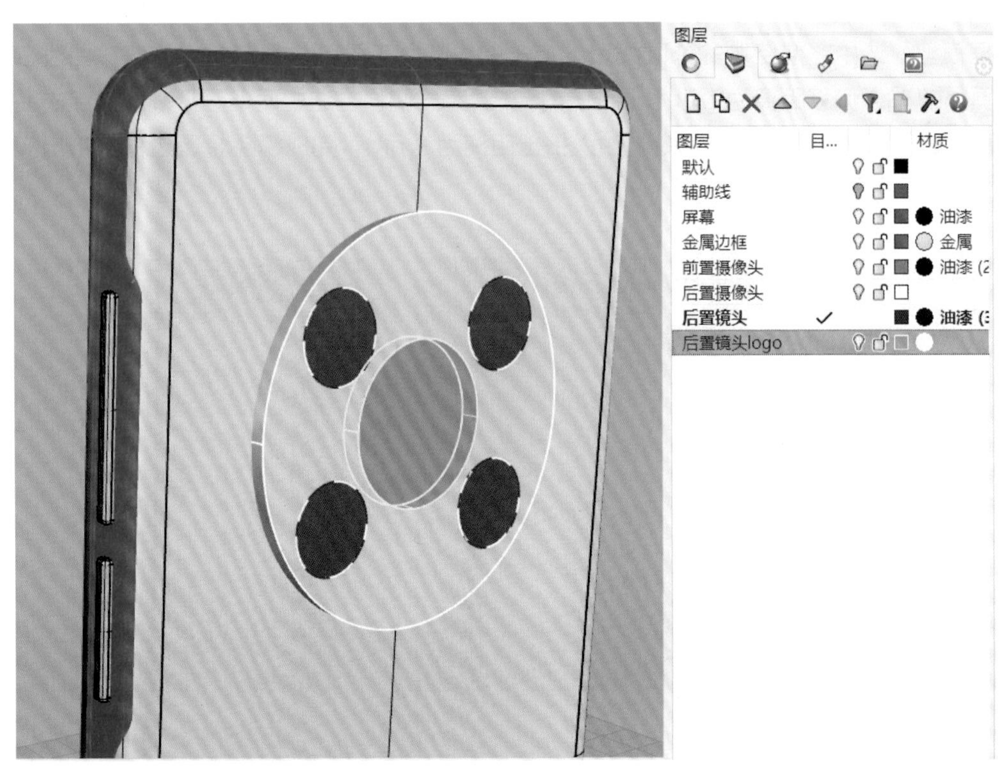

图5-39

参考图5-40，新建闪光灯图层，并在该图层中，利用创建实体、倒圆角、布尔交集运算工具等，创建闪光灯模型。

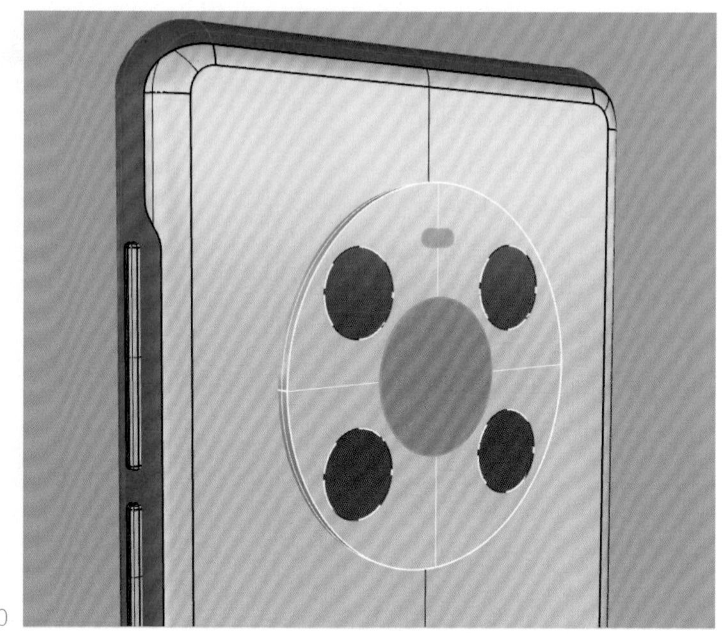

图5-40

新建镜头金属边框图层，并使该图层为当前操作图层，在此图层中创建金属边框模型。选中之前绘制的外圆线段，点击曲线圆角工具扩展菜单中的偏移曲线工具，输入偏移距离为1mm，点击鼠标右键完成偏移。选中两条圆形线条，点击曲面-挤出平面曲线-直线命令，输入挤出距离为1mm，完成镜头金属边框的挤出实体模型，如图5-41所示。

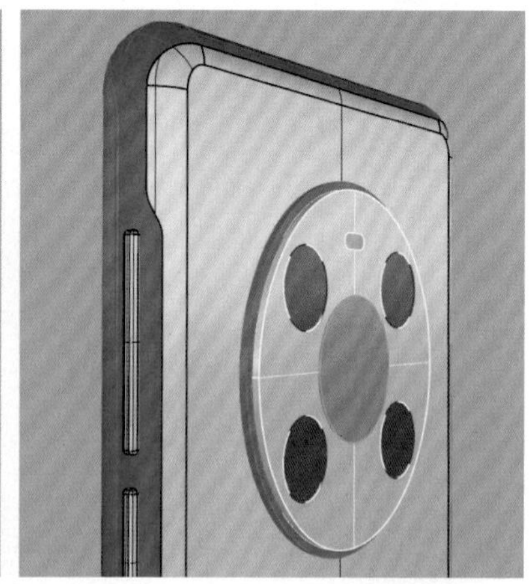

图5-41

点击布尔运算联集扩展菜单中的边缘斜角命令，输入斜角距离0.8mm，选择要倒斜角的边缘，点击鼠标右键完成斜面倒角，如图5-42所示。选择倒圆角命令，输入半径0.3mm，点击图5-43中所示的倒角边缘，完成倒角。

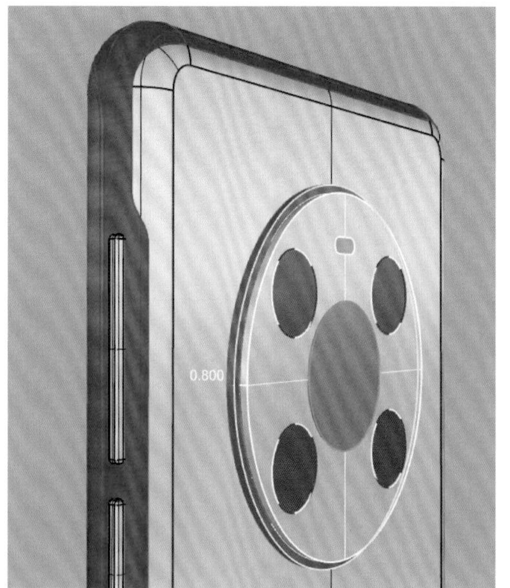

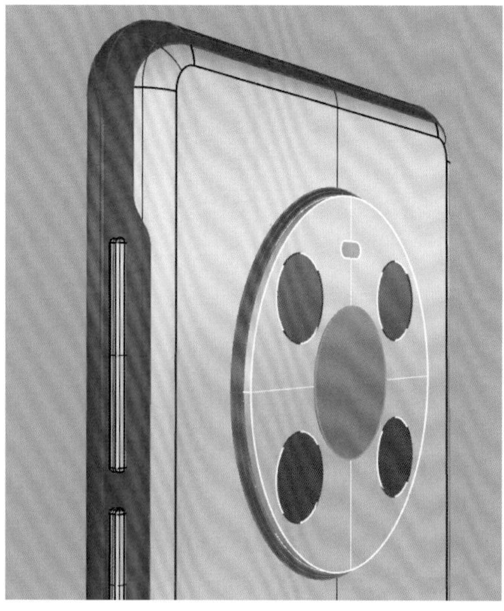

图5-42

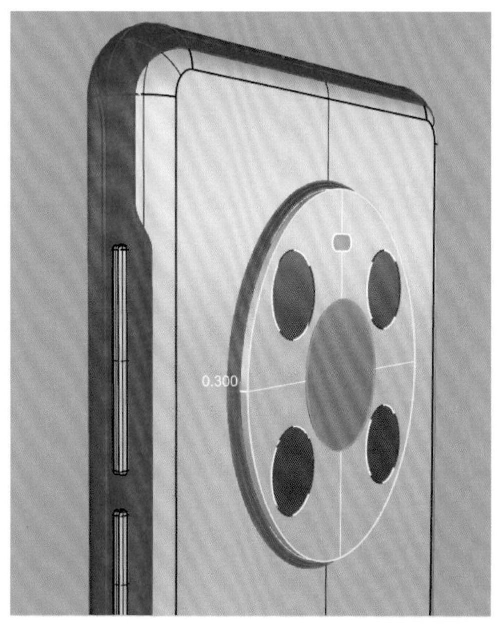

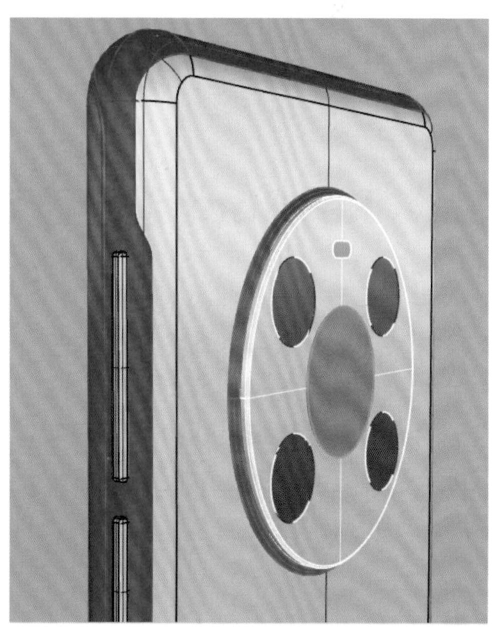

图5-43

设置图层材质，打开渲染模式，观看模型是否完整，如图5-44所示，保存智能手机犀牛模型。

图5-44

小贴士：
将不同材质的模型，包括不同材质贴图的模型，分开放置于相应独立的图层内，以便在渲染软件KeyShot内进行材质赋予与编辑。

5.2 KeyShot渲染及动画设置

导入模型：启动KeyShot10.0软件，点击文件-导入命令，选择智能手机模型，位置选择几何中心，向上选择Z，其他保持默认参数，导入Rhino文件的手机模型，如图5-45和图5-46所示。

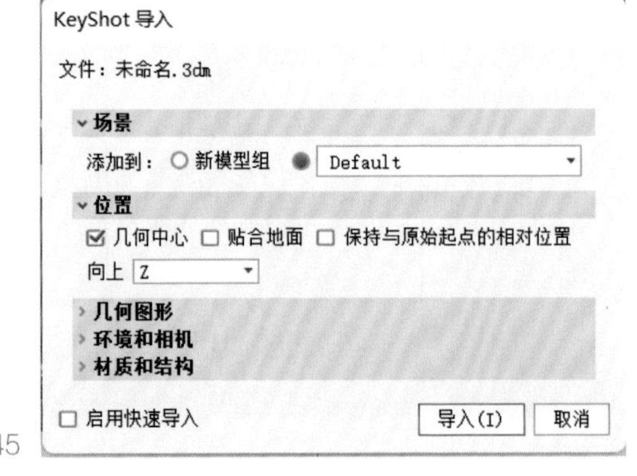

图5-45

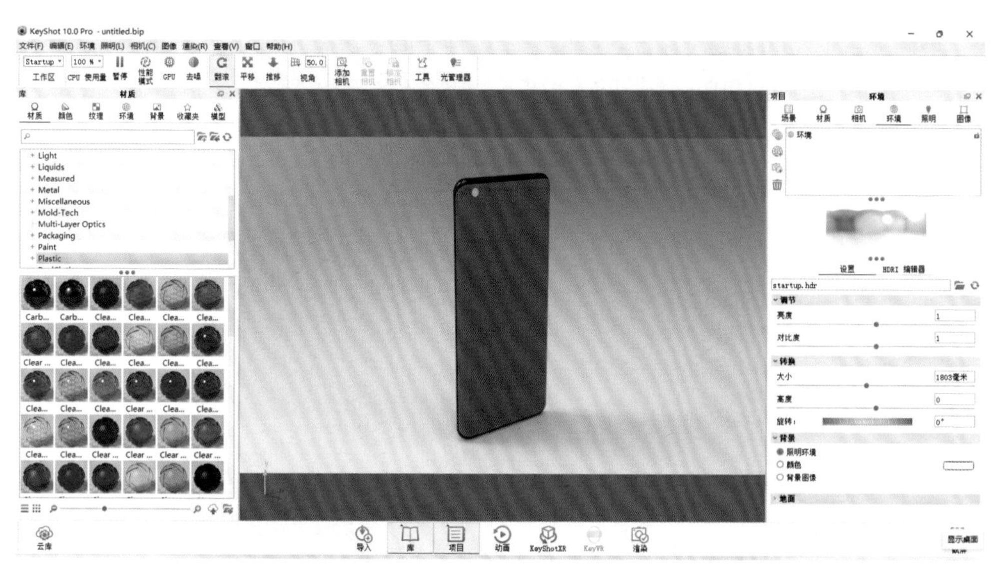

图5-46

5.2.1 材质及贴图设置

点击左侧材质库面板，选择Plastic-Hard Shiny Plastic Black材质，按住鼠标左键不放，拖至视图中手机屏幕模型的位置，松开鼠标，玻璃材质即赋予屏幕模型。选择Metal-Aluminum Polished材质赋予手机金属边框模型。选择Metal-Aluminum Rough材质赋予按键模型，如图5-47所示。

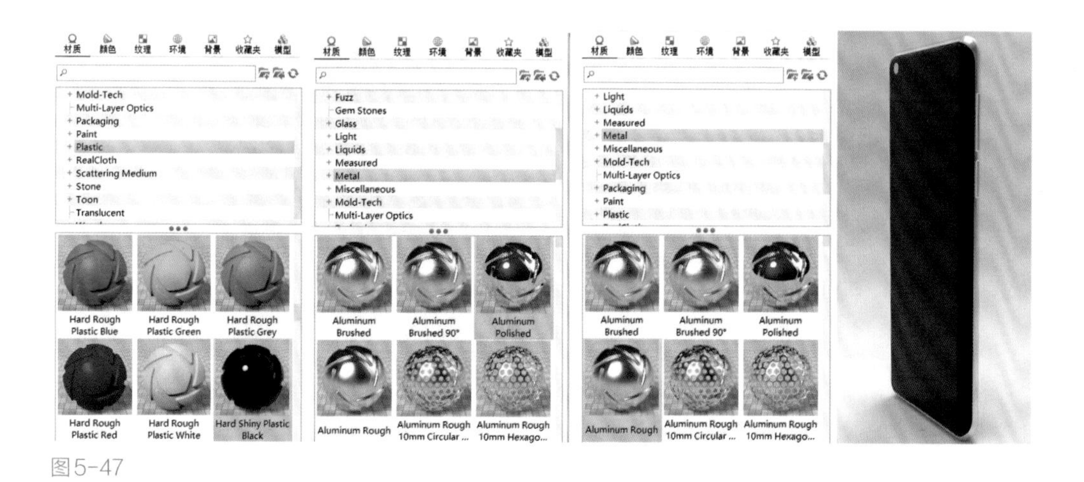

图5-47

选择Plastic材质中表面光滑具有反射效果类型的材质，赋予手机背板。双击渲染视图中的模型，打开右侧材质编辑面板，选择标签菜单，添加标签，即添加贴图，选择“背板贴图.jpg”文件，映射类型选择平面，角度180°，关闭锁定纵横比，调整缩放宽度为160mm，高度为75mm，调整贴图大小为整个手机背板大小，如图5-48所示。

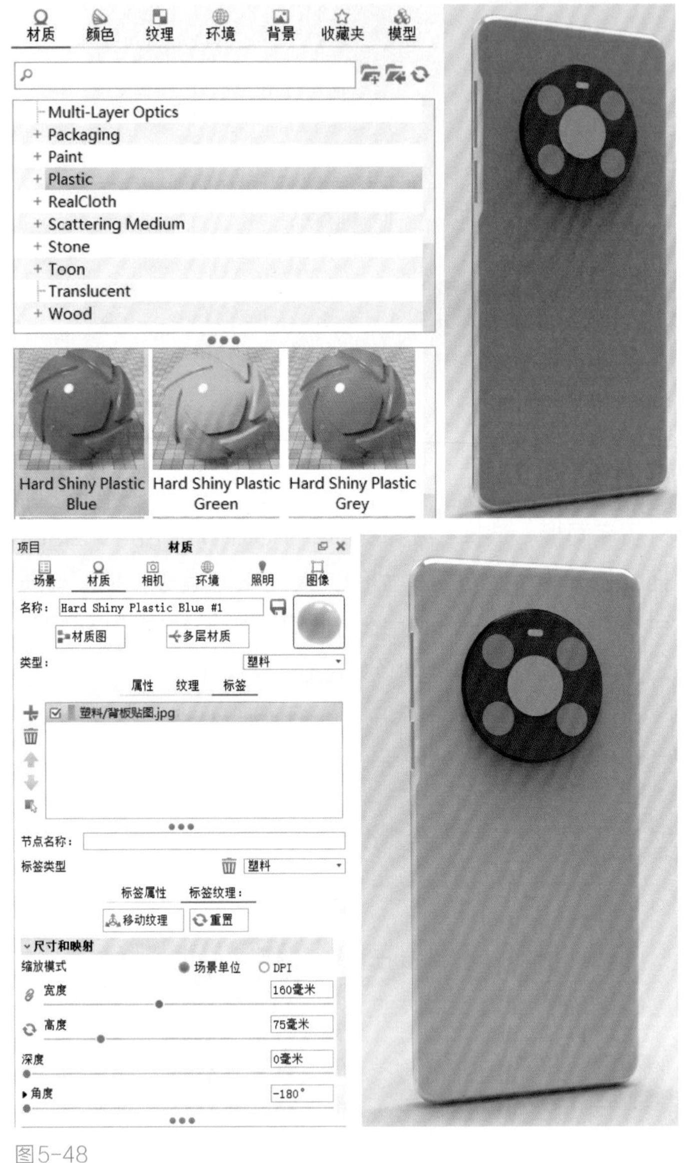

图5-48

小贴士：
不同版本的KeyShot软件，部分参数调整及设置方式有所差异，但都可以根据其参数设置方式调整出想要的表现效果。

选择Metal-Titanium Polished材质赋予后置摄像头的金属框模型。选择Plastic-Carbon Fiber Gloss材质赋予四个后置镜头，如图5-49所示。

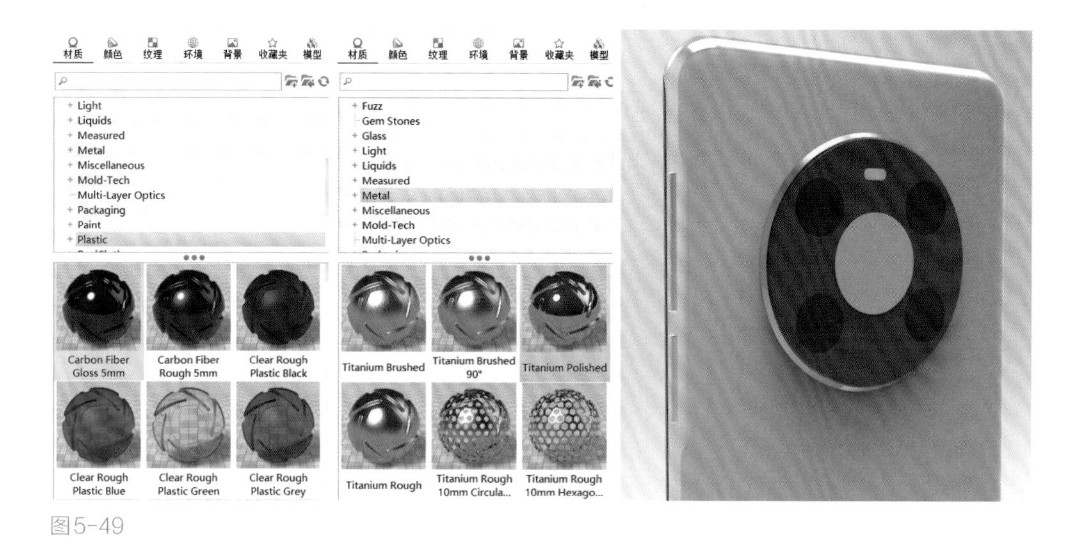

图5-49

为镜头添加标签贴图，用鼠标左键双击镜头模型，在材质编辑面板标签栏中添加“后置镜头贴图.jpg”文件，映射类型为平面，点击移动纹理，调整标签至合适位置后，点击视图下方的√按钮，完整标签贴图位置调整，如图5-50所示。

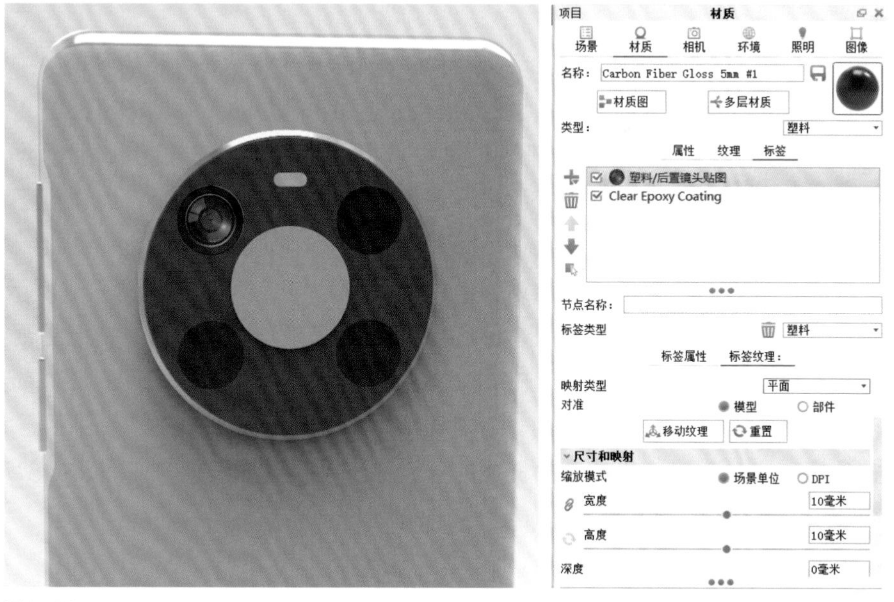

图5-50

选中另一个镜头并点击鼠标右键选择解除链接材质，双击该模型打开该材质编辑面板，点击移动纹理，调整位置。按此方法依次调整其他两个镜头的标签贴图位置，如图5-51所示。

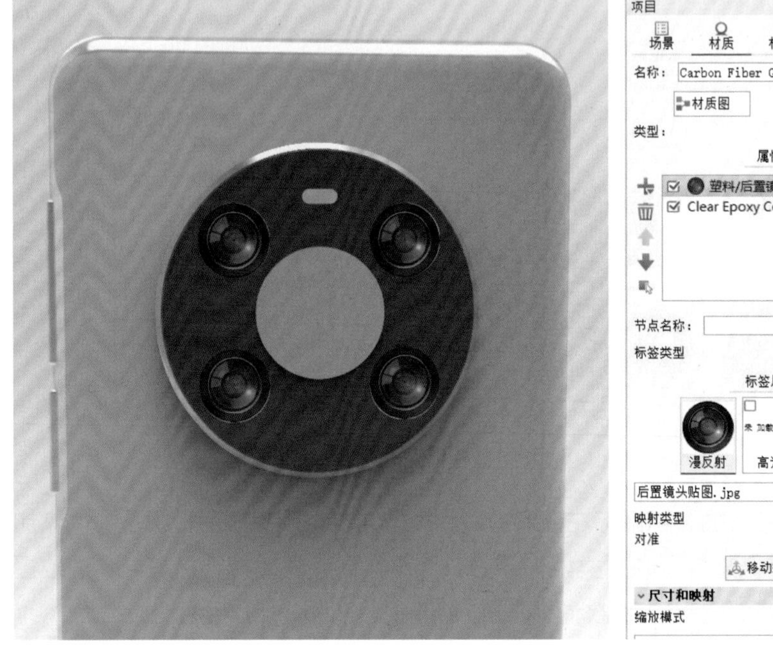

图5-51

选择Axalta Paint-Blackberry Brandy_743281材质，赋予后置镜头中间的模型，如图5-51所示。双击该模型，打开该材质编辑面板，添加标签贴图，添加“Logo.png”贴图文件，标签纹理映射类型选择法线投影，缩放比例调整为100，点击位置按钮，在视图中拖动调整贴图标签至中心位置，调整好后，点击视图下的√，完成位置调整。选择Measured-Measured Stamped Aluminum Plate材质，赋予后置镜头的闪光灯模型，标签纹理尺寸宽度调整为0.2mm，如图5-52所示。

选择Plastic-Carbon Fiber Gloss材质，赋予前置镜头模型，提示是否链接重复材质，选择否。双击该模型，在材质编辑面板中添加标签贴图，添加“前置镜头.png”贴图文件，标签纹理映射类型选择平面，缩放标签尺寸宽度为5mm，调整好标签位置和尺寸后，点击位置面板中的√，完成镜头贴图设置，如图5-53所示。观察视图中的手机材质效果是否编辑完整，如图5-54所示。

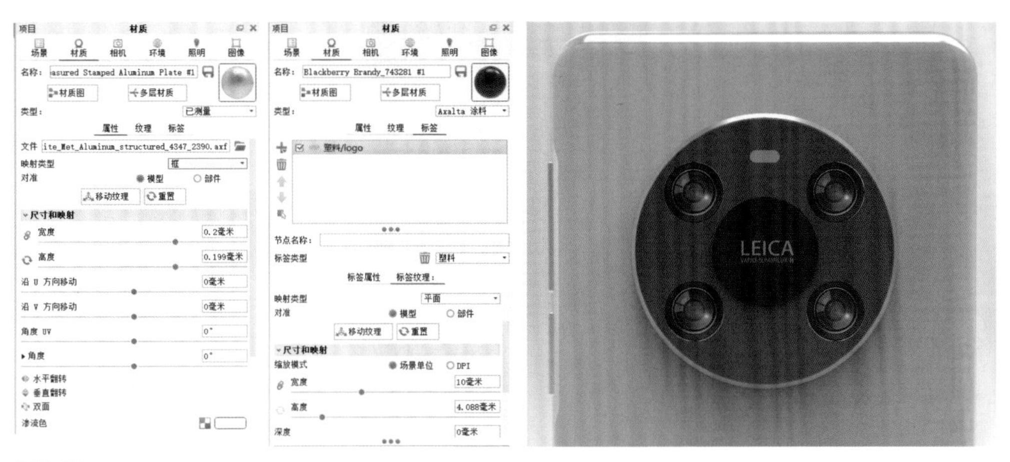

图5-52

图5-53

图5-54

5.2.2　环境设置

打开右侧环境编辑面板，将背景选择为色彩，颜色调整为深灰色（RGB参数都为20）。

然后，打开左侧环境库面板，选择Studio-3 Panels Straight 4k环境贴图，摁住鼠标左键不放，拖入视图环境中的任意位置，即切换环境贴图，如图5-55所示。

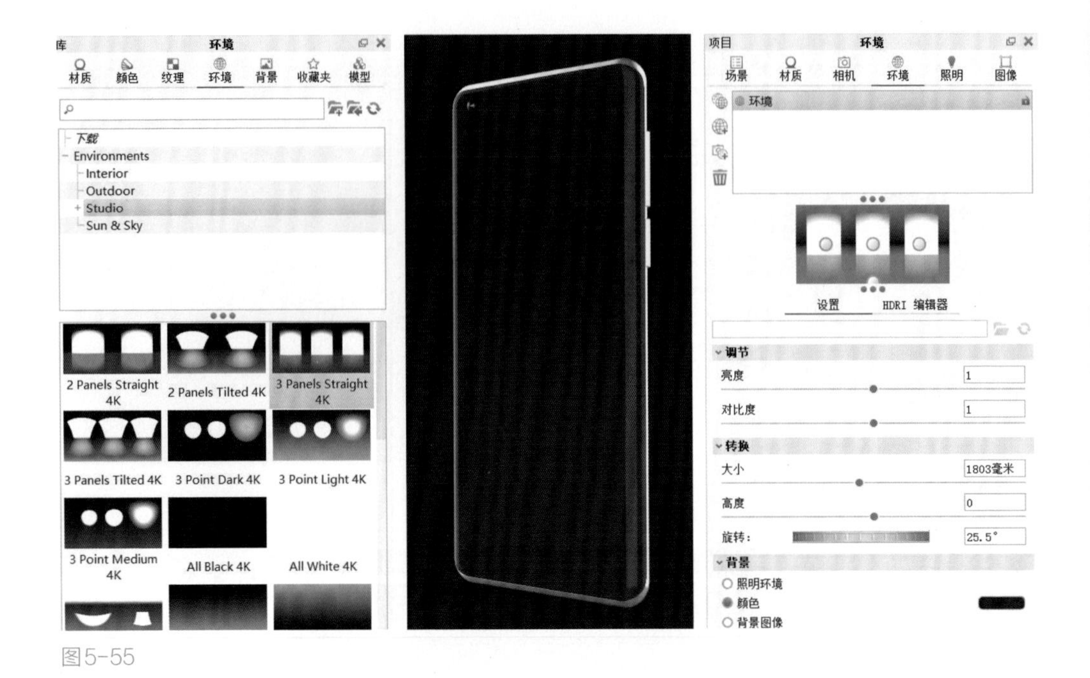

图5-55

5.2.3 相机设置与动画制作

材质、背景、环境调节完成后，即可开始制作动画。制作动画前首先要设置相机初始状态以及图像大小。打开图像-分辨率预设-风景，设置图像大小为720×480像素（习作时可将分辨率设置低一些，渲染正式视频时要根据实际播放平台和品质要求来设置分辨率的大小）。打开相机菜单，添加相机，并在相机编辑面板中更改相机名称为相机动画1，调整相机动画1的初始画面，如图5-56所示。双击金属边框模型，打开材质编辑面板，将金属预设值调整为“铬”，使金属效果对比度大且柔和一些。

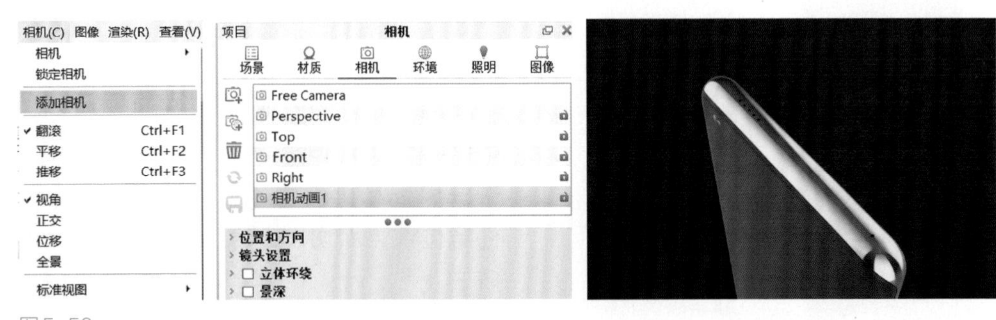

图5-56

小贴士：
点击 三个按钮，对相机视图分别进行旋转、平移和前后推移。也可利用鼠标、快捷键对相机进行调整，按住鼠标左键不放拖动可进行相机旋转，按下鼠标中间滚轴键可平移相机，按下Alt+鼠标右键可实现相机前后推移。

调整好后，点击相机编辑面板中的保存相机命令，打开动画编辑面板，点击动画向导，弹出动画向导面板。向导中有两种动画类型，一种为模型或部件动画，另一种为相机动画。选择相机动画－路径－前进，选择相机动画1－前进，跳出相机路径面板，如图5-57所示。在视图中手动调整手机位置和角度，大致调至视图画面如

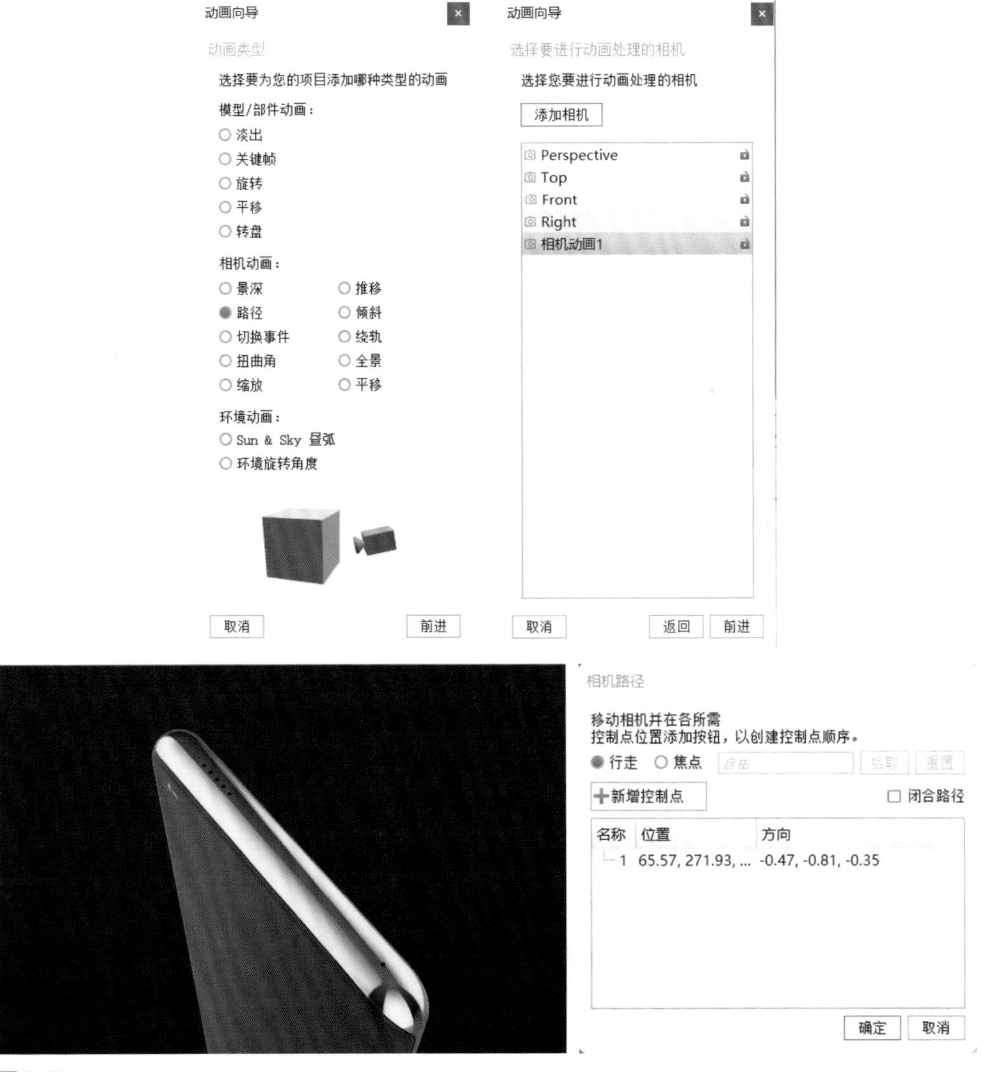

图5-57

图5-58所示，点击新增控制点，继续调整手机位置和角度，大致调至视图画面如图5-59所示，点击新增控制点，点击确定关闭相机路径面板。

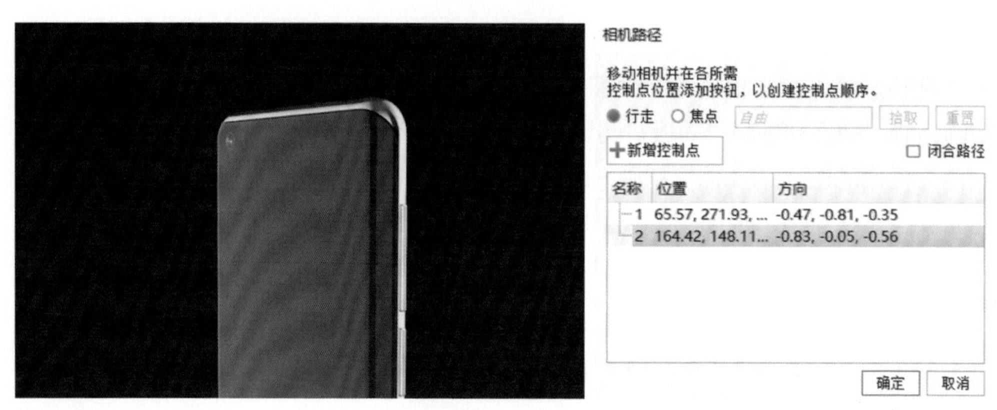

图5-58

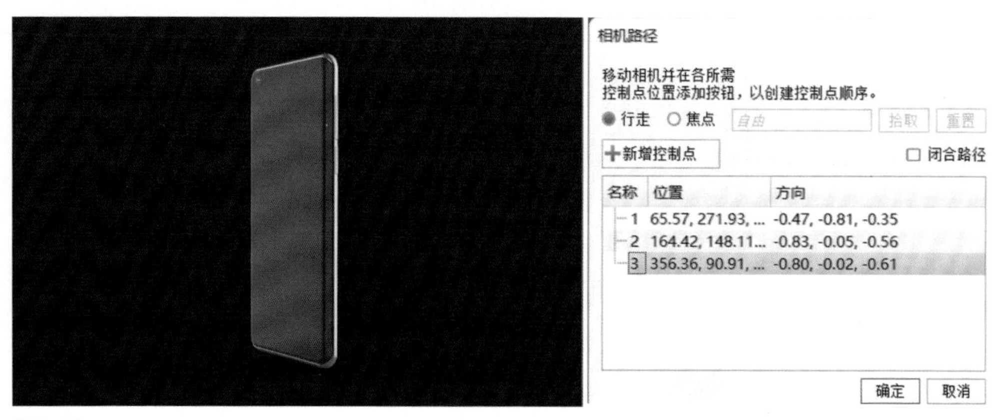

图5-59

小贴士：
动画编辑面板打开方式有两种，一种是直接点击视图下方的动画命令，另一种是点击窗口菜单-“动画…”。

在时间轴面板中，点击相机动画1图层，在右侧即可打开编辑面板，开始时间为0，结束时间为10s，缓和运动为“缓进/缓出”，如图5-60所示。

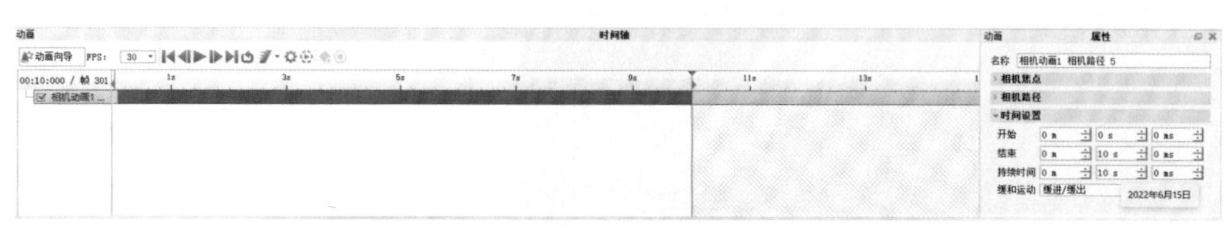

图5-60

制作第二段手机旋转动画。在相机面板中选中相机动画 1，动画编辑面板时间置于10s处，点击动画向导，动画类型选择模型/部件动画－旋转，前进后选择智能手机模型，旋转角度为-360°，旋转轴为 Y 轴，开始时间为10s，结束时间为15s，缓和运动为缓进/缓出，如图5-61所示。时间指针移至0s处，点击播放键，预览效果。

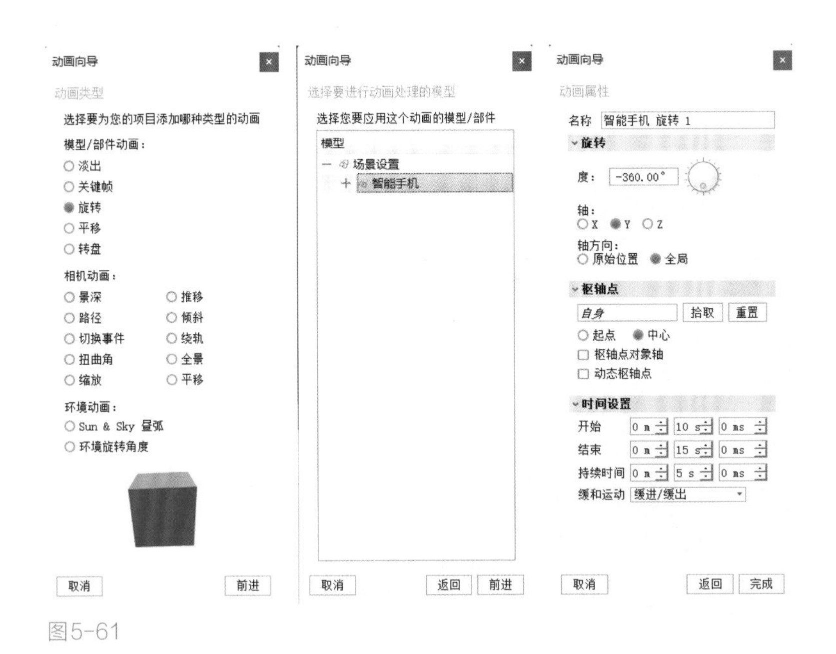

图5-61

制作第三段背板相机动画。在相机编辑面板中点击Perspective透视视图，然后添加新建相机，并更改相机名称为“背板相机动画2”，调整背板相机动画2的初始画面，保存相机，如图5-62所示。

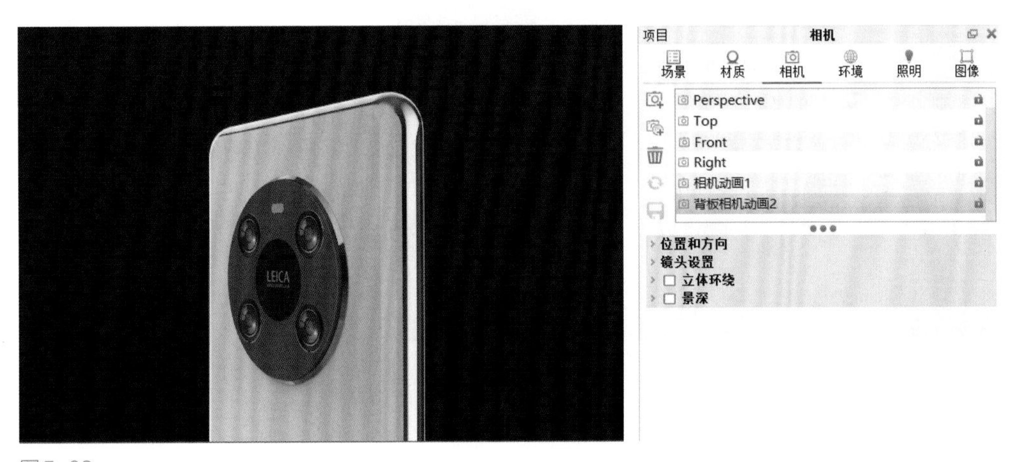

图5-62

点击动画向导，动画类型选择相机动画－路径－前进，选择背板相机动画2－前进，跳出相机路径面板，如图5-63所示。在视图中手动调整手机位置和角度，大致调至视图画面如图5-64所示；点击新增控制点，继续调整手机位置和角度，大致调至视图画面如图5-65所示；点击新增控制点，点击确定关闭相机路径面板。动画起止时间0~10s，缓和运动为缓进/缓出，时间指针移至0s处，点击播放键预览效果。

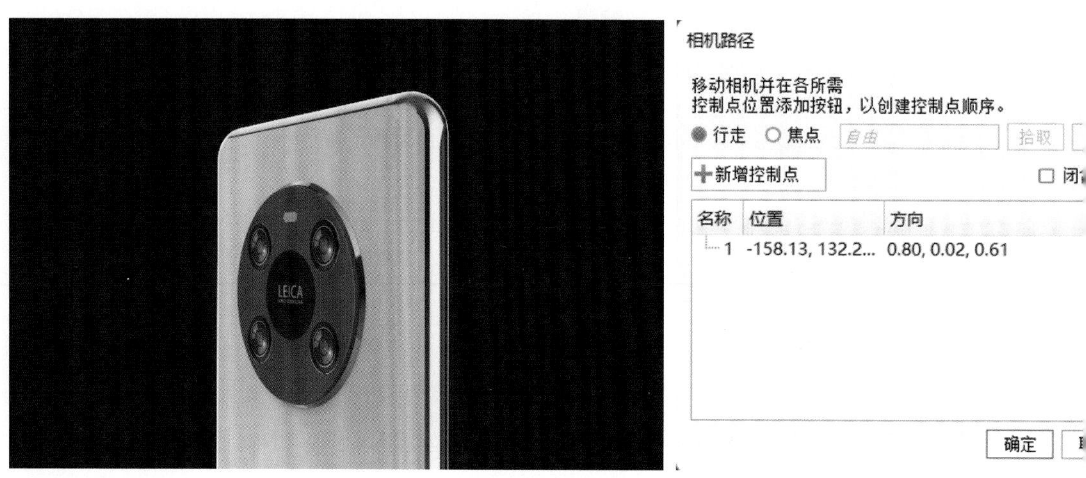

图5-63

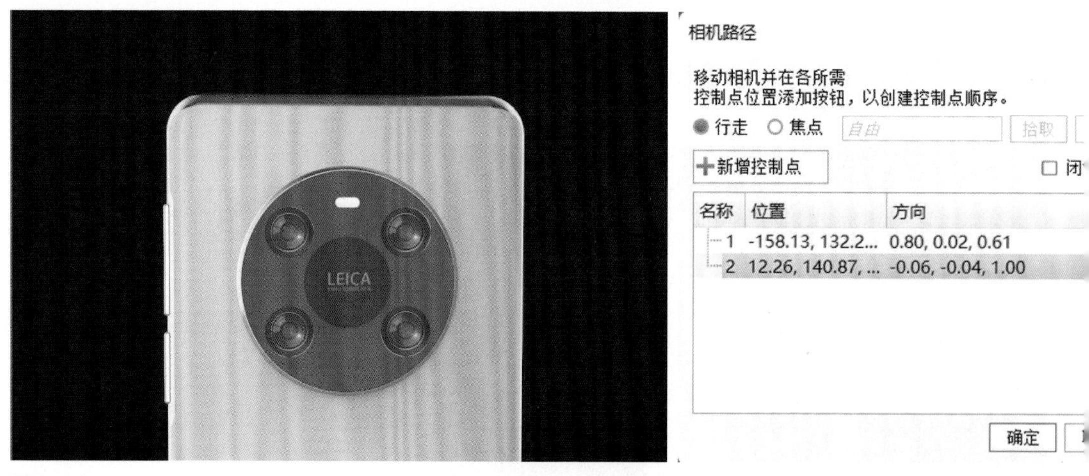

图5-64

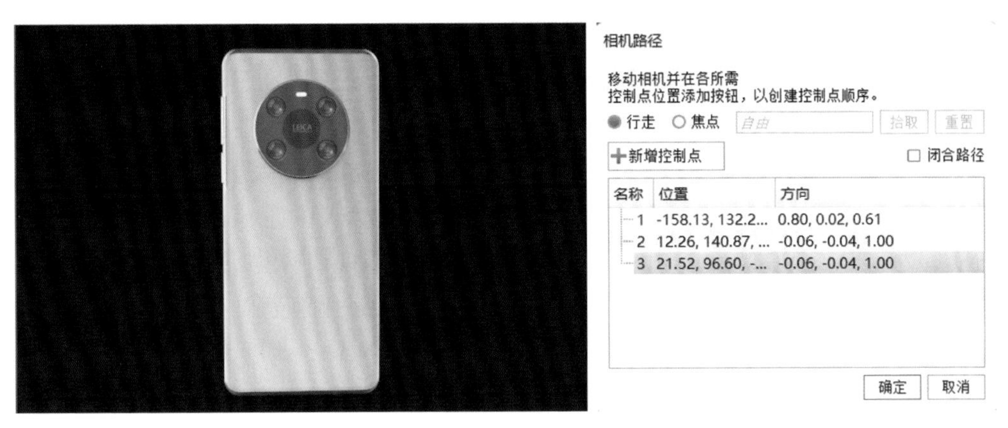

图5-65

5.2.4　渲染输出

KeyShot 10.0输出含静态图像、动画、KeyShot XR三种渲染模式。为后期手机屏幕显示星空动画的制作需要，渲染一张手机正面的静态图像，在相机面板中选中Front相机，点击渲染，选择静态图像，命名图像名称，选择输出位置的文件夹，格式为PNG，勾选包含Alpha（透明度），该格式可只渲染产品，不渲染背景环境，分辨率为之前预设的图像分辨率大小，即720×480像素，勾选Clown通道，渲染出颜色通道，方便在Photoshop中进行图像处理和分层，如图5-66所示。点击渲染，渲染出手机正面图像，如图5-67所示。

图5-66

图5-67

KeyShot动画制作完成后，即可渲染输出。前文制作了三段动画，KeyShot可分段进行渲染，方便后期动画合成制作。首先渲染第一段动画，即相机动画1前0~10s的动画，在相机编辑面板中，选择相机动画1，将时间指针置于10s处，再将工作区后边指针移置10s处，设置好工作区的开始和结束时间为0~10s，如图5-68所示。点击渲染，打开渲染编辑面板，在输出菜单中，点击动画面板，设置分辨率为720×480像素，时间范围选择工作区，设置视频输出以及帧输出的文件名称、保存位置以及格式，点击渲染，系统即开始渲染每一帧画面，在渲染窗口中可以观察总帧数、当前渲染帧、渲染进度，如图5-69和图5-70所示。渲染完成后，在保存的文件中即可看到渲染完成的视频文件以及帧序列图片。

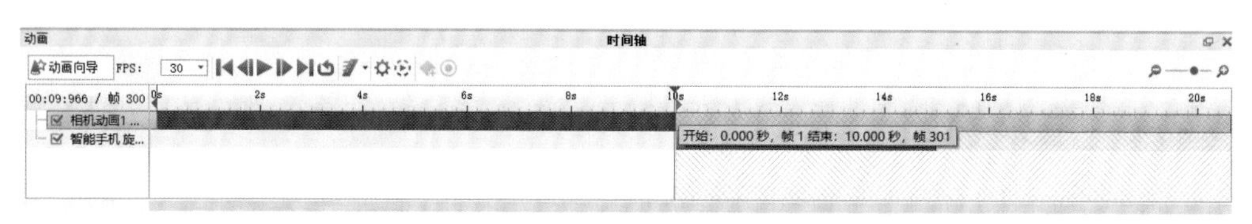

图5-68

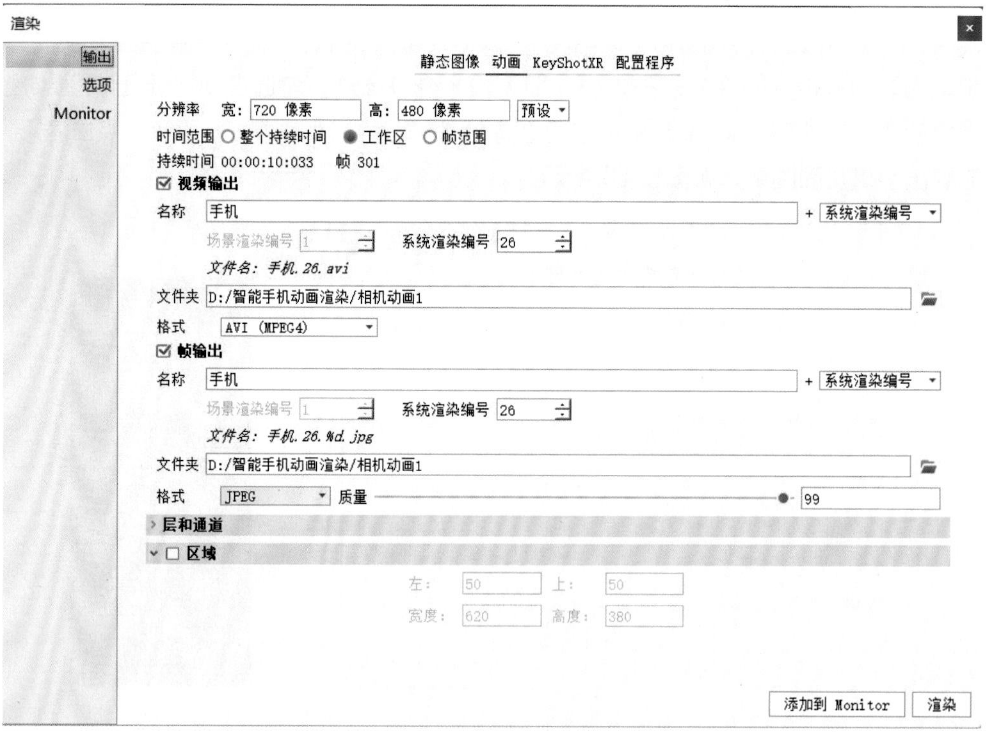

图5-69

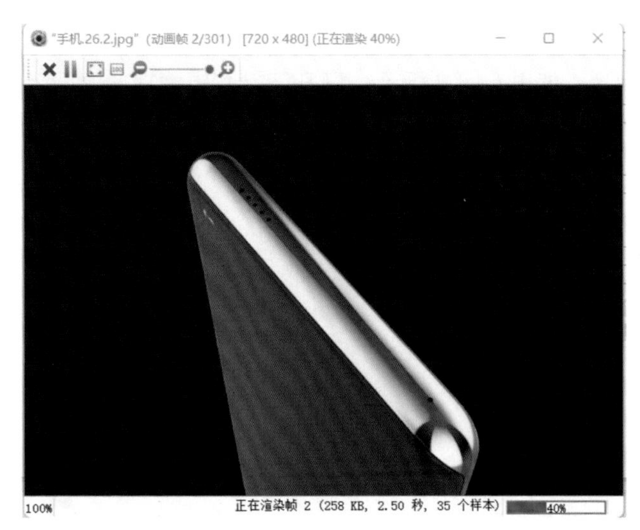

渲染第二段动画，即手机旋转动画。同样先设置好工作区开始和结束时间为10~15s，如图5-71所示，然后打开渲染编辑面板，设置渲染输出名称、位置和格式参数，如图5-72所示，点击渲染。

"手机.26.2.jpg"（动画帧 2/301） [720 x 480] (正在渲染 40%)
100%
正在渲染帧 2 (258 KB, 2.50 秒, 35 个样本)
40%

图5-70

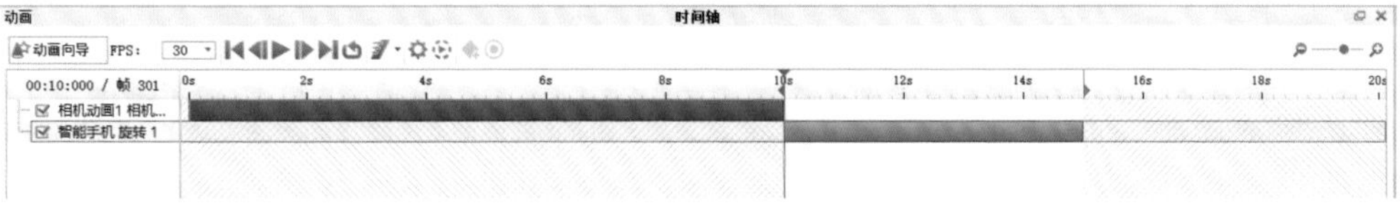

动画
时间轴
动画向导
FPS:
30
00:10:000 / 帧 301
相机动画1 相机...
智能手机 旋转 1
0s
2s
4s
6s
8s
10s
12s
14s
16s
18s
20s

图5-71

渲染
输出
选项
Monitor
静态图像 动画 KeyShotXR 配置程序
分辨率 宽: 720 像素 高: 480 像素 预设
时间范围 整个持续时间 工作区 帧范围
持续时间 00:00:05:033 帧 151
视频输出
名称 旋转动画 + 系统渲染编号
场景渲染编号 1 系统渲染编号 27
文件名: 旋转动画.27.avi
文件夹 D:/智能手机动画渲染/旋转动画
格式 AVI (MPEG4)
帧输出
名称 旋转动画 + 系统渲染编号
场景渲染编号 1 系统渲染编号 27
文件名: 旋转动画.27.%d.jpg
文件夹 D:/智能手机动画渲染/旋转动画
格式 JPEG 质量 99
层和通道
区域
添加到 Monitor
渲染

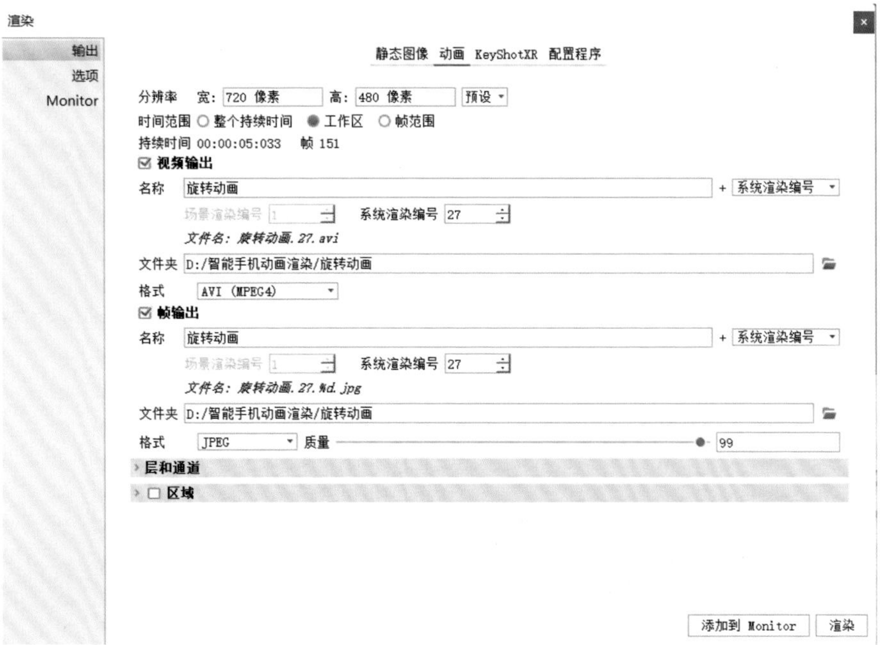

图5-72

渲染第三段动画，即背板相机动画2。在相机面板中，选择背板相机动画2，设置工作区开始和结束时间为0~10s，如图5-73所示，打开渲染编辑面板，时间范围为工作区，设置渲染输出分辨率、名称、位置和格式参数，如图5-74所示，点击渲染。

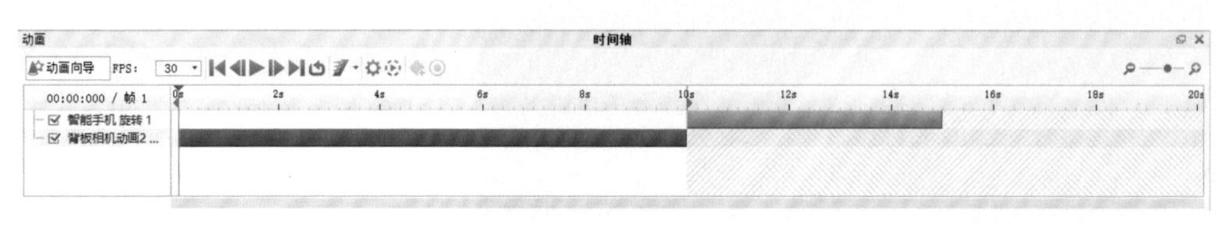

图5-73

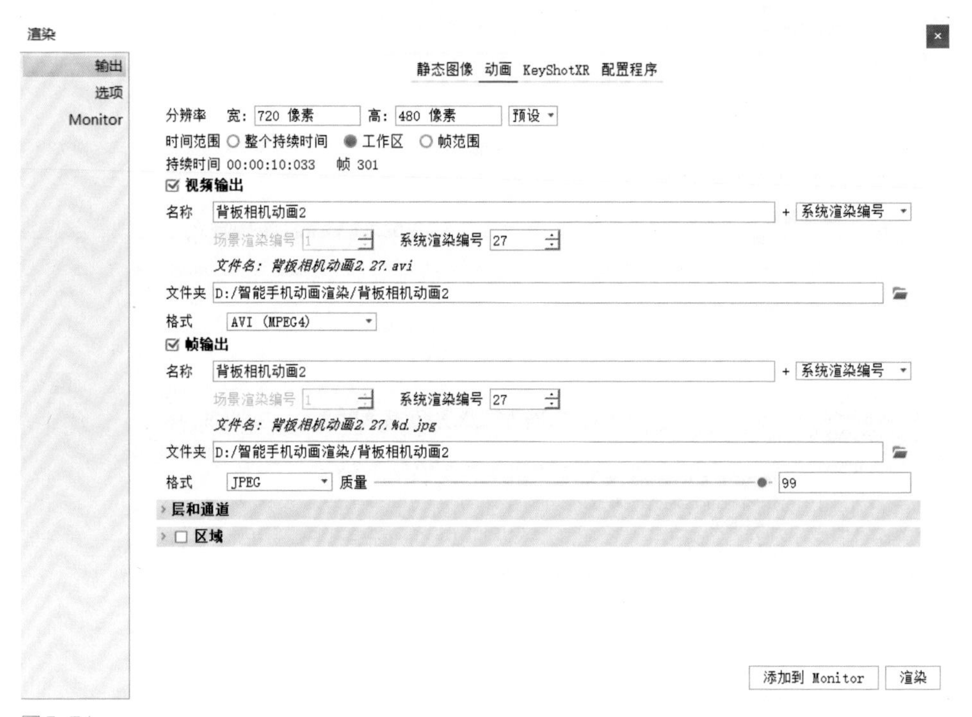

图5-74

小贴士：
①渲染编辑面板打开方式有三种，第一种是直接点击视图下方的渲染命令，第二种是点击渲染菜单-“渲染…”，第三种是直接输入快捷键“Ctrl+P”。
②选择帧输出渲染，会得到帧序列文件，即动画的每一帧图像都会渲染输出，图片的名称为图像名称+系统编号，编号一般是连续的阿拉伯数字，在后期合成中，除了可播放、编辑序列动画外，还可针对其中某帧画面进行特殊编辑。

5.3 AE 后期合成

手机动画演示案例，涉及基本的合成剪辑、图层、关键帧设置等操作。通过手机动画演示案例的练习应用，可快速掌握利用After Effects软件对产品进行合成剪辑的操作。手机演示动画主要包括以下五个片段。

①片头为手机产品标题的文字定版动画，其中涉及一些简单的文字特效制作。

②手机屏幕播放宇宙星空动画，手机特写到整体产品的“相机动画1”的合成剪辑。

③手机“旋转动画”的合成剪辑。

④手机“背板相机动画”的合成剪辑。

⑤文字片尾制作。

5.3.1 文字定版动画制作

5.3.1.1 创建文字图层与编辑

启动软件新建项目，点击Ctrl+N新建合成，合成设置参数，如图5-75所示。图像像素720×480，像素长宽比为方形像素，帧速率25帧/s，持续时间1min15s，背景颜色为深灰色（R为20，G为20，B为20）。

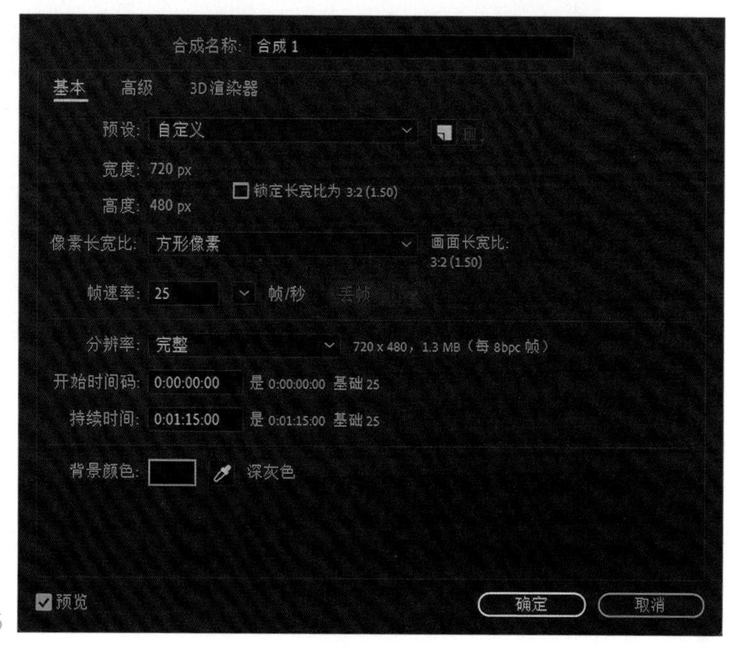

图5-75

点击文字工具，新建文本图层，并输入“PHONE”字样，采用微软雅黑加粗字体，文字大小为60像素，调整字间距为200，如图5-76所示。

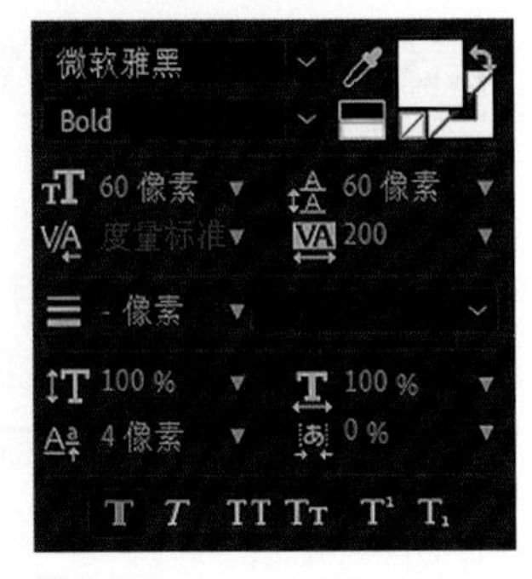

图5-76

小贴士：
当在合成预览面板中手动缩放文字大小后，会显示禁止刷新，按照提示点击键盘上的CapsLock键即可释放。

在窗口菜单中调出对齐面板，选择文本图层，点击左右中对齐和上下中对齐，使文字居中于画面中间位置，如图5-77所示。

图5-77

用鼠标左键双击素材库面板，导入“背板贴图.jpg”图片素材，并将其拖入时间线面板，建立背板贴图素材图层，在窗口面板中调出效果和预设面板，搜索“动态拼贴”效果，点击动态拼贴效果后，按住鼠标左键不放，移动至“背板贴图”图层，或者移动合成预览窗口中的背板贴图的图像位置，为其添加动态拼图效果，在效果控件面板中更改输出宽度参数为350，使其布满合成画面，如图5-78所示。

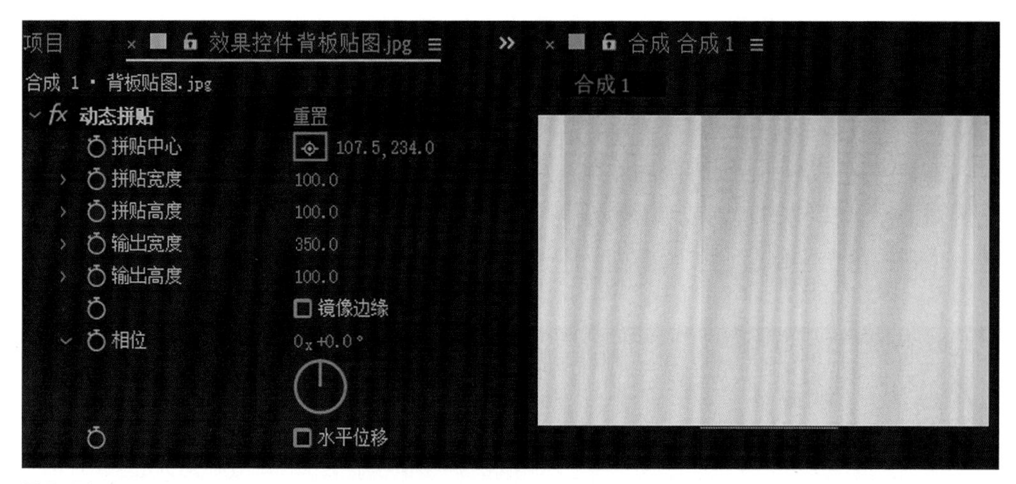

图5-78

设置背板贴图图层中的轨道遮罩TrkMat为Alpha遮罩“PHONE”图层，如图5-79所示。

图5-79

5.3.1.2　制作逐字动画

打开文字图层下拉菜单，点击文本右边的动画三角形标识，选择缩放，文本下添加动画制作工具1，然后继续点击添加三角形标识，添加缩放、模糊和不透明度属性类动画。缩放*X*、*Y*参数都设置为150%，模糊*X*、*Y*参数都为10，不透明度为0。设置好文字的初始状态参数，如图5-80所示。

图5-80

点击打开动画制作工具1下范围选择器的下拉菜单，时间指针置于1s处，点击起始参数前的 ，为起始（0%）添加关键帧。再将时间指针置于4s处，更改起始参数为100%后自动添加第二个关键帧，如图5-81所示。文字的动画制作工具，是制作文字逐字动画的常用工具，可添加多个不同属性的动画，而制作关键帧只需要对范围选择器的起始或结束或偏移制作添加关键帧即可。效果如图5-82所示，PHONE的每个字母逐个按照模糊、不透明度、缩放设置的参数效果出现。

图5-81

图5-82

5.3.1.3 制作文字CC Light Burst特效动画

在效果和预设面板中搜索Light Burst，并将其添加给PHONE文字图层，打开图层或效果控件中的Light Burst效果编辑面板，先设置Ray Length参数的关键帧动画，再设置Center参数的关键帧动画。

（1）Ray Length参数的关键帧动画制作

先将时间指针置于4s14帧处，将Ray Length参数改为0，并点击 ，创建关键帧。将时间指针置于5s13帧处，将Ray Length参数改为80，自动创建关键帧。将时间指针置于7s13帧处，点击Ray Length前的添加关键帧 ，创建参数仍为80的关键帧。将时间指针置于8s13帧处，Ray Length参数改为0，自动创建关键帧，如图5-83所示。效果如图5-84所示。

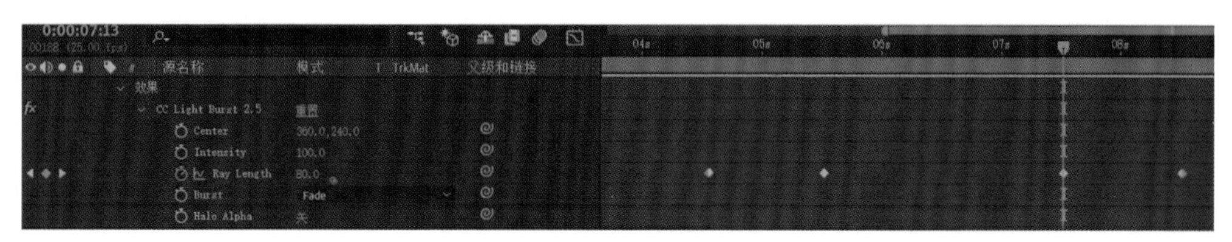

图5-83

图5-84

（2）**Center参数的关键帧动画制作**

先将时间指针置于5s13帧处，将Center *X*轴参数设置为50，*Y*轴参数不变，点击⏱，创建关键帧。将时间指针置于7s13帧处，将Center *X*轴参数设置为600，*Y*轴参数不变，自动创建关键帧，如图5-85所示。

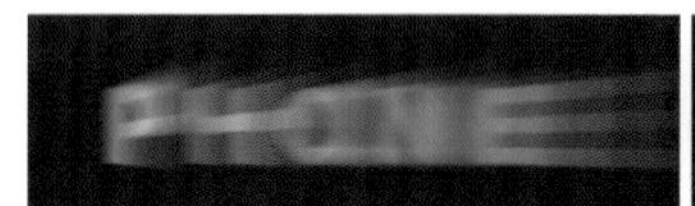

图5-85

5.3.1.4　制作文字渐消动画

选择文字图层，按T键，将时间指针置于9s处，点击不透明度（100%）前的⏱，创建关键帧，再将时间指针置于10s处，设置不透明度参数为0%，自动创建关键帧。

文字定版动画制作完成，将时间指针置于起始时间，按空格键预览效果。选中文字图层和背板贴图图层，按Ctrl+Shift+C组合键，将两个图层预合成，命名为“文字定版动画”，如图5-86所示。保存项目，无论是建模、渲染还是后期合成，推敲打磨的制作过程的时间都较长，因此在制作过程中要随时注意保存文件。

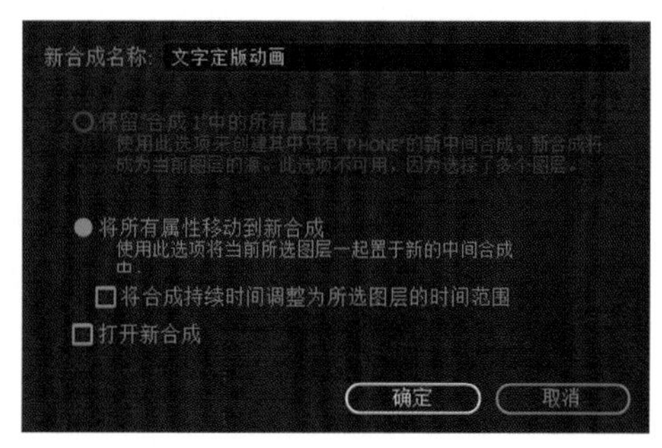

图5-86

5.3.2 手机屏幕动画制作

5.3.2.1 制作PSD屏幕分层素材

首先在Photoshop中将手机屏幕进行分层处理。启动Photoshop，打开素材“手机正面.png”文件，点击文件-置入嵌入对象，选择“手机正面_clown.png”色彩通道文件，使用魔棒工具，快速选择黄色屏幕区域，点击图层1，按Ctrl+J组合键，复制新建屏幕图层3，删除色彩通道图层2。同时选中图层1和3，按Ctrl+T键，变换图形，按住Shift键，旋转手机45°。保存PSD文件，文件命名为手机正面45°，如图5-87所示。

图5-87

5.3.2.2 手机屏幕显示星空背景效果制作

打开之前制作的文字定版动画项目，在文字定版后开始制作手机屏幕动画的视频剪辑。用鼠标左键双击AE素材库面板空白处，将制作好的“手机正面45°.psd”文件导入素材库，在弹出的面板中，导入种类选择合成-保持图层大小选项，图层选项选择可编辑的图层样式，如图5-88所示，PSD文件以合成形式导入素材库，双击该合成素材，进入合成图层编辑模式，如图5-89所示。

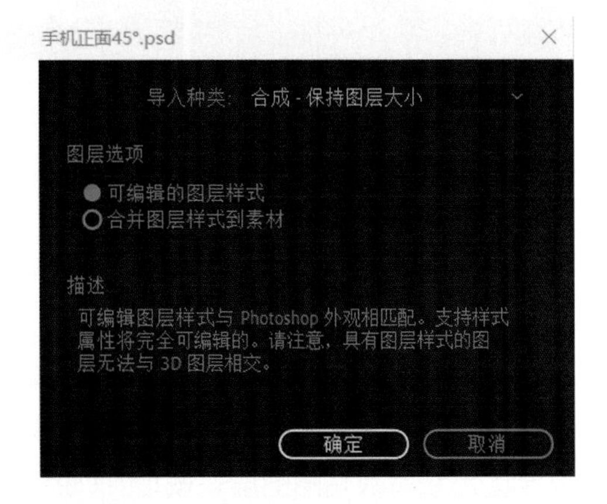

图5-88

图5-89

用鼠标左键双击素材库空白处导入“星空背景.mp4”文件，并将其拖至图层2的下方，建立星空背景图层，按住Shift键，等比例缩小星空背景，缩小到布满屏幕区域即可，如图5-90所示。

选择星空背景图层，将星空背景图层添加Alpha遮罩图层2，图层模式为“颜色减淡”，如图5-91所示。

图5-90

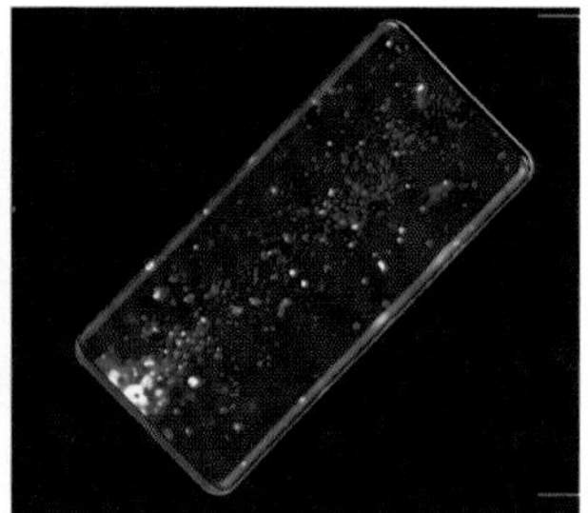

图5-91

按Ctrl+K键，设置开始时间为10s，持续时间为10s。将时间指针置于13s处，选择星空背景图层，按T键，设置不透明参数为0%，点击，创建关键帧；再将时间指针置于16s处，设置不透明度参数为100%，自动创建关键帧，完成星空背景在手机屏幕内渐渐显示的效果。

5.3.2.3　转接细节完善

首先制作手机正面45°图像从右上角慢慢移动至合成画面中心的位移动画。点击选择合成1图层面板，将素材面板中的手机正面45°合成素材拖入图层面板，时间指针置于10s处，将手机正面45°图像移动至合成右上角的画面外，并按住Shift键将该图层时间条的开端移至10s处，按P键，打开位置属性，点击，添加关键帧；将时间指针置于14s处，在图层面板中手动输入位置参数为360和240后，按回车键自动创建关键帧。时间指针调至0s处，按空格键预览效果。如图5-92所示，手机图像匀速移至画面中心，若要非匀速移动，例如进入速度变慢，设置该关键帧的速度便可。选择14s处的关键帧，点击鼠标右键，选择关键帧速度，更改进来的速度为0，影响为80%，如图5-93，点击确定后，按空格键预览效果，手机进入画面的速度就变为由快到慢的非匀速位移效果。

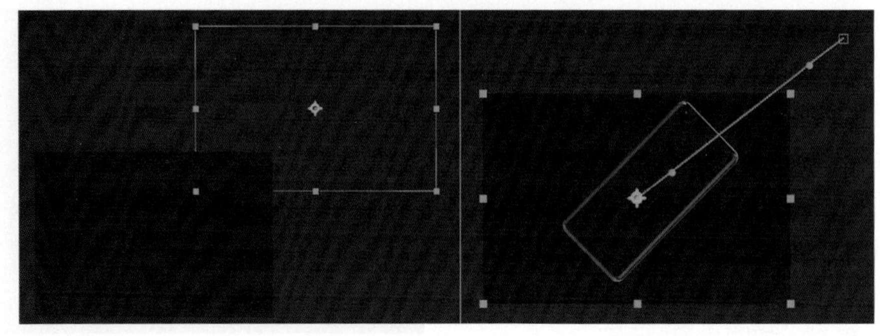

图5-92

将时间指针置于17s处，选择手机正面45°合成图层，按T键，点击 ⏱（不透明度参数为100%），将时间指针置于20s处，设置不透明度参数为0%，再将时间指针置于17s处，按S键，点击⏱添加缩放属性关键帧，将时间指针置于20s处，设置缩放参数为500和500%，自动创建缩放参数关键帧，制作完成后手机渐渐放大同时隐藏消失效果。

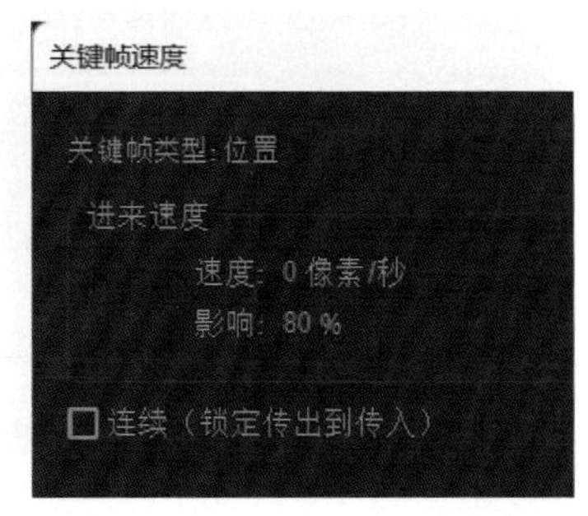

图5-93

5.3.3 手机浏览动画的合成剪辑

先将相机动画的相关素材导入，用鼠标左键双击素材库空白处，选择相机动画1文件夹中的“手机.1”和“手机.151”图片文件。该文件夹中连续命名的图像是JPEG格式序列文件，如果只单独导入其中某个图片，需将Importer JPEG序列选项设置为不勾选的状态，如图5-94所示，点击导入。

将“手机.1”图片素材拖入图层面板的最底层，新建“手机.1.jpg”素材图层。将时间指针置于20s处，点击Alt+［，将20s前半部分的图层删除。选择“手机.1”图层，按T键，设置不透明度为0%，点击 ⏱，创建关键帧，再将时间指针置于23s处，

图5-94

设置不透明度为100%，自动创建关键帧，完成“手机.1”图像渐渐显示效果。

双击素材面板空白处，按下Shift键选择“手机.1”-“手机.151”图像，并勾选Importer JPEG序列选项，导入“手机.1”-“手机.151”帧图像的序列素材，并将其拖放至图层面板中的最底层。将时间指针置于23s处，按下Shift键将“手机.1”-“手机.151.jpg”图层时间条开端拖至时间指针23s处，如图5-95所示。

图5-95

将“手机.151.jpg”素材拖至图层面板底层，时间指针置于28s处，点击ALT+ [，将前半部分的图层删除。再将时间指针置于30s处，点击ALT+]，将后半部分的图层删除。将“手机.151.jpg”这帧的图像停顿2s。

用鼠标左键双击素材面板空白处，按下Shift键选择相机动画1中“手机.152-301”帧图像，勾选Importer JPEG序列，导入序列素材，并将其拖至图层面板底层，其时间条开端置于30s处。再将“手机.301”图像素材导入图层，参考以上步骤将其时间条开端与“手机.152-301”序列图层衔接，并将“手机.301”静态图像停顿3s，如图5-96所示。

图5-96

5.3.4 手机旋转动画的合成剪辑

导入“旋转动画”文件中的图像序列素材，并将其置于图层底部，将时间条开端与上一个“手机.301.jpg”图层衔接。点击图层面板下的 图标，用鼠标左键双击旋转动画序列图层的伸缩参数，更改为300%，将播放时间拉长，减慢图像中的旋转速度。导入“旋转动画”文件中的旋转动画（151）图像格式素材，拖入图层并将其图层时间条置于旋转动画序列图层后，将时间指针置于54s处，按T键，打开不透明度参数，点击 ，建立关键帧，再将时间指针置于57s处，将不透明度参数设置为0，自动创建关键帧，制作图像渐渐消失的动画，如图5-97所示。

图5-97

5.3.5 背板相机动画的合成剪辑

导入“背板相机动画2”中的序列图像素材，拖至图层底部并将时间条开端置于57s处。导入“背板相机动画2”中的背板相机动画2.301.jpg图像素材，并将其图层条开端与上一个图层时间条末端衔接。将时间指针置于1min10s处，拆分图层，删除后半部分图层。设置不透明度参数，制作背板相机动画2.301.jpg图像渐渐消失效果，如图5-98所示。

图5-98

5.3.6 片尾、背景音乐编辑及渲染输出

5.3.6.1 片尾动画制作

点击横排文字工具，输入如图5-99所示字样，设置文字字符参数。

图5-99

选中文字图层，依次点击对齐面板中的水平对齐和垂直对齐，使图层位于画面中心。

按住Shift键，将时间指针快速对齐移至文字图层时间条的开端，分别设置缩放和不透明度的参数为0%，并添加关键帧，将时间指针移至1min13s处，分别设置缩放和不透明度的参数为100%，自动添加关键帧。制作完成简单的片尾动画。

5.3.6.2　添加背景音乐

导入“手机动画背景音乐.mp4”素材，并拖至图层面板中，时间指针移至0s处，按空格键播放预览。片尾处的音乐需设置为渐渐消声，使背景音乐结束得更自然一些。将时间指针移至1min8s处，打开背景音乐图层的音频电平参数，点击秒表设置关键帧，将时间指针移至1min15s处，更改音频电平参数为-50，制作背景音乐渐渐消声的效果，如图5-100所示。

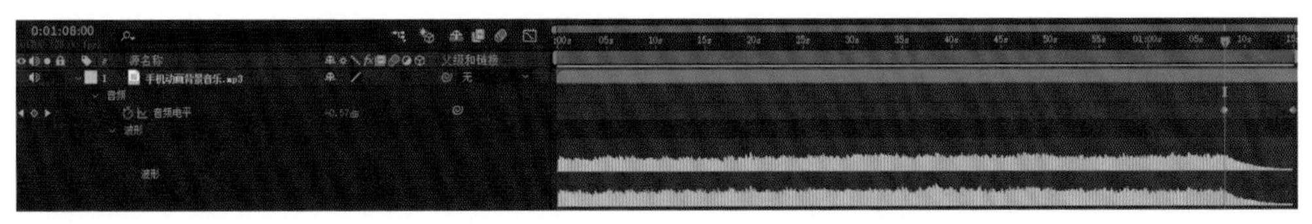

图5-100

5.3.6.3　渲染输出

制作完成整个视频动画后，便可渲染输出视频格式文件。按Ctrl+M键，将合成1添加至渲染列队。渲染设置保持默认，输出模块中将格式选为“Quicktime”（图5-101），如需渲染清晰画面则选择AVI格式。输出到设置文件保存的位置和命名。最后点击渲染按钮，等待渲染完成，听到提示音后便完成渲染。在保存的文件位置打开视频文件即可观看。

图5-101

Chapter

第6章 爆炸图式动画——无线耳机动画设计与制作

第6章教学视频

6.1 犀牛建模

以如图6-1所示的无线耳机为例，分析无线耳机造型特征。主体造型包括三个主要部分，分别为无线耳机主体产品、无线耳机充电盒以及内部的构造。无线耳机充电盒及内部构造组成主要采用几何实体建模的方法，进行倒角、布尔运算、阵列等操作，详细建模方法参考视频文件。文中主要对无线耳机主体产品部分进行详解。耳机主体包括前壳、后壳以及下部的圆柱形体。前后壳曲面采用曲面建模的方法。耳机前壳为扁圆的蛋形壳体，建模方法是在抛物面锥体的基础上，调节曲面上的关键控制点完成不规则曲面的建模；后壳是以前壳的边缘线和下部圆柱体边缘线为衔接点，并与这两个形体顺滑衔接的复杂曲面，这里可采用混接曲面方法进行建模；另外下部圆柱体上有倾斜纹路的肌理设计，这里采用沿着曲面流动工具进行制作。本章节将学习曲面控制点调节、混接曲面、沿曲面流动等建模方法。

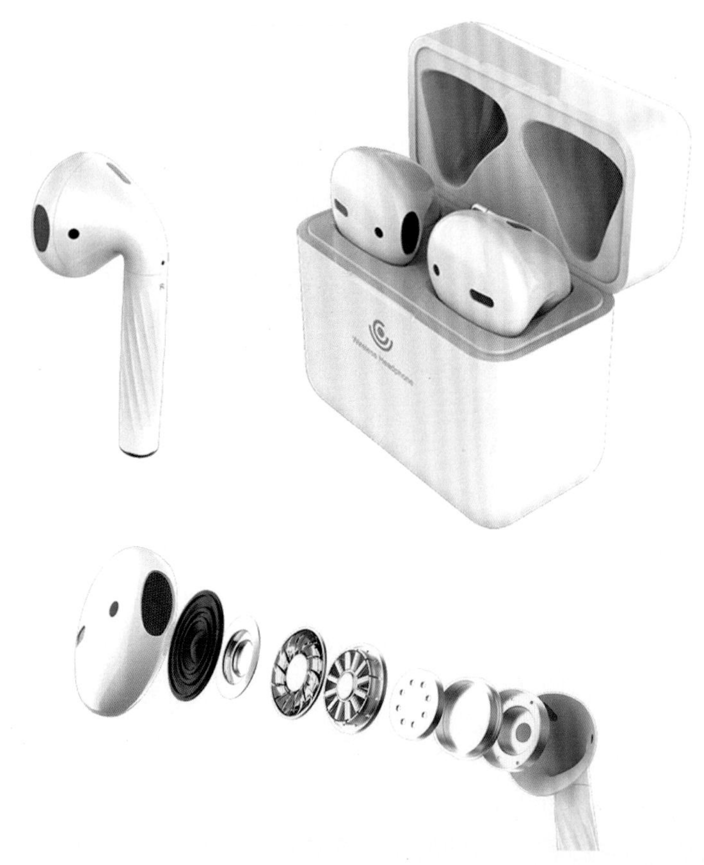

图6-1

6.1.1　主体模型创建

6.1.1.1　单位设置

新建Rhino文件，选择单位为毫米的小模型模板。

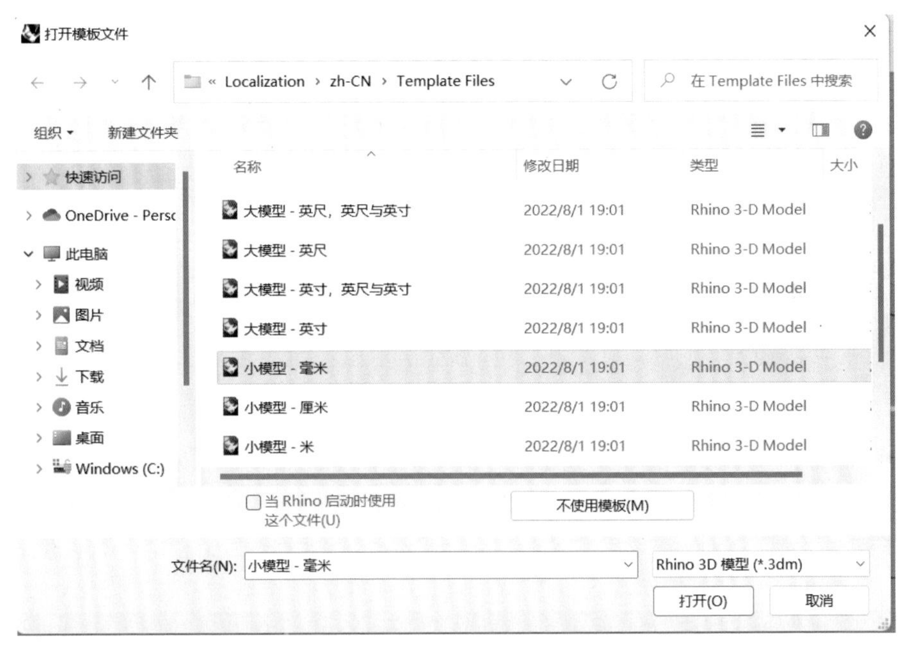

图6-2

6.1.1.2　创建抛物面锥体

选择实体建模立方体工具中的抛物面锥体建模工具，如图6-3所示，根据指令栏里的提示，在顶视图中确定抛物面锥体焦点，点击鼠标右键或按回车键后，再选择正下方为抛物面锥体方向，最后抛物面锥体端点输入9，点击鼠标右键或按回车键完成抛物面锥体模型的创建，如图6-4和图6-5所示。

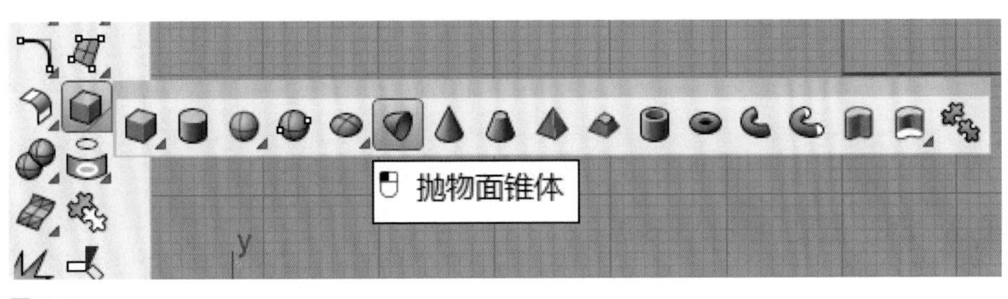

图6-3

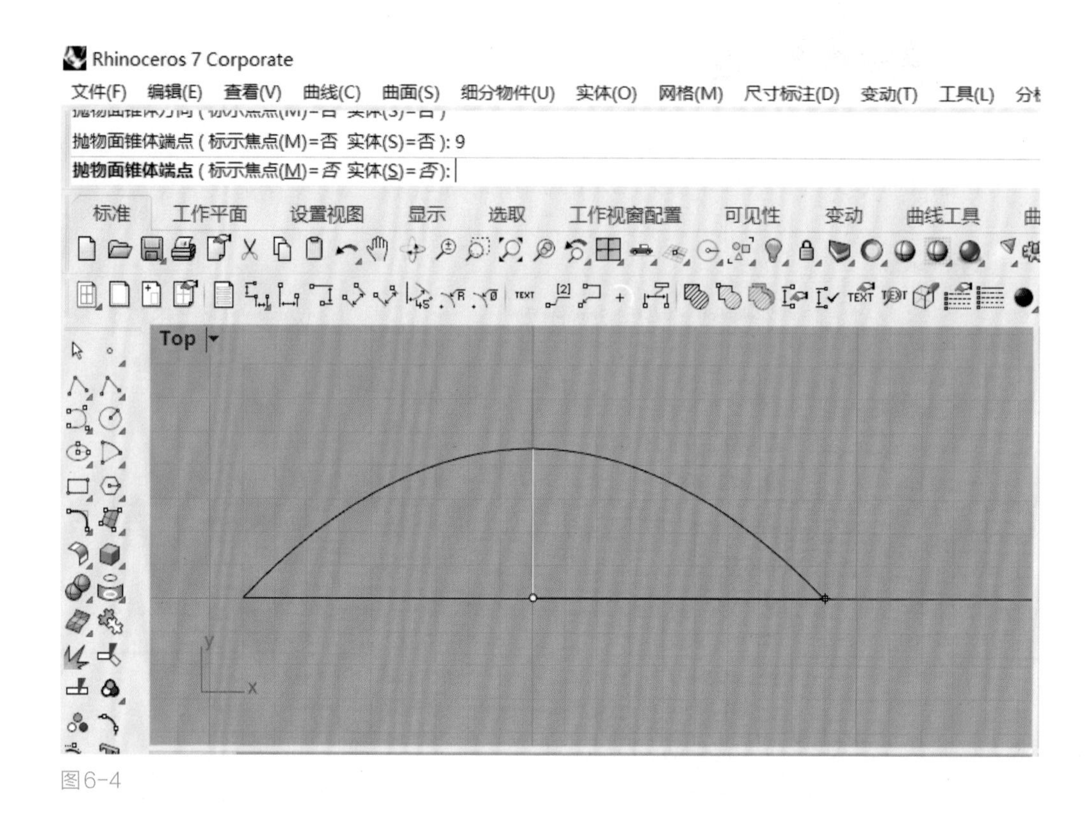

图6-4

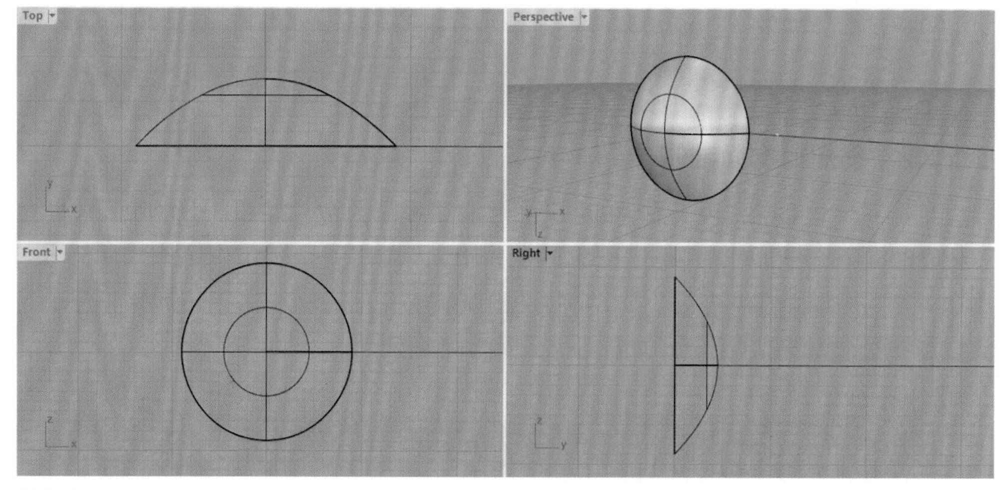

图6-5

6.1.1.3 调整抛物面锥体形状

点击显示物件控制点工具，显示抛物面锥体模型的控制点，在顶视图中框选出如图6-6所示的控制点，点击二轴缩放工具，在前视图中放大控制点的间距，以中心的端点为基准点，放大距离大致如图6-7所示。框选所有的控制点，选择单轴缩放工具，在前视图中，以中心端点为基准点，缩放模型至近似半椭圆体，如图6-8所示。用鼠标右键点击显示物件控制点工具，关闭显示物件控制点。

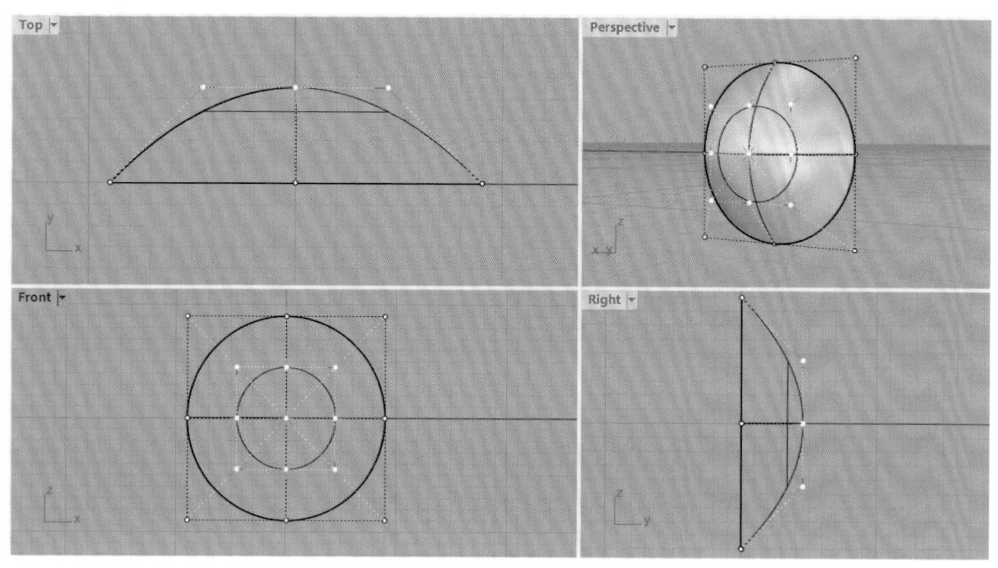

图6-6

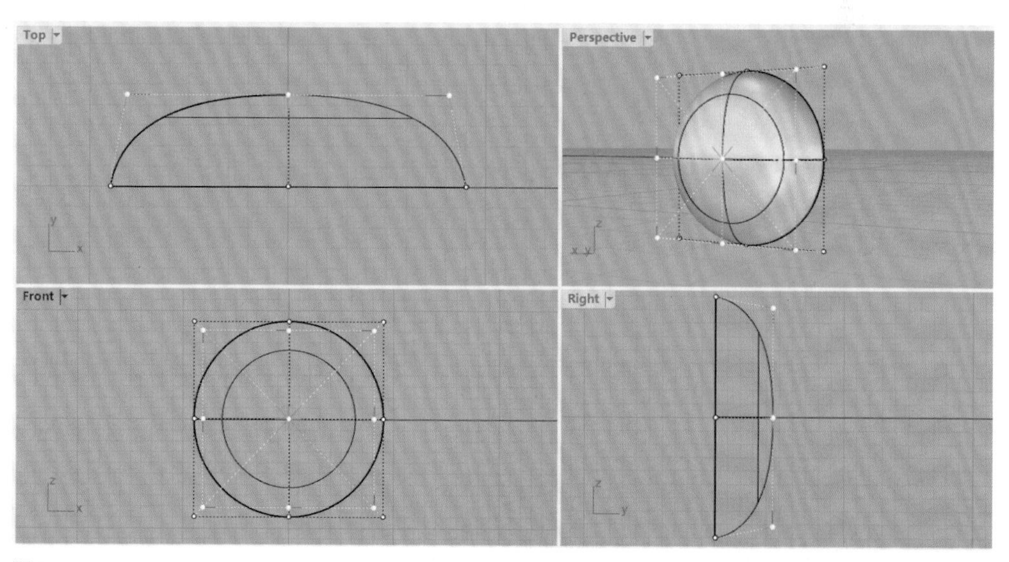

图6-7

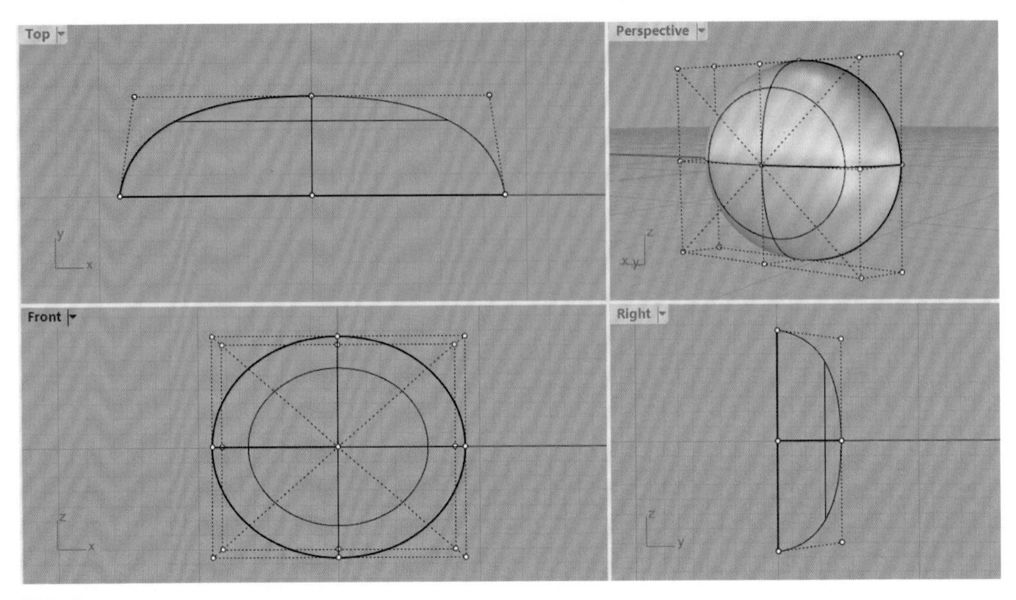

图6-8

然后在前视图中，分别选择右侧两排和最右排的控制点，依次以中心端点为基准点，向内进行单轴缩放至如图6-9所示的形状，即右侧为稍微向内收尖的形状。

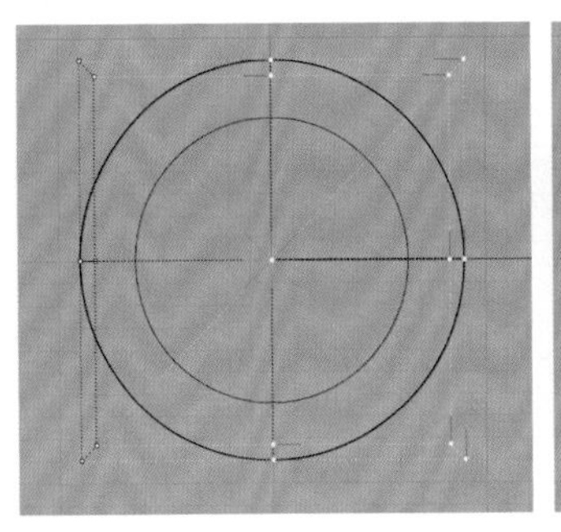
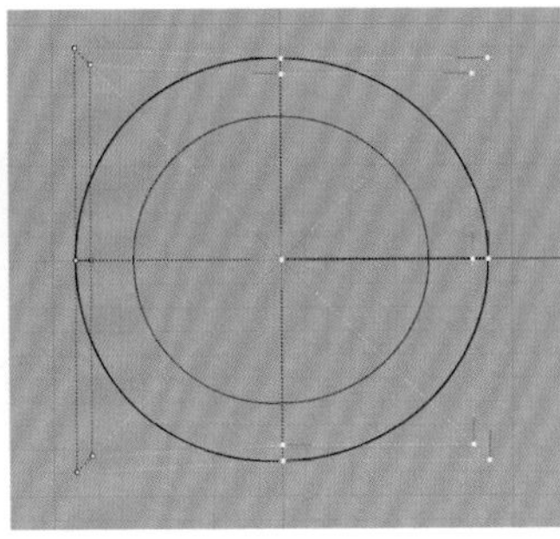
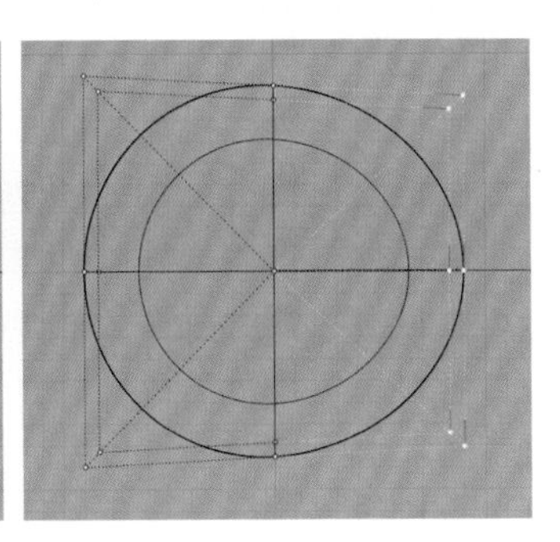

图6-9

6.1.1.4 镜像复制及衔接曲面

点击镜像工具，镜像复制模型，并向正下方移动1mm，如图6-10所示。

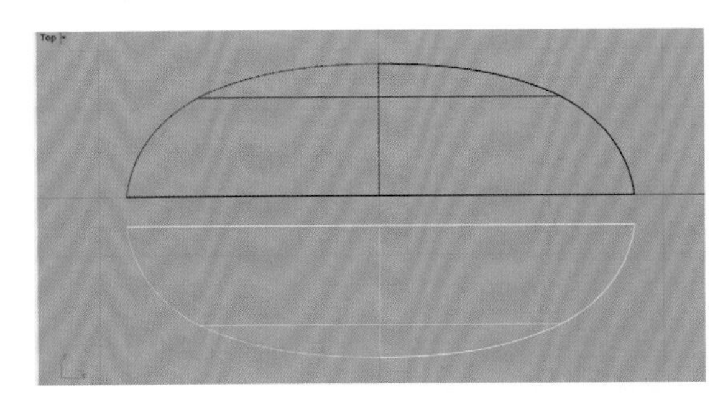

图6-10

在顶视图中，选择上部分的模型，点击显示物件控制点工具，选中上排的控制点向正下方移动，拉扁近似半椭圆体，如图6-11所示。

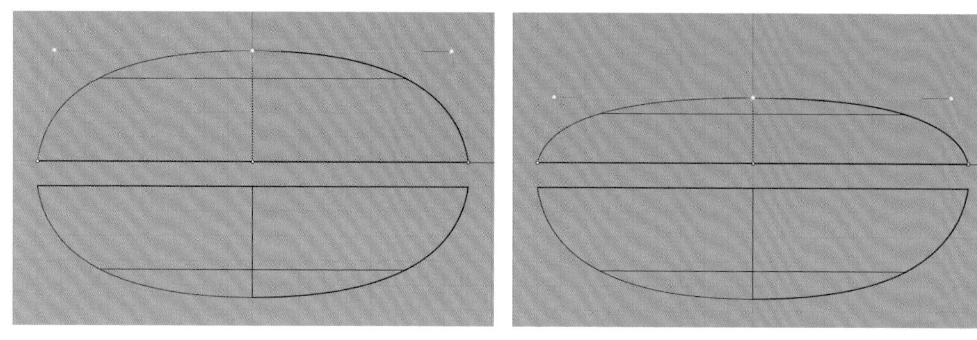
图6-11

点击曲面工具中的衔接曲面工具，将两个模型衔接起来，根据指令栏的提示分别选择两个要衔接的边缘，衔接参数如图6-12所示。

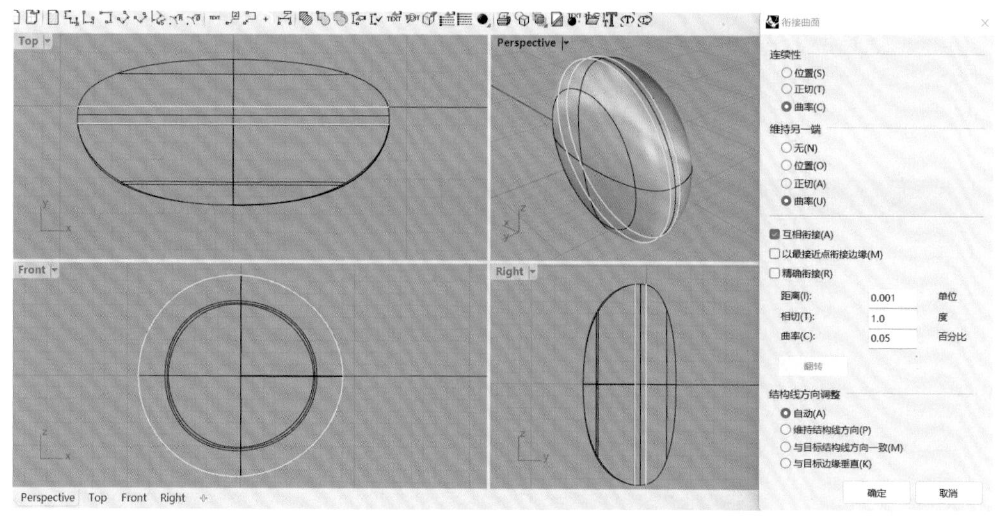

图6-12

6.1.1.5　分割模型

绘制投影参考直线，长度超过模型高度，如图6-13所示，在右视图中点击分割工具，依据指令将近似半椭圆体模型分割为两部分，删除后半部分的模型，如图6-14所示。

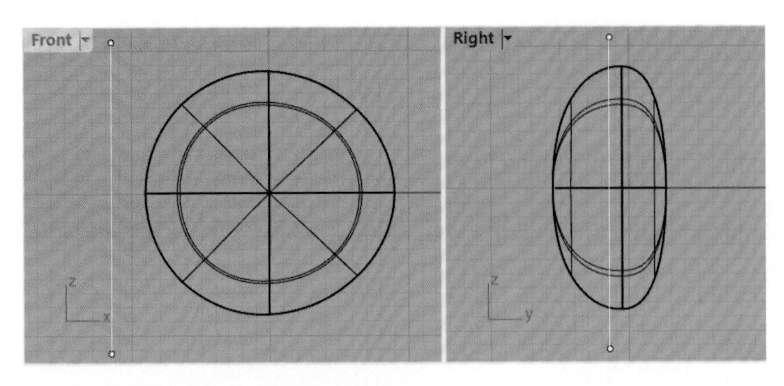

图6-13

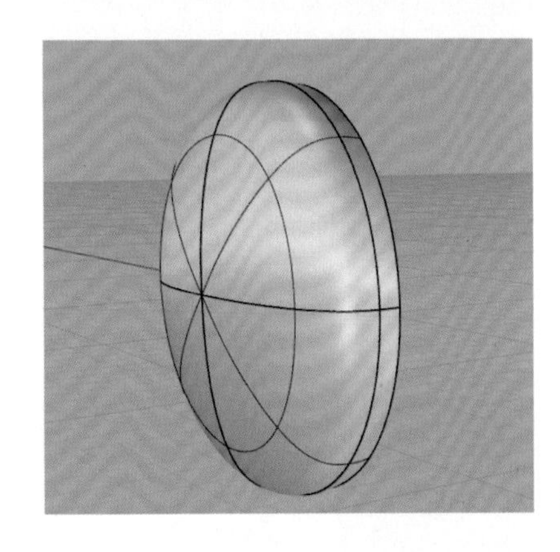

图6-14

6.1.1.6 创建圆柱体

创建底面半径为3mm、高为28mm的圆柱体，其位置参考如图6-15所示，将圆柱体炸开后，删除顶面再将其结合。

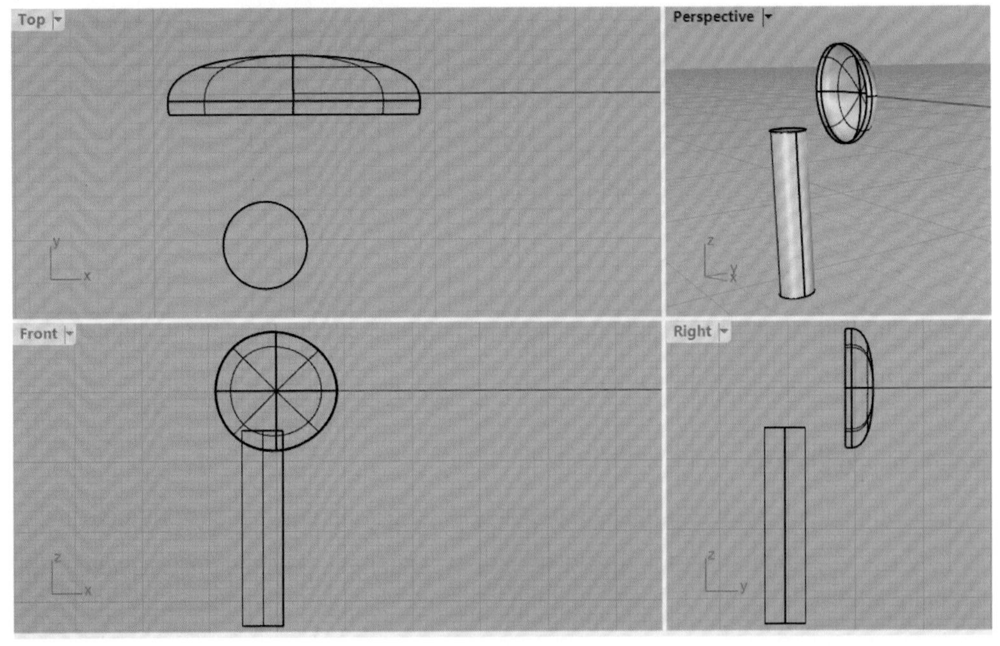

图6-15

6.1.1.7　混接曲面、完善主体模型

点击混接曲面工具，依据指令选取第一个边缘，点击连锁边缘，自动连锁选项为是，分别选择混接的两个面的边缘线，移动调整曲线接缝点及曲面混接参数，如图6-16所示，完成曲面混接，该步骤需要反复选择不同的边缘起止点，找到最理想的曲面特征。耳机底部圆柱体倒圆角1mm，完成主体模型的创建，调整图层为蓝色油漆材质，透视图调整为渲染模式，浏览耳机模型，如图6-17所示。复制一个耳机主体模型并隐藏，备用于后续的外盒模型的创建。

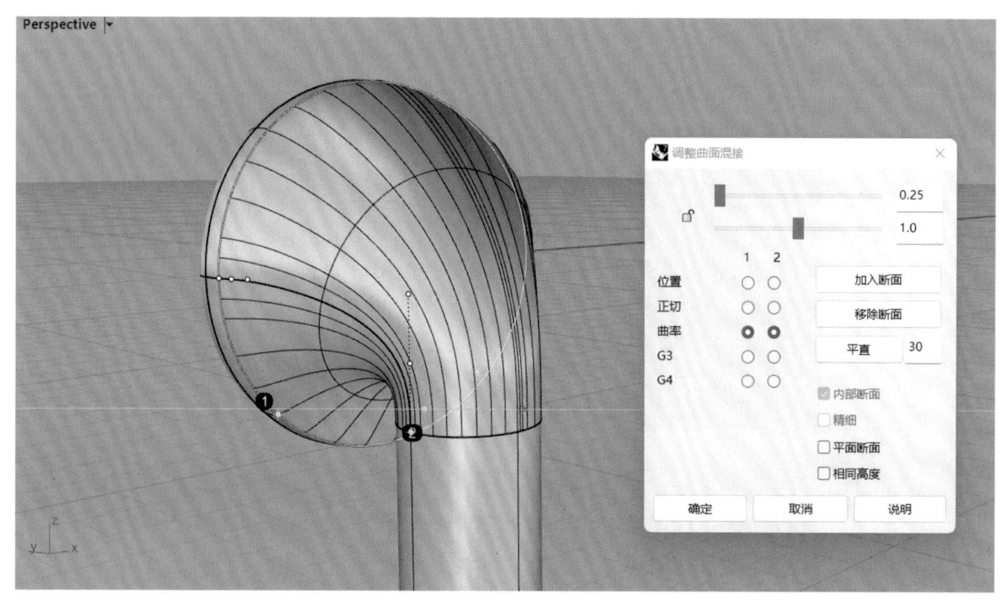

图6-16

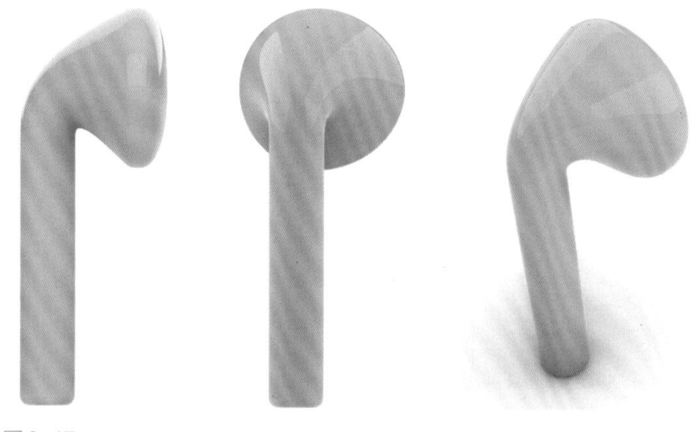

图6-17

6.1.2 细节模型创建

6.1.2.1 创建出音孔

在前视图中利用直线工具绘制投影辅助线，位置如图6-18所示。利用分割工具，依次选择耳机主体为要分割的物体，选择投影线为切割用物件，完成模型分割，删除不需要的模型，如图6-19所示。

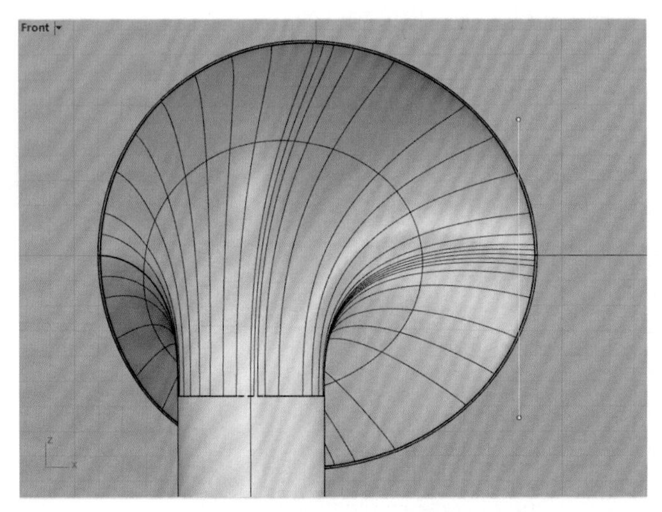

图6-18

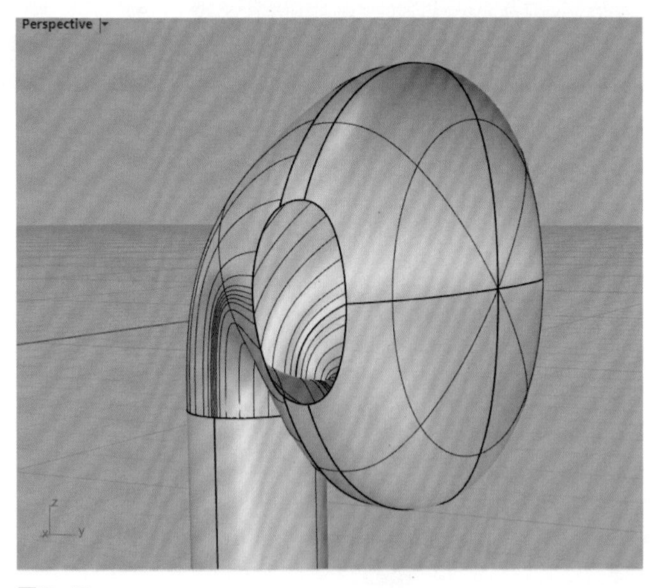

图6-19

点击以平面曲线建立曲面工具，依据指令栏提示选择投影线为要建立曲面的平面曲线，按回车键或鼠标右键完成出音孔平面的创建。利用移动工具向内移动0.3mm，然后选择立方体工具下的挤出曲面工具，挤出长度为0.2mm，边缘倒圆角半径0.1mm，如图6-20所示。

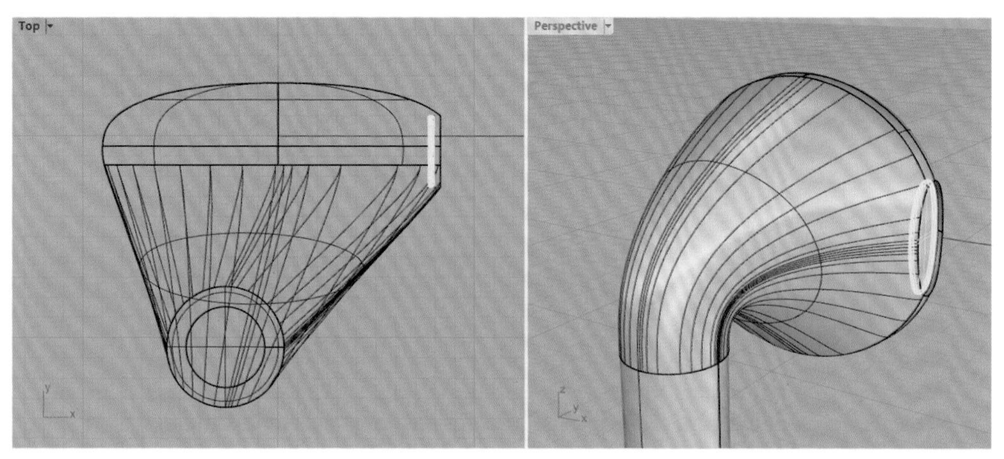

图6-20

6.1.2.2　分模

参考图6-21，捕捉耳机左侧的端点，打开正交模式，绘制直线，并利用2D旋转工具，以左侧端点为基准点旋转-5°，如图6-21所示。点击分割工具，依次选择耳机主体模型为要分割的物件，选择直线为切割用物件，完成耳机主体模型装配用的前后两部分分割，如图6-22所示。

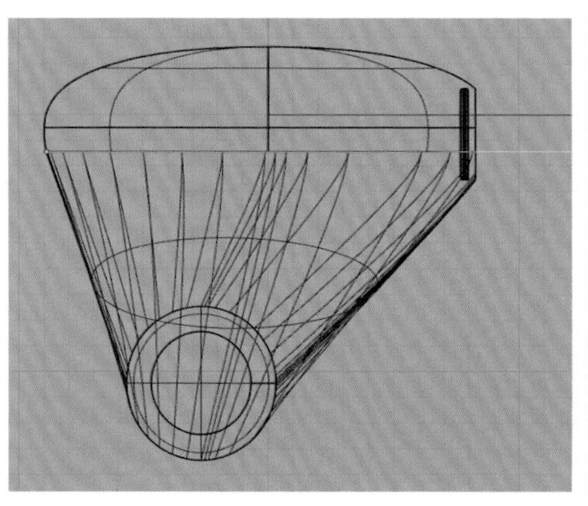
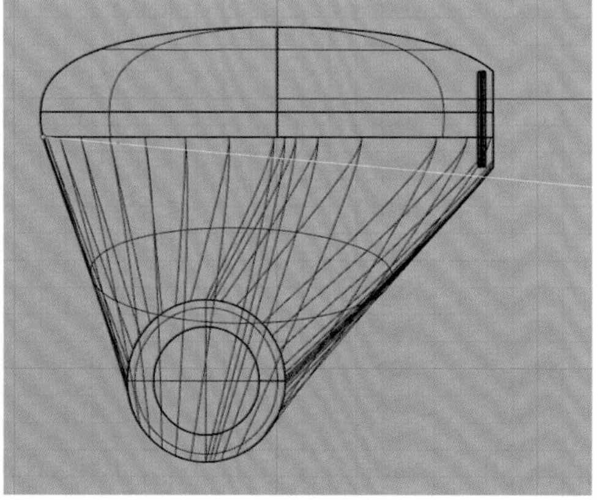

图6-21

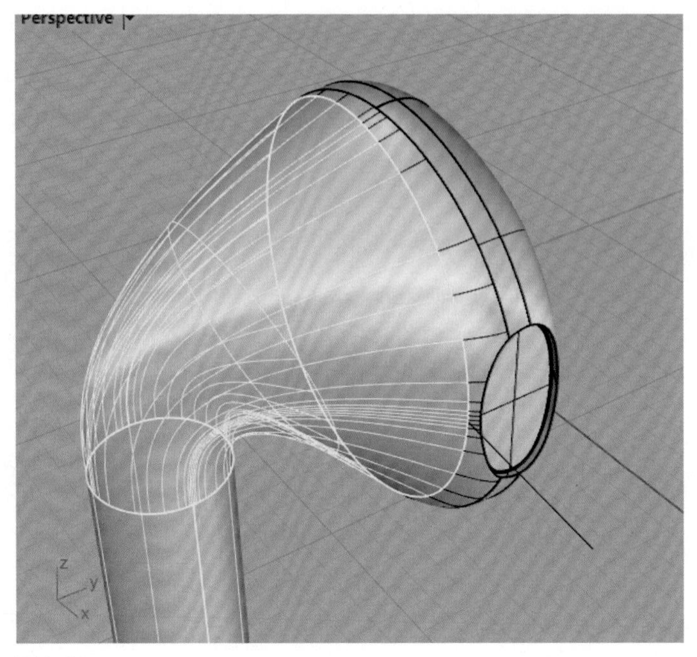

图6-22

6.1.2.3 创建立体表面装饰纹理

选择手柄部分的圆柱模型，将其各个曲面炸开，选中中间的圆柱形曲面，将其他未选择模型锁定，并点击投影工具下的建立UV曲线工具，在顶视图中建立一个矩形线框。切换至前视图，在前视图中，利用圆弧工具（起点、终点、通过点）创建一个宽度为1mm的弧线，点击镜像工具，镜像复制出一条对称的弧线，如图6-23所示。点击可调混接曲线工具，依次选择两条曲线，按下Shift键，调节控制点，使衔接处形成比较尖锐的形态，如图6-24所示，按回车键或鼠标右键完成曲线混接。

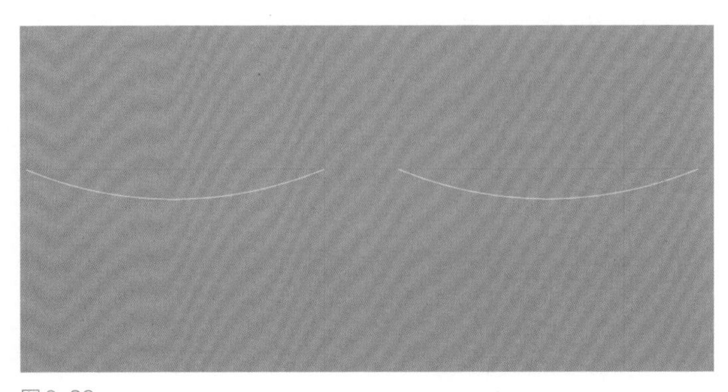
图6-23

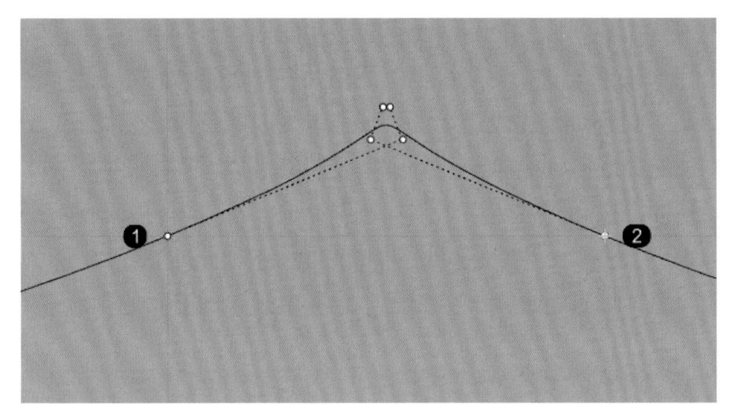

图6-24

接下来复制阵列曲面，首先修剪一个单元的曲线，点击多重直线工具，捕捉两个圆弧的中点，在其垂直方向上画两条直线，如图6-25所示。然后选中所有线段，点击修剪工具，将不需要的线段剪掉，再选中剩下的三条曲线将其组合，成为一条曲线，如图6-26所示。捕捉曲线的左侧端点，将曲线移动至展开UV矩形线框的左上角顶点处。点击阵列工具，选择单元曲线为要阵列的物件，*X*轴方向阵列数目为15，*Y*和*Z*轴方向阵列数目都为1，分别以单元曲线的左右端点为参考点，完成阵列，选中所有曲线将其组合为一条曲线。再利用单轴缩放工具，将曲线的长度拉伸至与矩形UV线框的宽度一致。

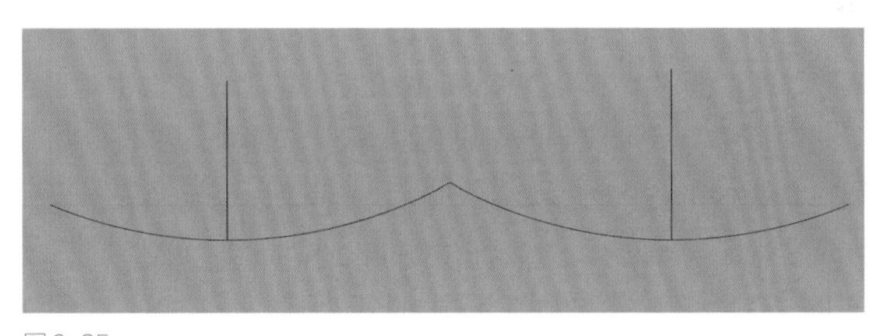

图6-25

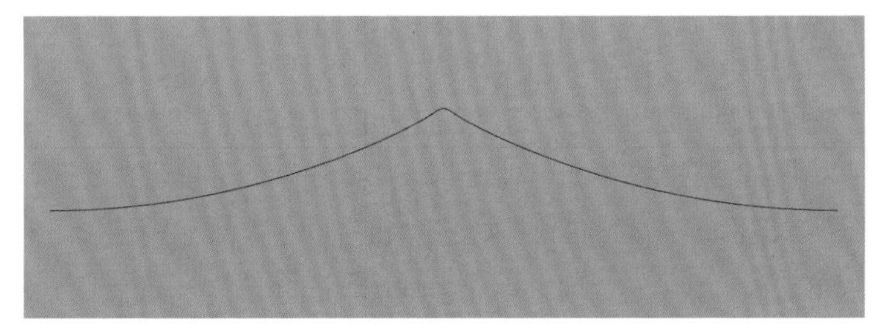

图6-26

点击多重直线工具，以矩形UV线框的左上角为第一基准点，向左下方绘制一条倾斜的直线，另一端点与矩形UV线框的底边平齐，复制直线至矩形线框的另一端，如图6-27所示。利用双轨扫掠工具，分别选择以两条直线为路径，选择以阵列的曲线为断面，创建曲面。利用分割工具，选择曲面为要切割的物件，选择矩形UV线框为切割用物件，按回车键或点击鼠标右键完成切割。再将分割后的左侧三角形曲面，捕捉端点移动至右侧，将平行四边形的曲面补成矩形的曲面，如图6-28所示。然后选中两个曲面，将其组合成一个曲面，完成展开纹理曲面的创建。

图6-27

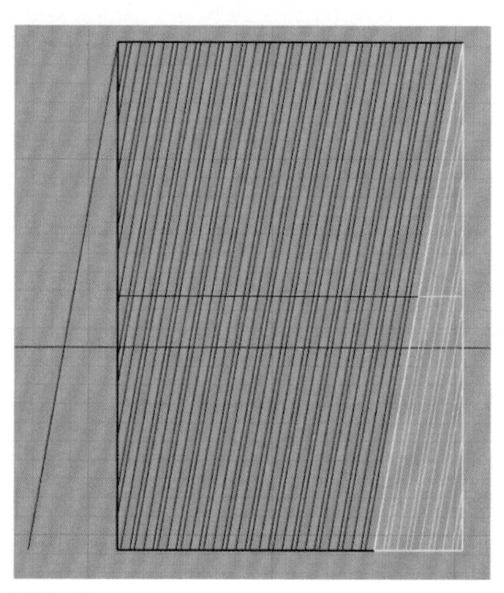

图6-28

然后将矩形纹理曲面的上下两边的肌理做成渐消的形式。选中矩形纹理曲面，点击沿着曲面流动工具中的变形控制器编辑工具，选择矩形纹理曲面，点击鼠标右键后，在选取控制物件指令中选择边框方块，选择坐标系统为世界，变形控制器参数*X*和*Y*方向的点数都设置为8，其他保持默认，完成后显示模型的控制点。在顶视图中，按下Shift键，选中上下两排的控制点，如图6-29所示，点击移动工具下的设置*X*、*Y*、*Z*坐标工具，弹出设置点对话框，勾选设置*Z*、以世界坐标对齐选项，切换至前视图或右视图，将选中的控制点对齐至底部端点，完成展开纹理曲面的创建，打开透视图渲染模式，设置材质粗糙度，浏览效果，如图6-30所示。

最后将展开的纹理曲面沿着圆柱形曲面流动成型。切换至透视图，点击沿着曲面流动工具，根据指令栏的提示，选择创建的展开的纹理曲面为要沿着曲面流动的物件，点击鼠标右键后，在基准曲面指令中点击平面，然后分别选择矩形纹理曲面的右下角和左上角为第一角和另一角，再点击圆柱形曲面为目标曲面，删除原来的圆柱形曲面，完成表面装饰纹理的创建，如图6-31所示。

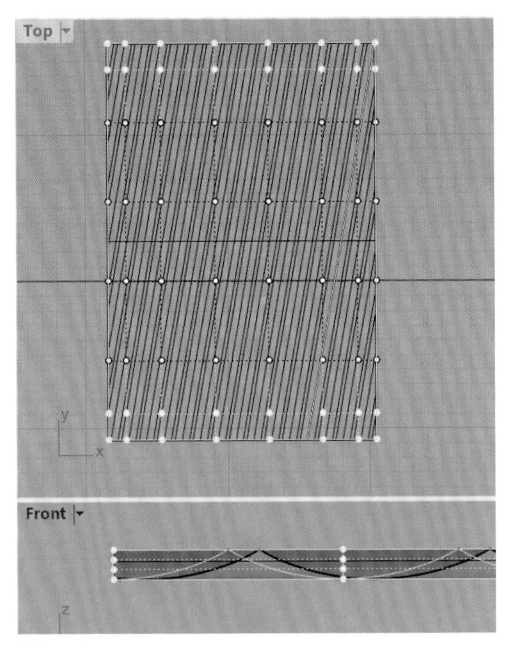

图6-29

图6-30

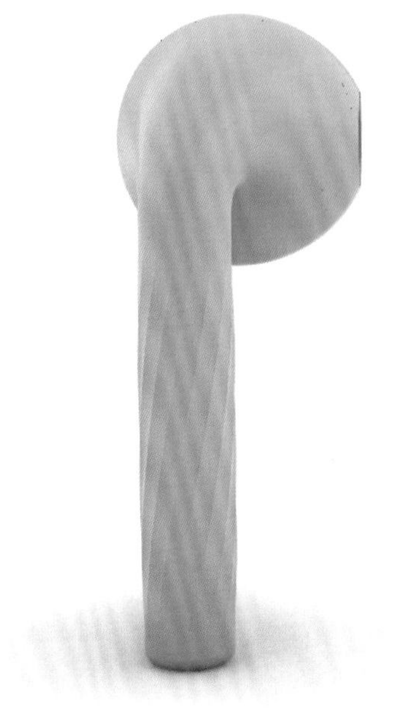
图6-31

小贴士：
创建立体的表面纹理基本思路：展开曲面的UV线；创建展开的纹理曲面；将展开的纹理曲面沿曲面流动。

6.1.2.4 其他细节模型创建

在前视图中，利用圆角矩形工具，绘制长为3mm、宽为1.5mm、圆角为1.5mm的圆角矩形，绘制出按键参考线。利用圆形工具，绘制半径为0.3mm的圆形线，绘制出降噪麦克风孔的参考线。将两个线型移至如图6-32所示处。点击投影工具，将两条线段投影至耳机模型，再点击切割工具，将耳机模型与按键和降噪麦克风孔分割，如图6-33所示。

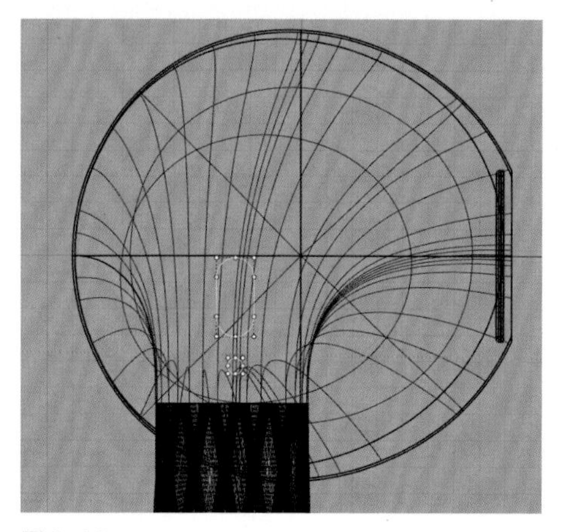

图6-32

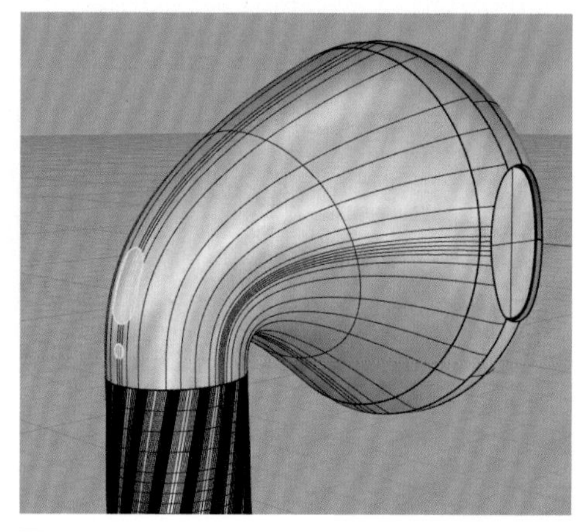

图6-33

参考以上步骤，在顶视图中绘制宽为1.5mm、长为4mm、圆角为2mm的圆角矩形，分割出导气孔模型，如图6-34所示。绘制直径为1.5mm的正圆形，切割出红外入耳监测孔，如图6-35所示。在前视图中，绘制横向的宽为1.5mm、长为4mm、圆角为2mm的圆角矩形，切割出气压平衡孔，如图6-36所示。

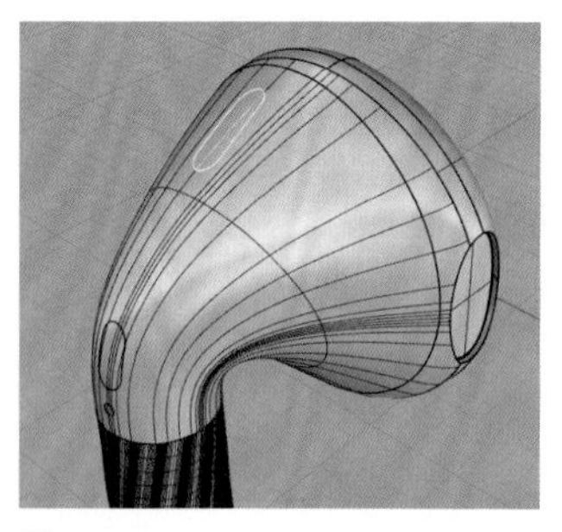

图6-34

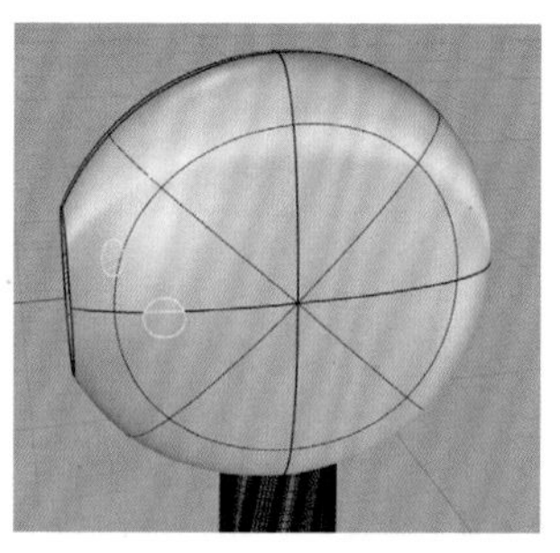

图6-35

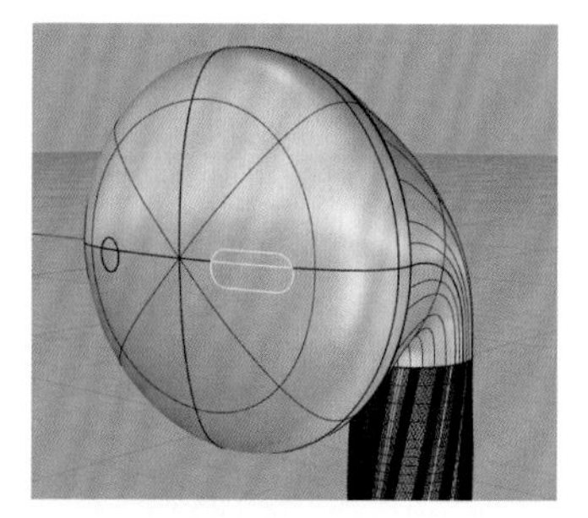

图6-36

选中底部麦克风部分模型，点击隐藏工具下的隔离物件工具，单独显示该模型。框选所有曲面，点击结合工具，然后点击将平面洞加盖工具，使其成为一个实体模型。点击圆柱体工具，捕捉中心点，绘制底面半径为1.5mm、高度穿过麦克风模型的圆柱体，然后点击布尔运算差集工具，将麦克风模型剪出中间的圆孔，点击边缘圆角工具，倒角半径为0.1mm，如图6-37所示。然后创建一个半径为1.5mm、高0.3mm的圆柱体，作为麦克风孔垫。

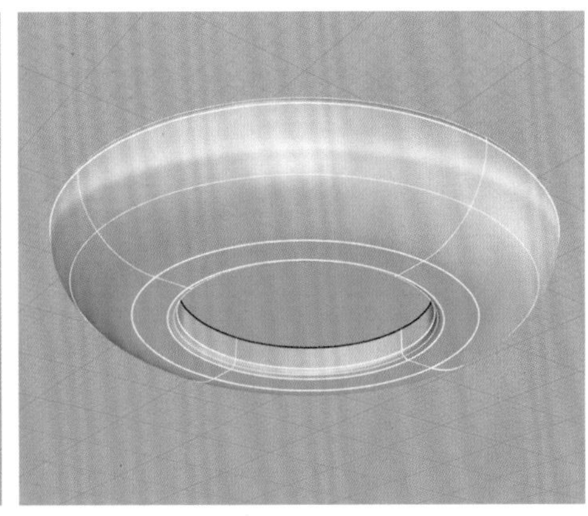

图6-37

接下来为各个结构模块的曲面建立厚度，使其成为具有一定厚度的实体。首先选中中间的带有纹理的圆柱形曲面，隔离物件，单独显示该模型。点击将平面洞加盖工具，使其成为一个实体模型，然后创建一个底边半径为2.7mm的圆柱体，点击布尔运算差集，剪出中间的孔，倒圆角，半径为0.1mm，如图6-38所示。

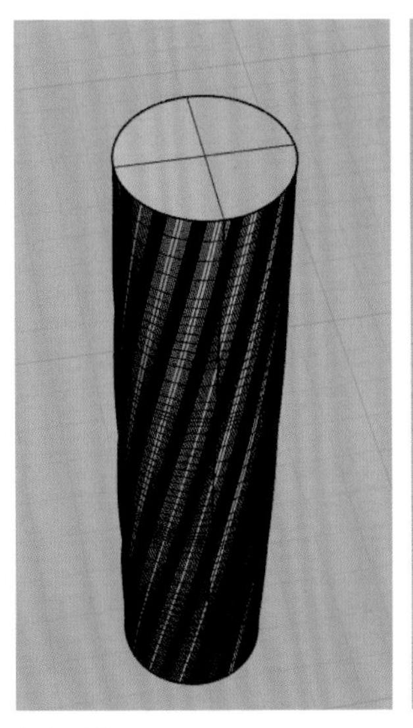
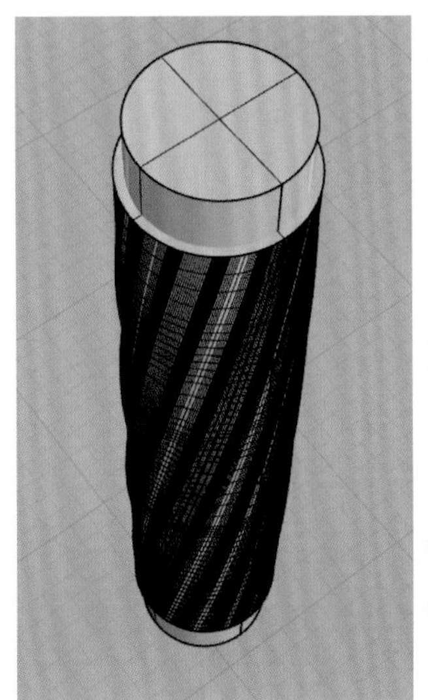
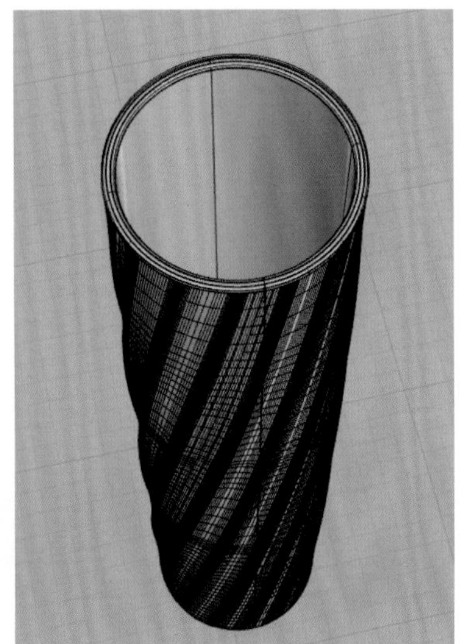

图6-38

单独显示耳机后壳模型，选中后壳主体模型，剪辑重建曲面工具，重建曲面UV参数都为16，其他保持默认，如图6-39所示。然后点击偏移曲面工具，距离参数设置为0.3mm，点击全部反转，偏移方向为内侧，使曲面成为具有一定壁厚的实体模型。点击边缘圆角工具，为后壳主体模型相应的边缘倒圆角，半径为0.1mm，如图6-40所示。

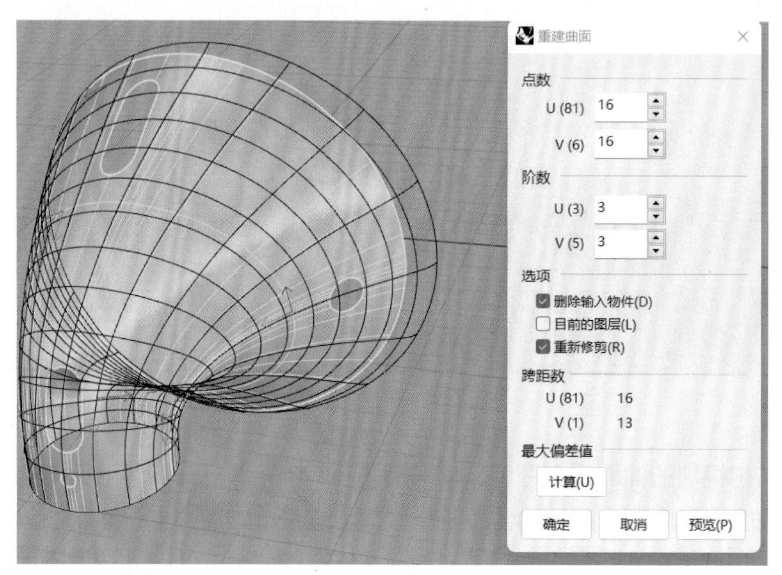

图6-39

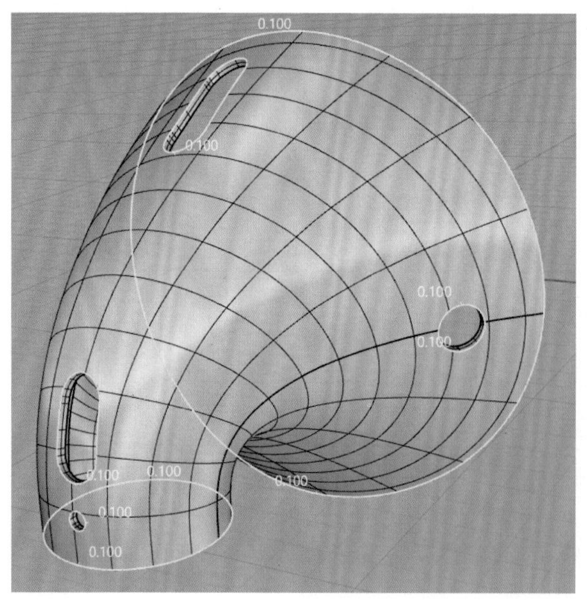

图6-40

单独显示后壳模型分割出的四个曲面，点击曲面重建工具，同样重建曲面UV参数都为16，其他保持默认，完成曲面重建，然后参考以上步骤完成偏移曲面及倒角，如图6-41所示。

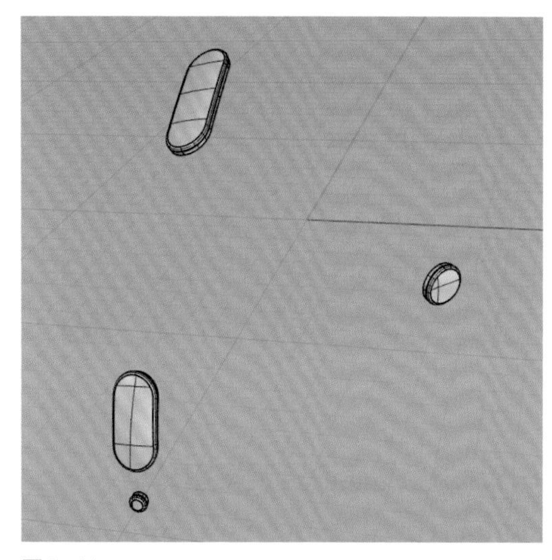

图6-41

单独显示耳机前壳主体模型，参考以上步骤偏移曲面，并倒圆角。倒角后发现与后壳衔接的边缘处不能成功倒圆角。这里采用曲面混接的方法，进行倒圆角。首先点击复制边框工具，选中如图6-42所示要复制边框的曲面，右键完成边框复制。锁定曲面模型，选中复制出的边框，再点击炸开工具，然后选中需要的边框线，再结合，成为一条线。如图6-43所示，删除其他不需要的线。点击圆管（平头盖）工具，选择边框线为路径，圆管半径为0.1mm，完成圆管创建，然后解锁耳机前壳主体模型，点击物件相交工具，计算出圆管与前壳主体模型的两条交线，删除圆管，再利用分割工具，依次选择前壳主体模型为要分割的物件，选择两条交线为切割用物件，完成切割并删除不需要的部分，如图6-44所示。然后点击混接曲面工具，选择第一和第二边缘时，点击连锁边缘参数，完成曲面混接，如图6-45所示，框选所有曲面结合为一个实体模型。参考以上步骤，将前壳模型切割出的两个曲面，完成曲面偏移及倒圆角的操作。

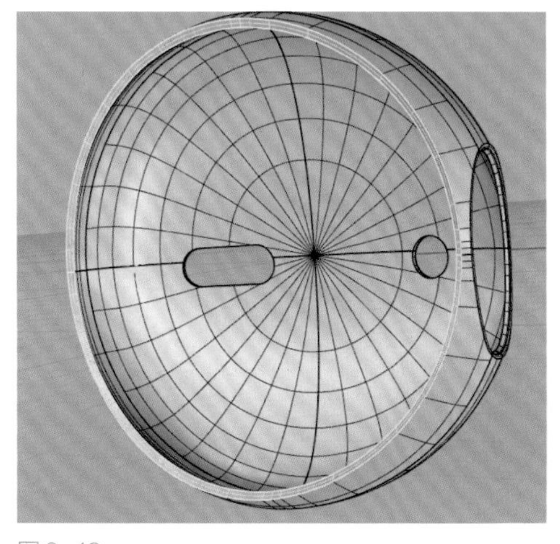

图6-42

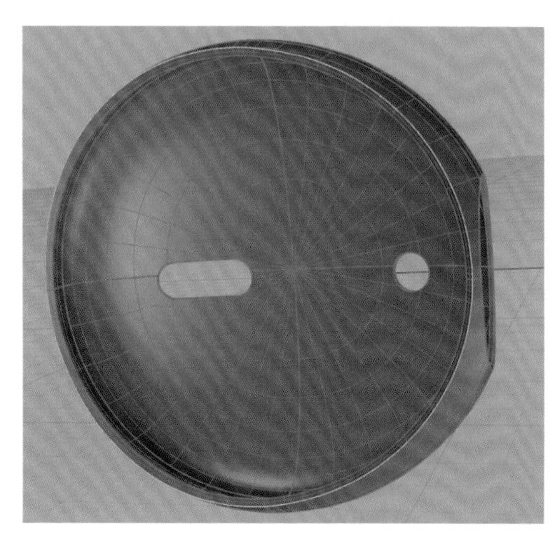

图6-43

图6-44

图6-45

6.1.2.5 材质设置及模型分层

将默认图层重命名为“主体模型”，材质设置为白色油漆；重命名图层1为“黑色红外”，材质设置为黑色油漆，并选中入耳红外检测及降噪孔，将其归入“黑色红外图层”，如图6-46所示；将图层2重命名为“金属麦克风”，材质设置为浅灰色金属，将底部的麦克风金属边模型归入该图层，如图6-47所示；重命名图层3为“金属孔”，材质设置为中灰色金属，并将相应的模型归入该图层，如图6-48所示。渲染模式效果如图6-49所示。

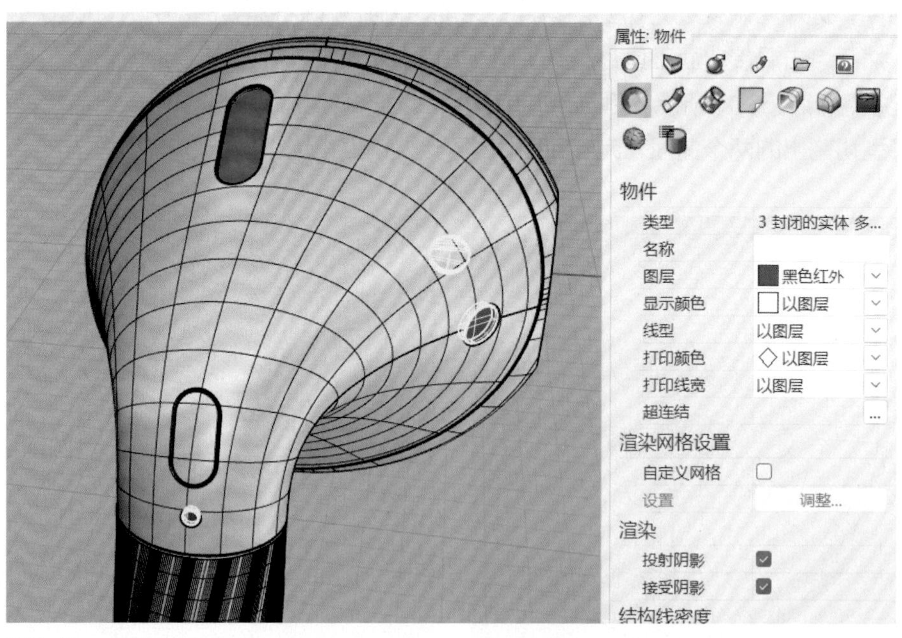

图6-46

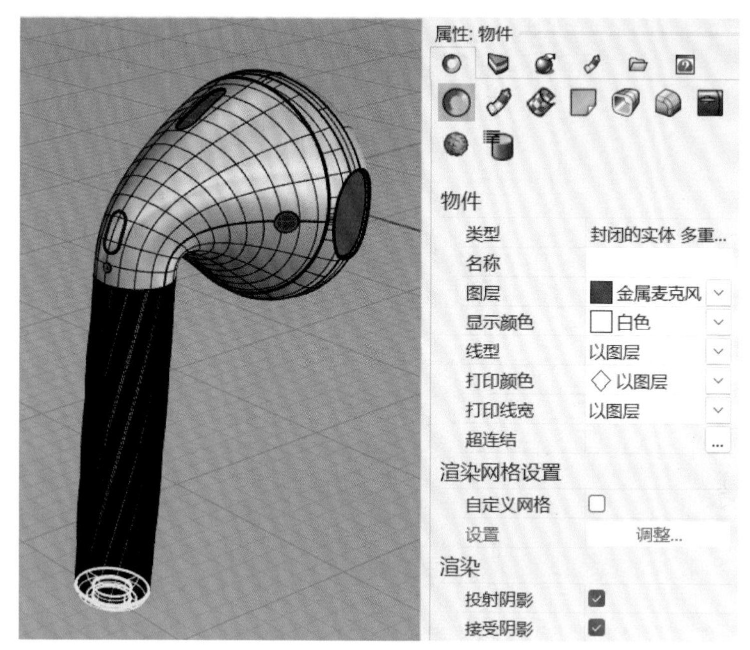
属性: 物件
物件
类型
封闭的实体 多重...
名称
图层
金属麦克风
显示颜色
白色
线型
以图层
打印颜色
以图层
打印线宽
以图层
超连结
渲染网格设置
自定义网格
设置
调整...
渲染
投射阴影
接受阴影

图6-47

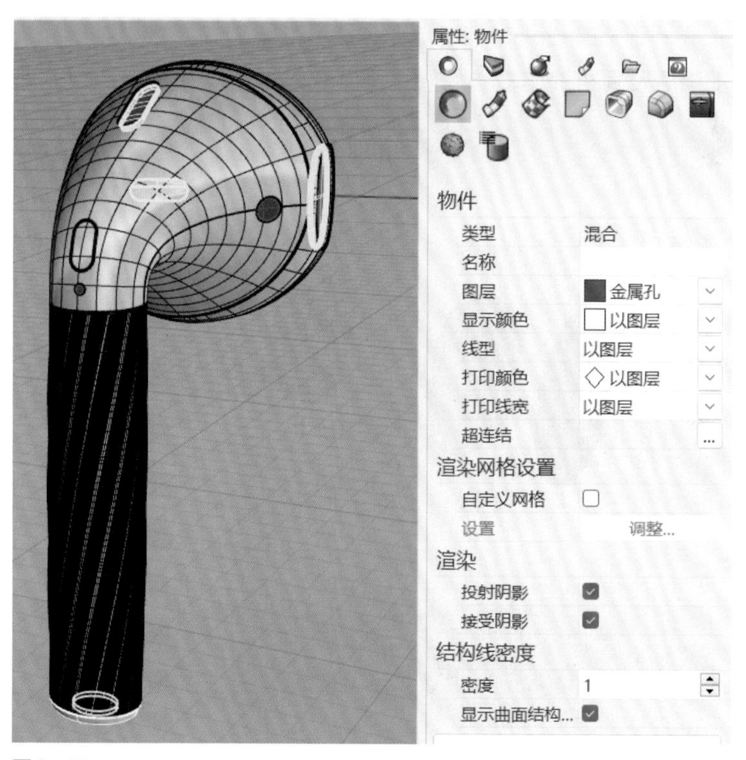
属性: 物件
物件
类型
混合
名称
图层
金属孔
显示颜色
以图层
线型
以图层
打印颜色
以图层
打印线宽
以图层
超连结
渲染网格设置
自定义网格
设置
调整...
渲染
投射阴影
接受阴影
结构线密度
密度
1
显示曲面结构...

图6-48

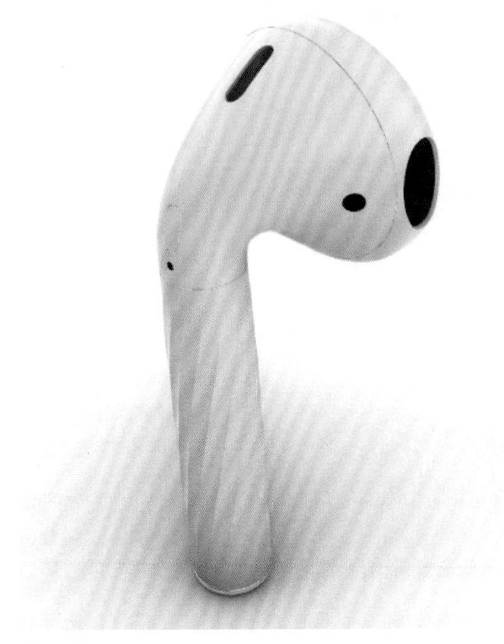

图6-49

耳机内部组成及耳机充电盒参考图6-50和图6-51，完成模型的创建模。

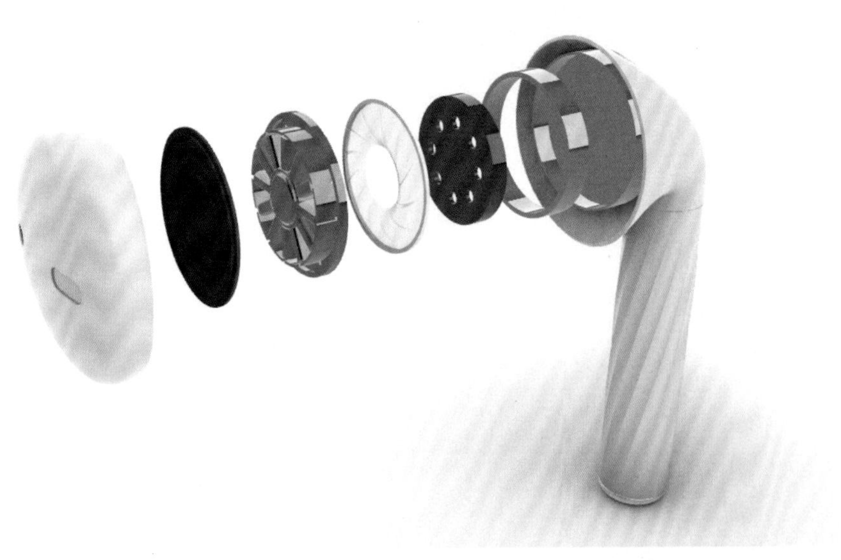

图6-50

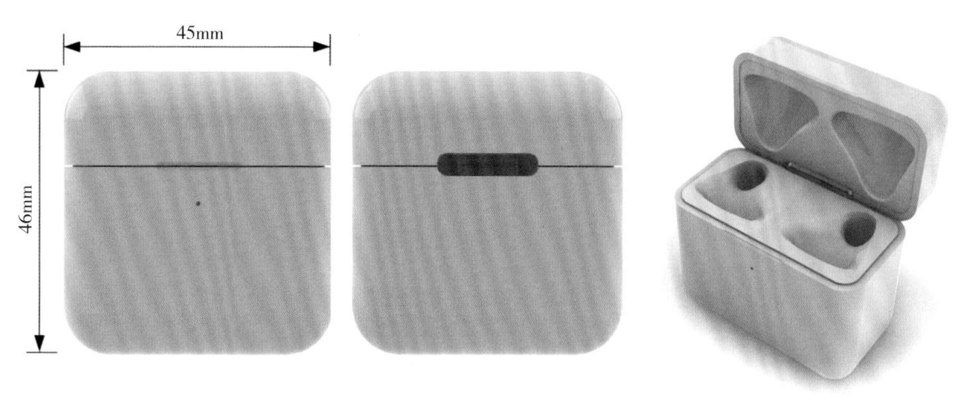

图6-51

6.2　KeyShot 渲染及动画设置

导入模型：启动KeyShot 10.0软件，点击文件-导入命令，选择“无线耳机”犀牛模型，犀牛文件需要另存为6.0以下版本，位置选择几何中心，向上为Z轴，其他保持默认参数，导入模型，如图6-52。

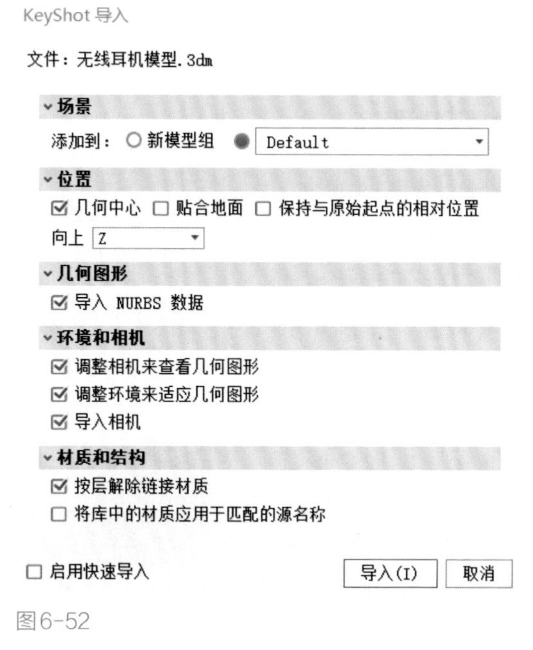

图6-52

6.2.1 环境设置

打开左侧环境库面板，选择Studio-3 Panels Straight 4k环境贴图，点击鼠标左键不放，拖入视图环境中的任意位置，即切换环境贴图，如图6-53所示。打开右侧环境编辑面板，将背景选择为色彩，颜色调整为深灰色（RGB参数都为50），去掉地面阴影，如图6-54所示。

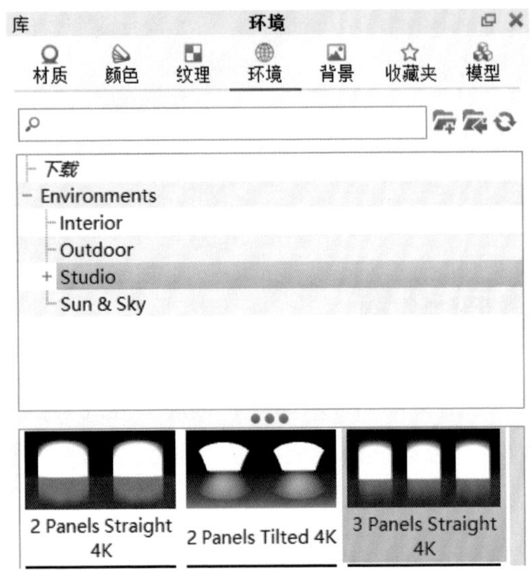

图6-53

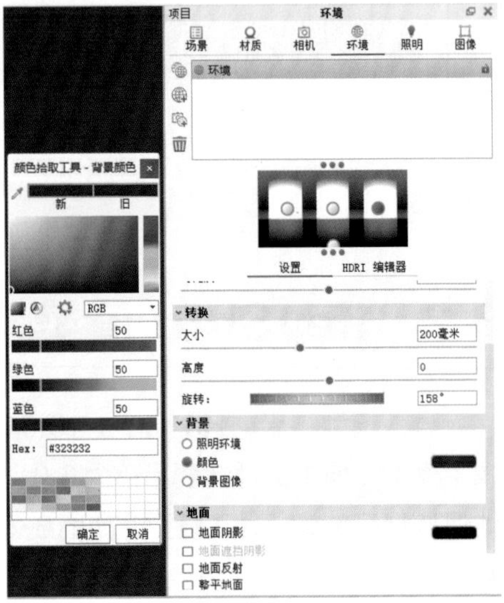

图6-54

6.2.2 材质及贴图设置

点击左侧材质库面板，选择Plastic-Hard Shiny Plastic White材质，赋予耳机充电盒及耳机主题模型，如图6-55所示。打开右侧的场景面板，在预览视图中点击充电盒下半部分的模型，用鼠标右键选择解除链接材质，再双击该模型，打开该模型材质的编辑面板，点击纹理选项中的漫反射贴图，选择“Logo.png”，映射类型选择“平面”，关闭水平重复、垂直重复和双面，尺寸和映射的缩放模式为场景单位，设置宽度大小

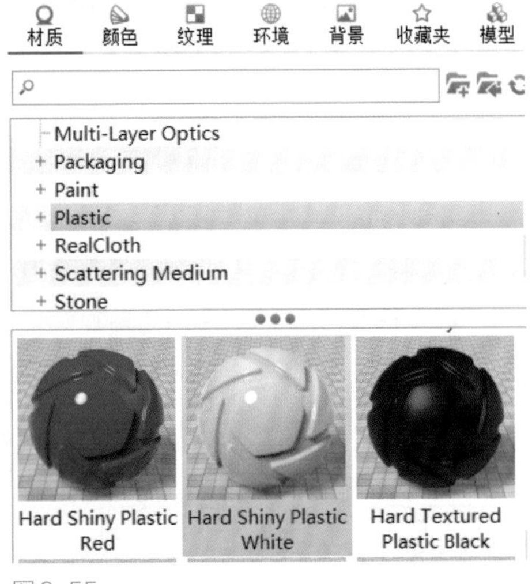

图6-55

为15mm，点击移动纹理，将贴图中Logo的圆圈移至充电指示灯处，点击确定完成贴图设置，如图6-56所示。

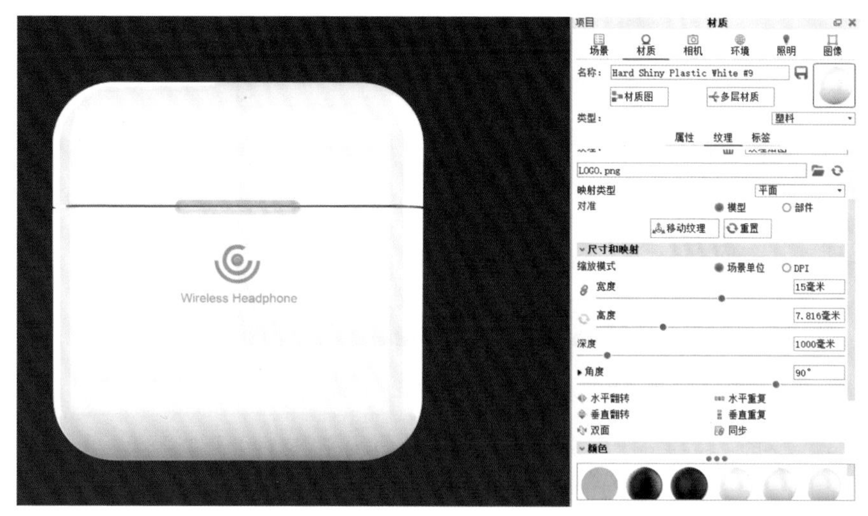

图6-56

选择Metal-Aluminum Rough材质，赋予充电盒合页模型，如图6-57所示。选择Plastic-Hard Rough Plastic Blue材质，赋予充电盒指示灯模型，并打开材质编辑面板，将类型改为自发光，如图6-58所示。

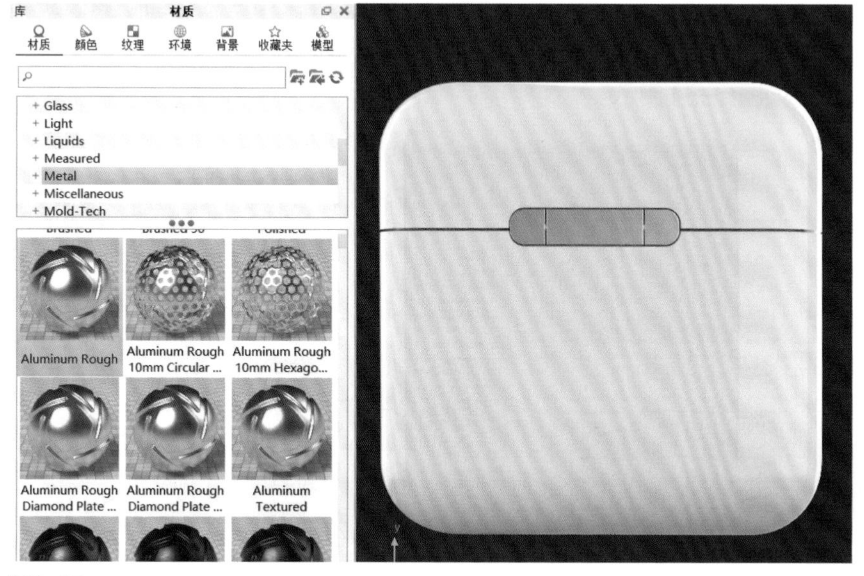

图6-57

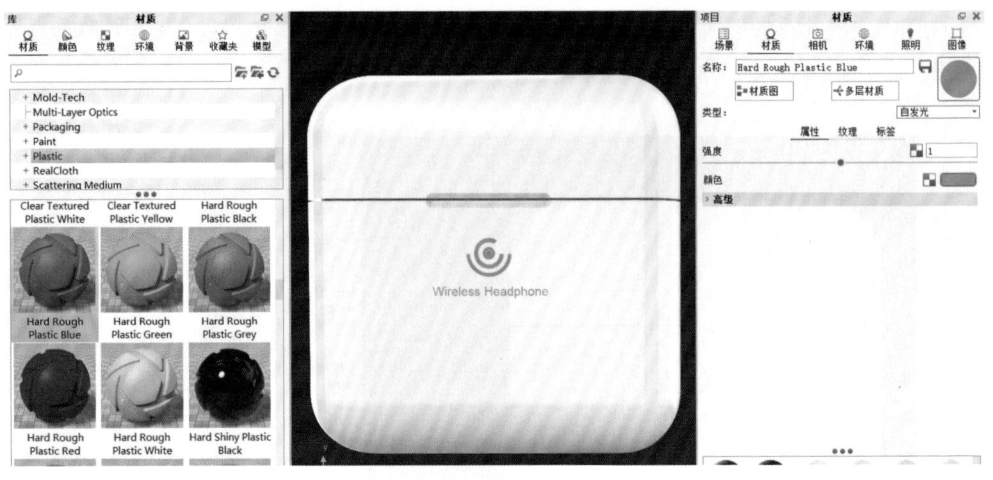

图6-58

打开场景面板，将充电盒主体、充电盒合页和充电盒指示灯模型隐藏。点击左侧材质库面板，选择Axalta Paint-Blackberry Brandy-743281材质，赋予黑色红外感应模型，如图6-59所示。选择Metal-Metal Rough Black 10mm Hexagonal Mesh材质，赋予金属网孔模型，打开材质编辑面板，将形状和图案的宽度及高度设置为0.2mm，图案间距为0.3mm，如图6-60所示。选择Plastic-Hard Shiny Plastic White材质，赋予耳机主体模型，选择耳机下半部分带有装饰纹理的模型，用鼠标右键解除链接材质，双击其中的左侧模型，打开材质面板，添加漫反射贴图为“L.png”，关闭水平重复、垂直重复和双面，将纹理类型改为平面，点击移动纹理，调至合适位置，用同样的方法将右侧模型添加“R.png”贴图，完成耳机主体模型的材质设置，如图6-61所示。

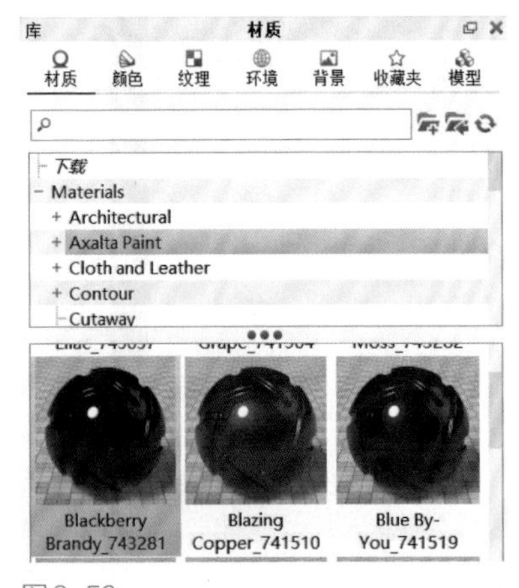

图6-59

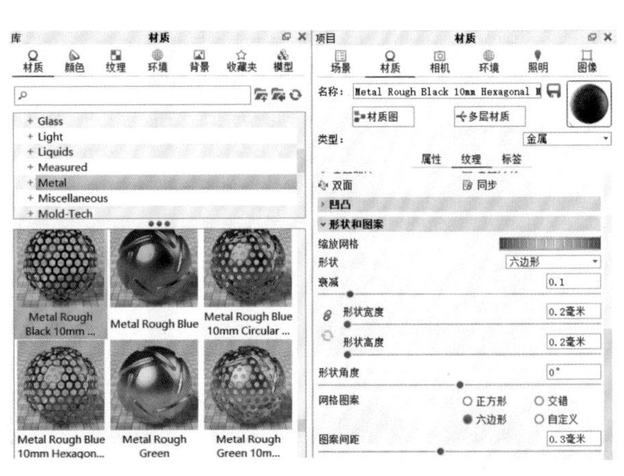

图6-60

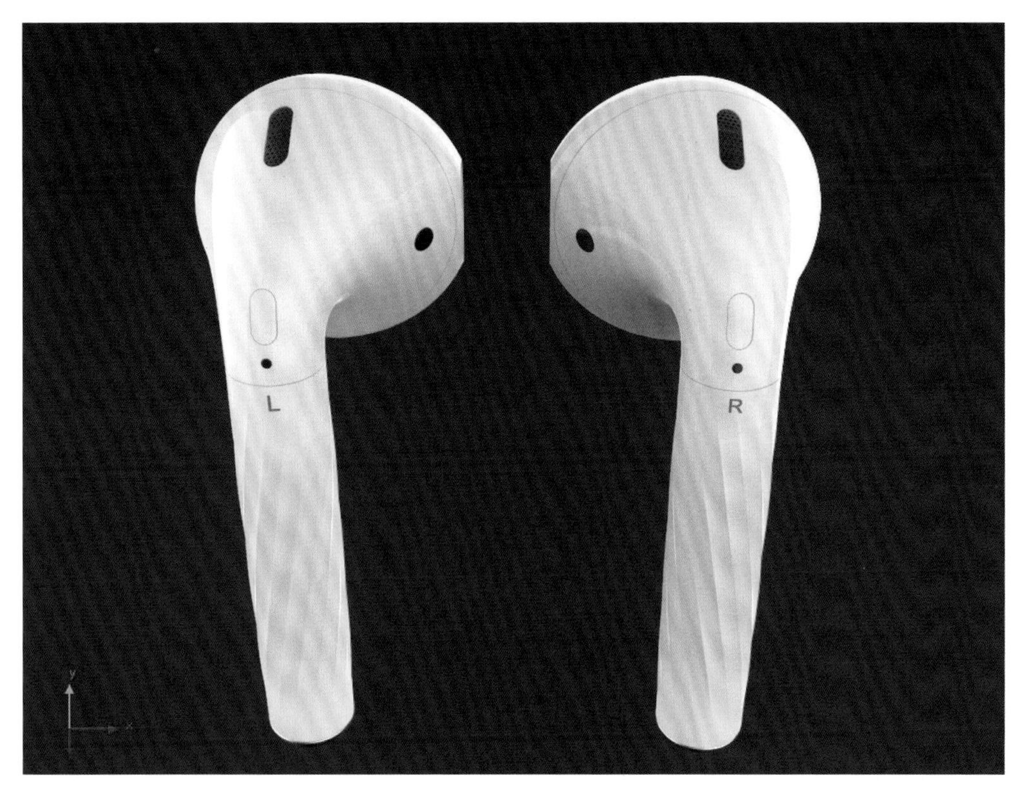

图6-61

选择Cloth and Leather-Leather Black 1000mm材质，赋予喇叭模型；选择Metal-Aluminum Rough材质，赋予喇叭、金属音圈、内部金属1和2模型；选择Glass-Glass（Solid）Yellow材质，赋予石墨烯振膜模型；选择Metal-Brass Rough材质，赋予Brass Rough内部金属3模型，如图6-62和图6-63所示。

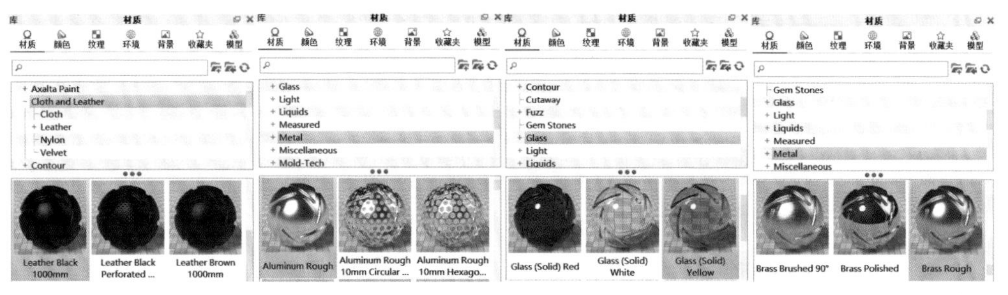

图6-62

图6-63

6.2.3 相机设置与动画制作

无线耳机产品动画脚本分镜头设计如下。

镜头1：浏览耳机充电盒。从耳机充电盒正面开始浏览产品后，打开充电盒，显示出无线耳机，然后充电盒淡出退场。

镜头2：浏览无线耳机外观，并重点演示关键角度的细节后，单独显示一个耳机。

镜头3：结构爆炸图动画。画面构图以大致45°倾斜的构图，开始将耳机内部各个部件拆分，然后转化角度观看拆解后的部件，再组装各个部件。

镜头4：收尾动画。回归显示两个无线耳机，装入充电盒内，回到最初的正面图面。

图像大小设置：制作动画前，首先设置图像大小。打开图像－分辨率预设－风景，设置图像为16：9的画面。

6.2.3.1 镜头1动画制作

（1）相机及初始画面设置

在项目面板中点击Front相机，在场景空白处点击鼠标右键，选择居中并拟合模型。选择场景面板中的无线耳机模型，点击鼠标右键移动模型，绕*Y*轴旋转180°，使耳机充电盒的正面为前视图。然后在环境项目面板中设置背景为照明环境，并将耳机模型移动至环境中央，将背景恢复为深灰色，再居中并拟合模型，保存Front相机。点击相机菜单下的添加相机，将相机1的镜头设置为视角类型，视角/焦距为45mm。

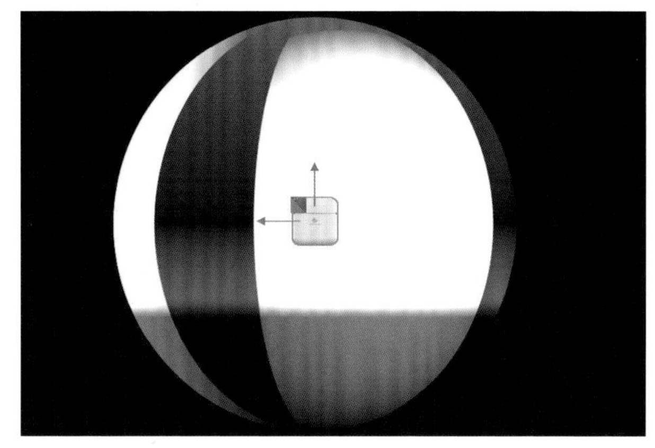

图6-64

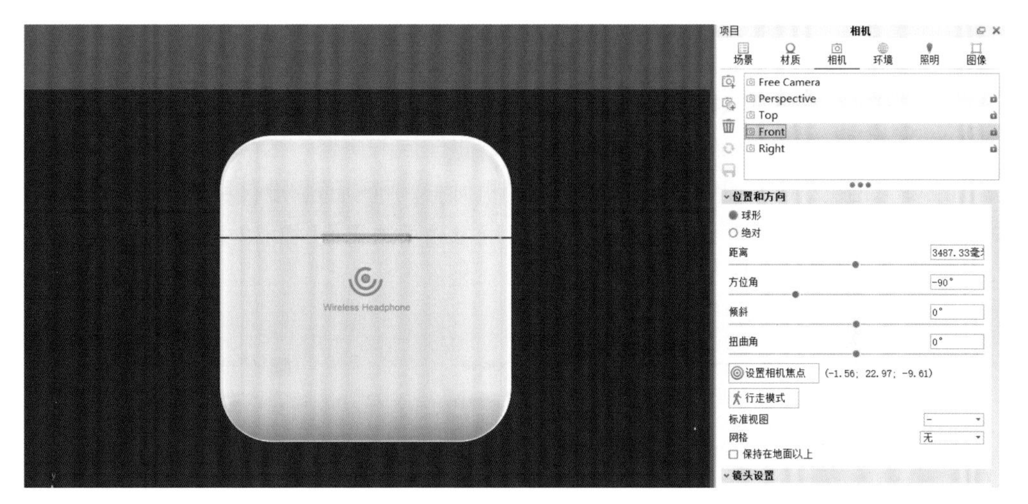

图6-65

(2）充电盒模型分组设置

将场景中的充电盒合页和充电盒指示灯模型移至充电盒主体模型组中，提示更改场景分层结构将中断几何图形和实时链接更新，并可能影响现有纹理和标签映射，点击继续。

(3）充电盒360°浏览动画制作

打开动画面板的动画向导，选择绕轨相机动画－相机1－动画属性，如图6-66所示。预览动画，相机旋转速度相对比较均匀。可设置开头及结尾速度稍慢，中间稍快的旋转速度，将缓和运动调整为自定义，点击设置曲线形式如图6-67所示。

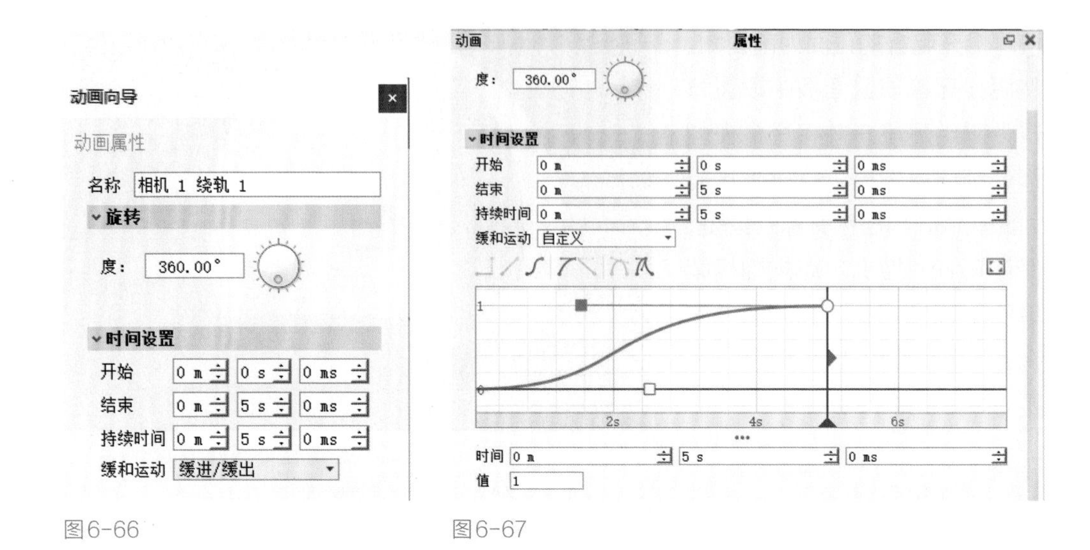

图6-66　　图6-67

（4）旋转相机至俯视耳机模型

该动画可制作多个类型相机动画在时间线上图层的重叠，也可制作相机路径，本案例以多个相机动画重叠为例。分别设置相机倾斜、绕轨道、推移和平移动画，设置参数如图6-68所示，倾斜、绕轨道、推移相机动画的起止时间和缓和运动参数设置一致。

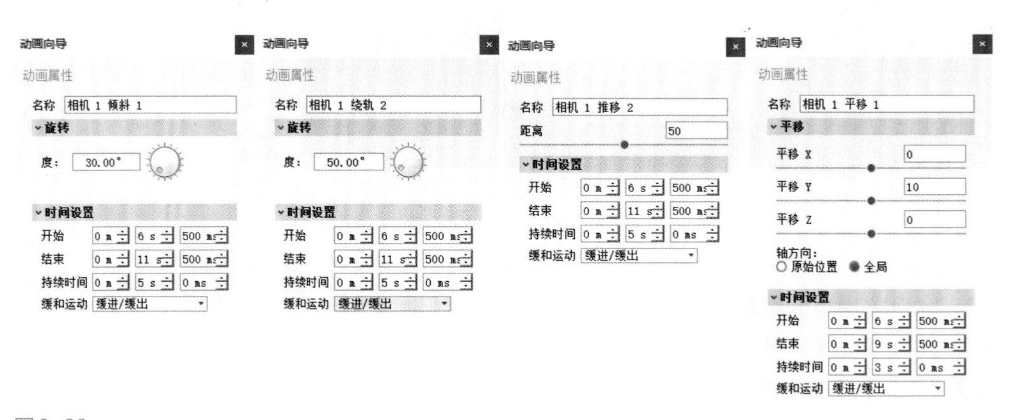

图6-68

（5）充电盒盖翻折动画制作

动画向导选择模型旋转动画，选择充电盒盖模型，动画属性参数如图6-70所示，枢轴点拾取合页为旋转轴。

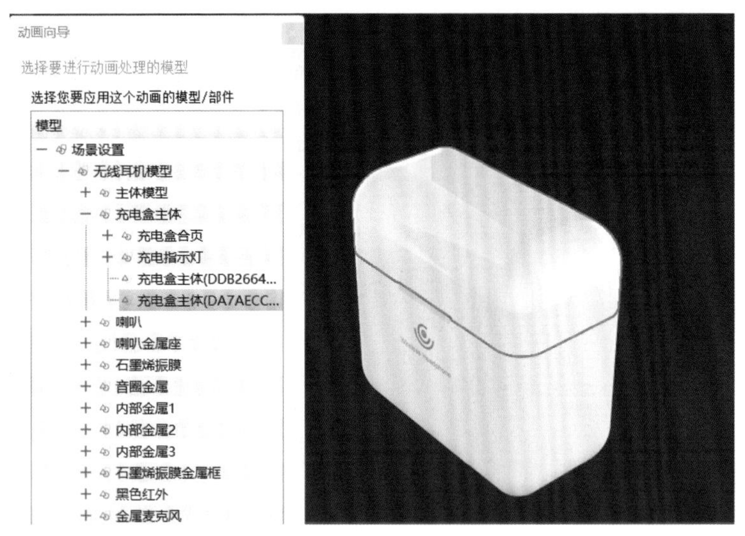

图6-69

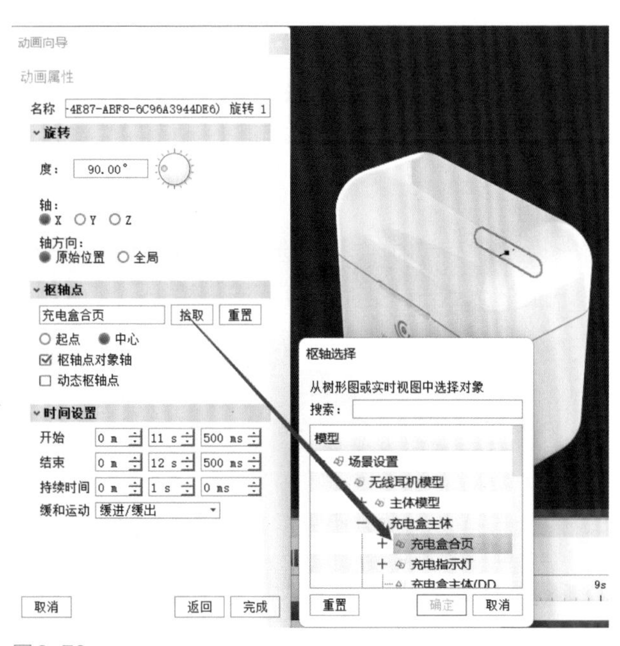

图6-70

（6）充电盒淡出制作

先制作充电盒向下移出画面，选择动画向导－模型平移动画类型－选择“充电盒主体”模型－动画属性参数，如图6-71所示。然后制作淡出效果，选择动画向导－模型淡出动画类型－选择“充电盒主体”模型－动画属性参数，如图6-72所示。

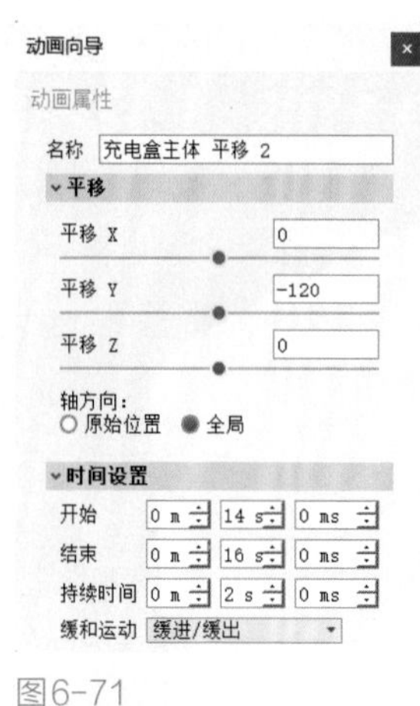

图6-71

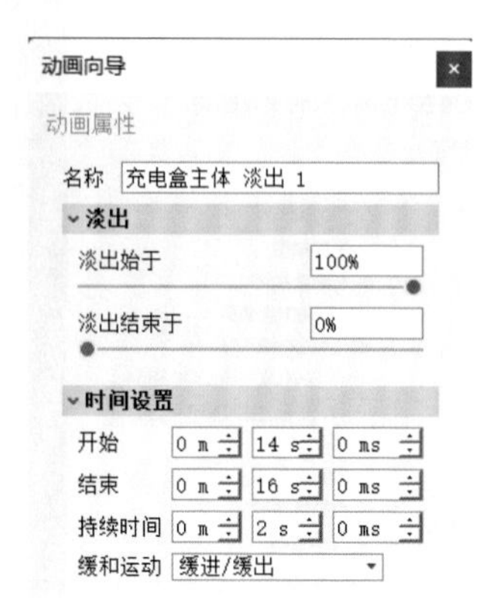

图6-72

6.2.3.2 镜头2双耳机浏览动画制作

将KeyShot文件另存命名为镜头2文件，具体制作步骤如下。

（1）制作推移相机动画，近距离扩大耳机显示

选择动画向导–相机推移动画类型–选择相机1–动画属性参数，如图6-73所示。

（2）制作双耳机旋转动画

选择动画向导–模型旋转动画类型–选择无线耳机模型–动画属性参数，如图6-74所示。使耳机旋转大致一周半后正面面向相机。

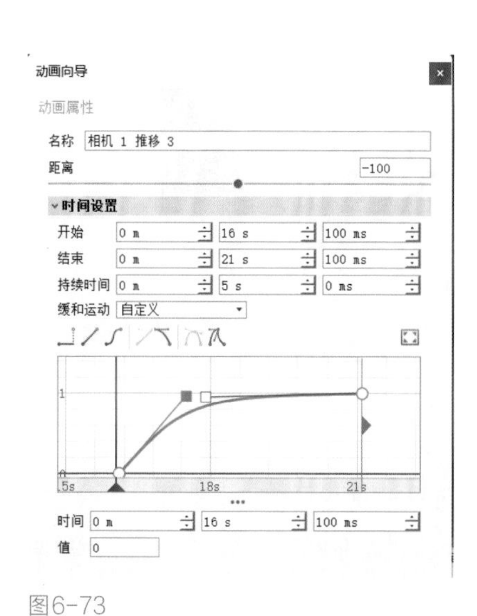

图6-73

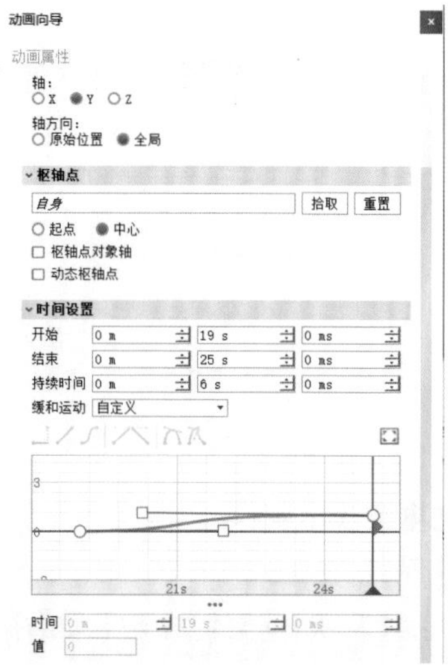

图6-74

（3）制作相机动画使耳机置于画面中部

分别设置相机1的倾斜、推移、平移动画，设置参数及终止画面如图6-75所示，相机动画的起止时间和缓和运动参数设置一致。

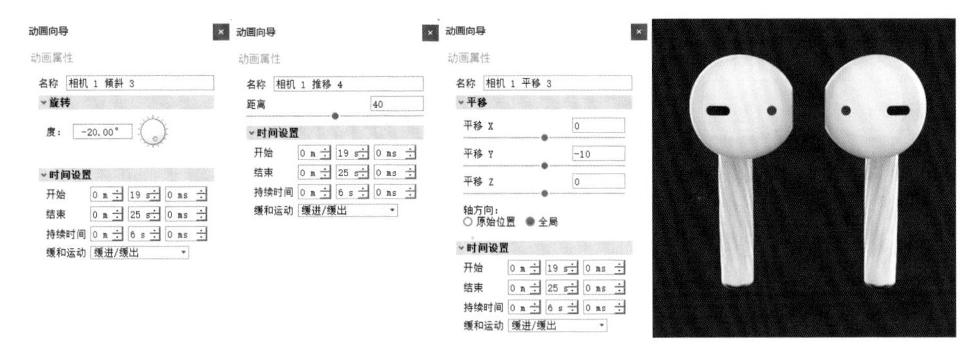

图6-75

（4）旋转相机至仰视耳机，并做环境光旋转动画

分别制作相机1的倾斜、绕轨、推移、平移动画。设置参数及终止画面如图6-76所示。制作环境动画，动画向导-环境旋转角度-选择环境-动画属性设置如图6-77所示。

图6-76

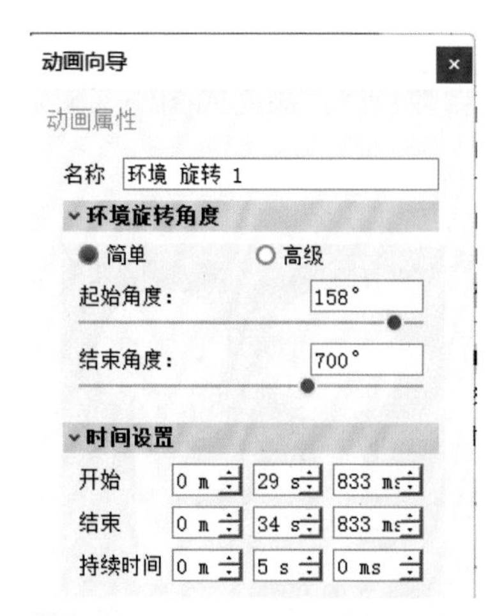

图6-77

（5）制作相机动画，使用耳机显示于画面右侧再将耳机背面置于画面中心

同样分别制作相机1的绕轨、倾斜、平移、推移动画。设置参数如图6-78所示。其中平移动画制作两次，第一次，从34s833ms到36s66ms，双耳机旋转平移至画面右侧，且其中一个耳机（L侧耳机）置于画面外；第二次，从36s233ms到39s833ms，将右侧R耳机平移置于画面中心，渲染此段动画时将左侧L单耳机模型隐藏。

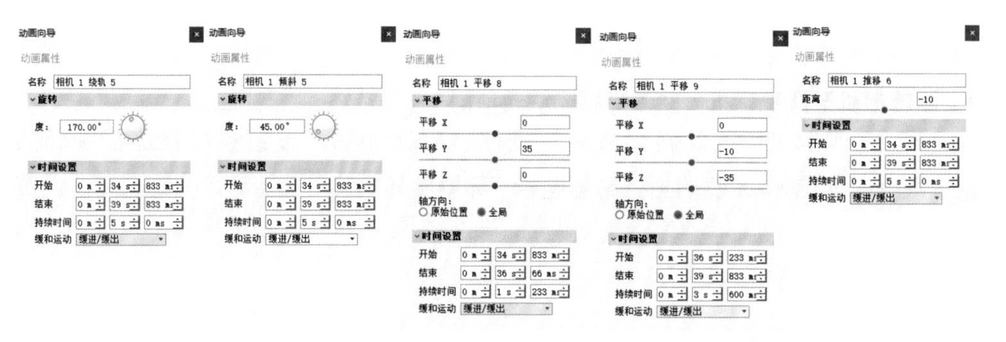

图6-78

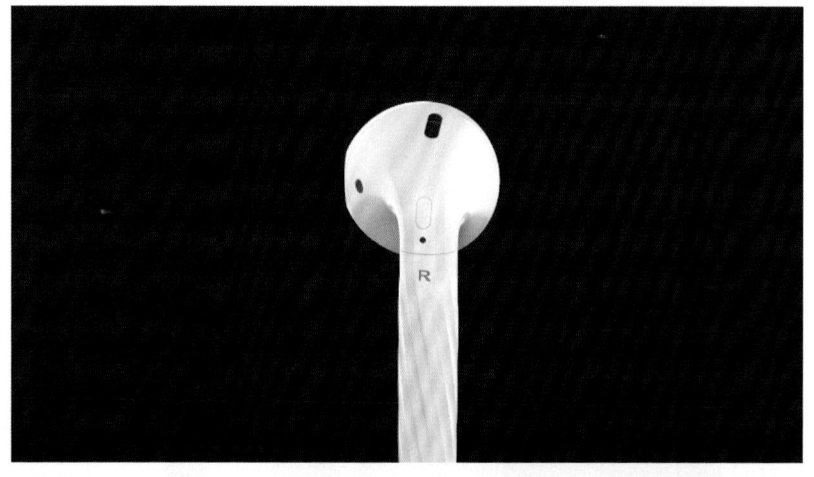

图6-79

6.2.3.3　镜头3爆炸图动画制作

将KeyShot文件另存为“镜头3”。首先在透视相机中，调整耳机为正侧面，制作耳机模型的平移动画，然后制作相机动画。具体步骤如下。

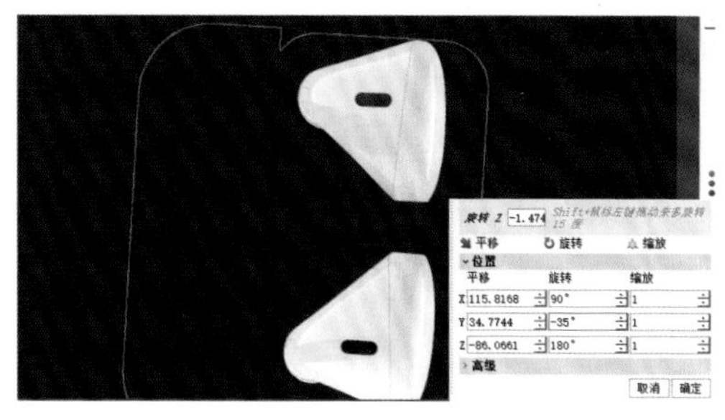

图6-80

（1）调整模型及透视图视角

在顶视图中旋转整个模型，将模型前后壳分模线的角度调整为垂直于X轴水平方向，耳机内部构件平移动画的方向即为水平X轴方向，以便于简化平移参数的设置。点击Top相机，选择耳机模型，Y轴旋转-35°，使右边R侧耳机前后壳的分模型接近垂直竖线。隐藏左侧L耳机模型，点击透视图相机，将相机画面调整至侧面，如图6-81所示。

图6-81

（2）模型编组

做爆炸图前要理清各个分解模型模块，并对需要进行编组的模型编组。点击耳机的前壳模型，在场景面板中用鼠标右键选择添加到组，新建组名为“前壳”，然后将耳机前壳处的两个金属网孔和红外部件添加到“前壳”组内。

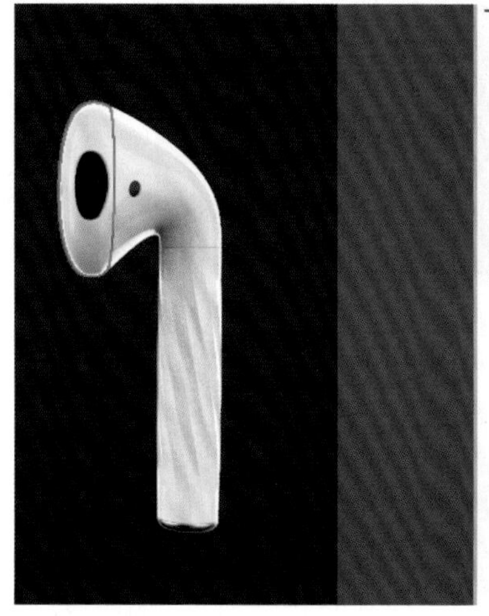

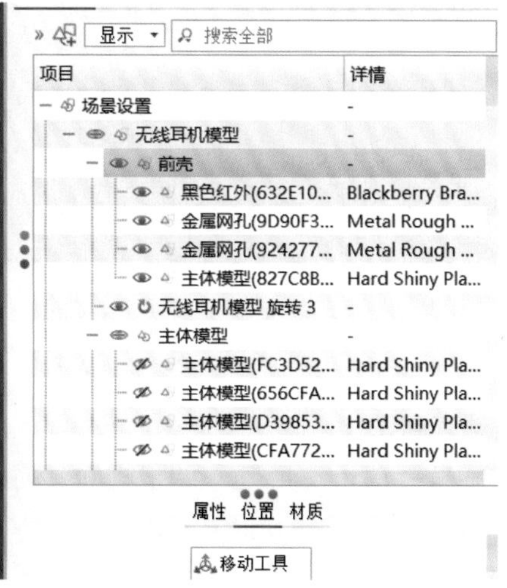

图6-82

(3)模型部件分解动画制作

点击动画向导-选择模型平移动画-选择前壳模型组-平移动画属性参数，如图6-83所示，完成前壳平移动画。然后采用同样的方法依次制作喇叭、喇叭金属座、石墨烯振膜及金属框、音圈金属、内部金属1~3模型的平移动画，平移时Y、Z轴参数都为0，X轴的参数分别设置为60、55、48、40、30、20、10，起止时间一致，如图6-84所示。

图6-83

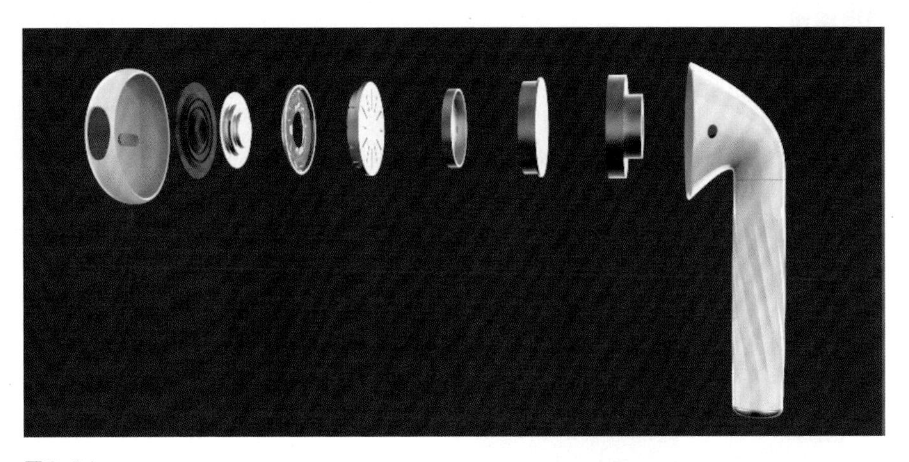

图6-84

(4)相机动画制作

将时间指针置于40s处，调整画面，将耳机置于右下角，如图6-85所示，点击相机菜单添加相机2，时间指针置于43s处，画面呈现效果如图6-86所示，然后分别制作相机2的绕轨、推移、平移、倾斜动画，使画面转至前方，起止为45~47s，设置参数及效果如图6-87和图6-88所示。再用相机浏览爆炸图动画，分别制作相机绕轨、平移、倾斜、推移动画，将耳机置于左下角，其中平移动画的起止时间为50～52s，其他相机动画的起止时间为48～52s，参数设置及效果如图6-89和图6-90所示。

图6-85

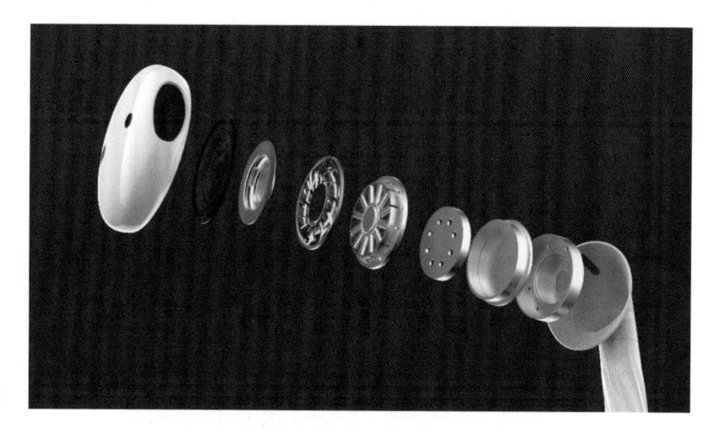

图6-86

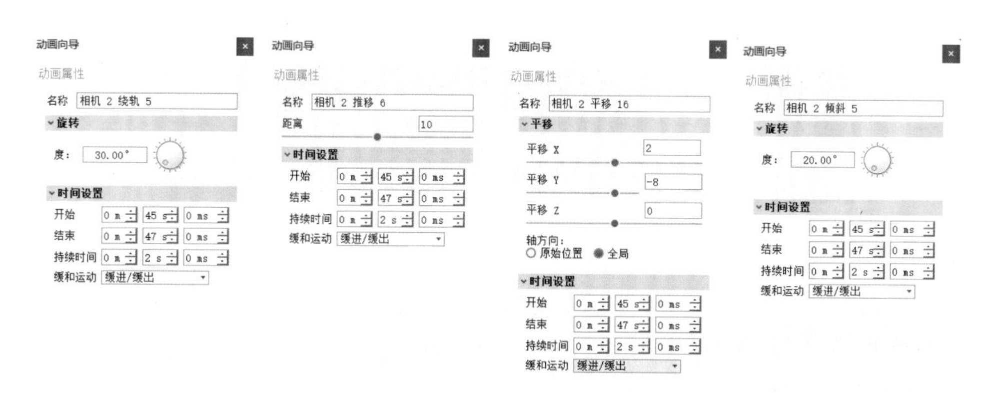

图6-87

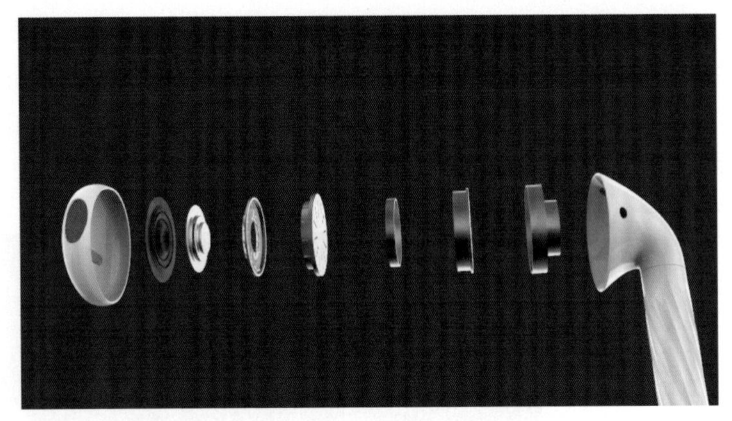

图6-88

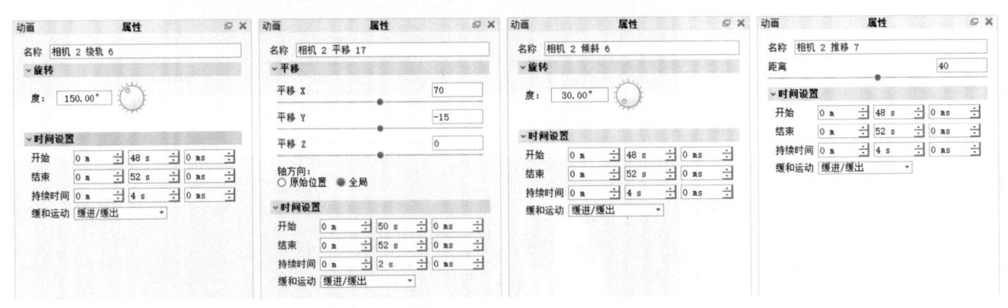

图6-89

图6-90

（5）模型部件组装动画制作

参考模型部件分解动画的制作方法，分别制作前壳模型、喇叭、喇叭金属座、石墨烯振膜及金属框、音圈金属、内部金属1～3模型的平移动画，平移时*Y*、*Z*轴参数都为0，X轴的参数分别设置为-70、-60、-55、-48、-40、-30、-20、-10，起止时间都为52~54s，其效果如图6-91所示。

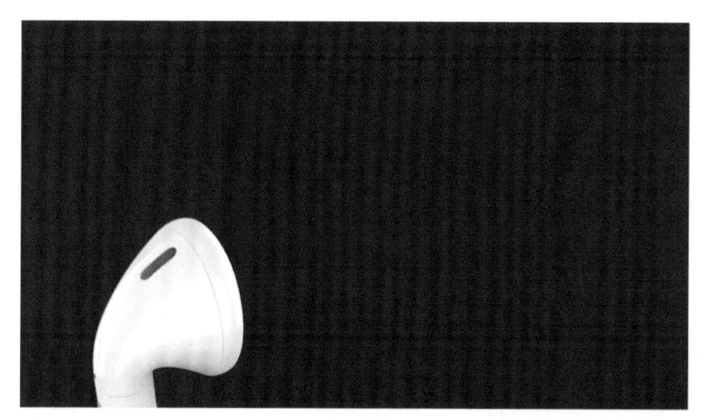

图6-91

6.2.3.4　镜头4收尾动画制作

（1）初始相机画面设置

将镜头3动画文件另存为镜头4动画，时间指针放置25s处，添加新的相机3，并将相机3的25s之后的动画删除。然后打开场景面板，显示所有耳机部件模型（无线充电盒模型暂不显示），设置好初始画面，如图6-92所示。

图6-92

（2）双耳机置于画面正中动画制作

制作相机3的绕轨、平移、倾斜和推移动画，使双耳机正对相机并置于画面中心处，持续时间为2s，参数设置及效果如图6-93和图6-94所示。

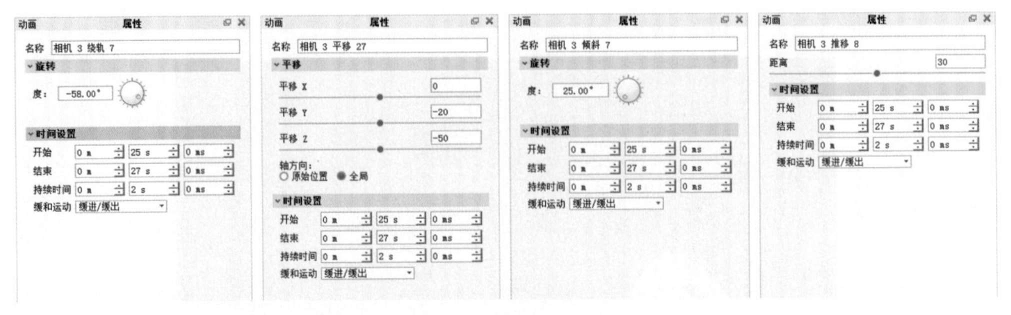

动画 属性
名称 相机 3 绕轨 7
旋转
度： -58.00°
时间设置
开始 0 m 25 s 0 ms
结束 0 m 27 s 0 ms
持续时间 0 m 2 s 0 ms
缓和运动 缓进/缓出
动画 属性
名称 相机 3 平移 27
平移
平移 X 0
平移 Y -20
平移 Z -50
轴方向：
原始位置 全局
时间设置
开始 0 m 25 s 0 ms
结束 0 m 27 s 0 ms
持续时间 0 m 2 s 0 ms
缓和运动 缓进/缓出
动画 属性
名称 相机 3 倾斜 7
旋转
度： 25.00°
时间设置
开始 0 m 25 s 0 ms
结束 0 m 27 s 0 ms
持续时间 0 m 2 s 0 ms
缓和运动 缓进/缓出
动画 属性
名称 相机 3 推移 8
距离 30
时间设置
开始 0 m 25 s 0 ms
结束 0 m 27 s 0 ms
持续时间 0 m 2 s 0 ms
缓和运动 缓进/缓出
图6-93

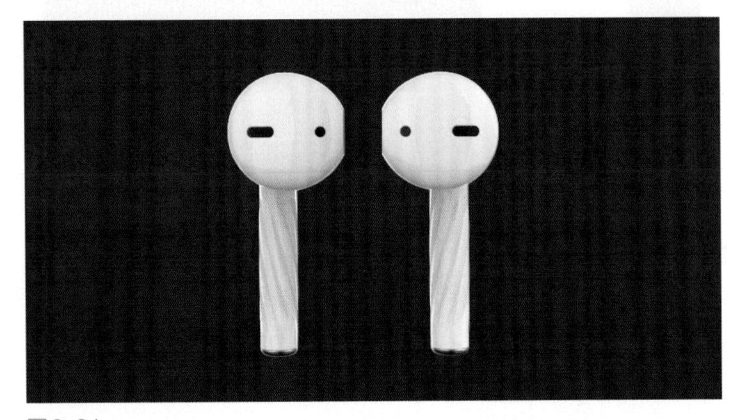

图6-94

无线充电盒动画制作：打开场景面板，显示充电盒主体中的所有模型部件。分别制作整个无线充电盒主体的淡出和平移动画，参数设置及效果如图6-95和图6-96所示。制作充电盒盖子部分模型的翻折动画，拾取充电盒合页为翻转轴，参数设置及效果如图6-97所示。

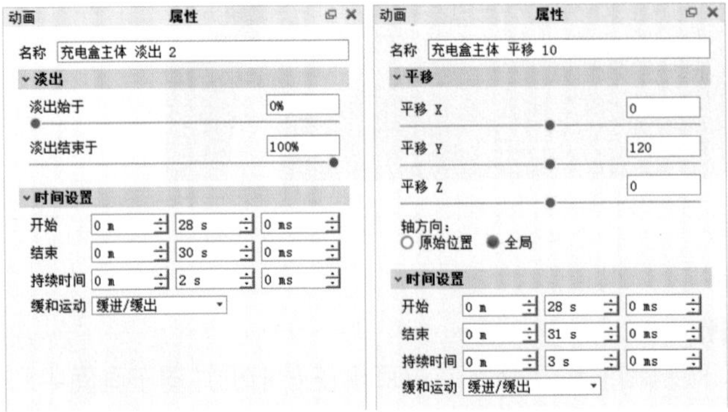

动画 属性
名称 充电盒主体 淡出 2
淡出
淡出始于 0%
淡出结束于 100%
时间设置
开始 0 m 28 s 0 ms
结束 0 m 30 s 0 ms
持续时间 0 m 2 s 0 ms
缓和运动 缓进/缓出
动画 属性
名称 充电盒主体 平移 10
平移
平移 X 0
平移 Y 120
平移 Z 0
轴方向：
原始位置 全局
时间设置
开始 0 m 28 s 0 ms
结束 0 m 31 s 0 ms
持续时间 0 m 3 s 0 ms
缓和运动 缓进/缓出
图6-95

图6-96

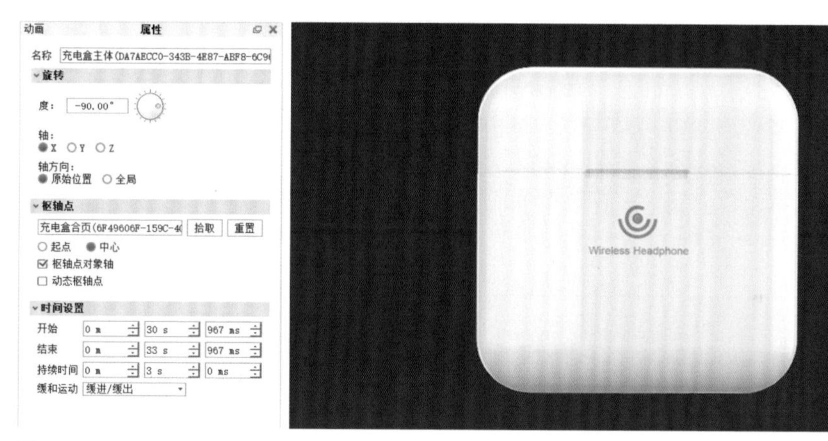

图6-97

6.2.4　渲染输出

根据镜头脚本分开渲染相应的文件。打开镜头1动画KeyShot文件，预览动画并确认无误后，点击渲染，分辨率为1024×576像素，若要减少产品暗面的噪点，可将选项中的采样值调大，设置为128。渲染时间范围选择整个持续事件，视频输出格式为MP4，帧输出选择PNG格式，勾选包含alpha（透明度），渲染参数设置如图6-98所示。

打开镜头2动画KeyShot文件，从482～1082帧为双耳机的浏览动画，1082帧之后隐藏右侧耳机模型，渲染文件时分两次进行。先渲染482～1082帧的动画，渲染参数如图6-99所示；渲染完成后，隐藏右侧耳机的模型及所有部件，渲染参数如图6-100所示。

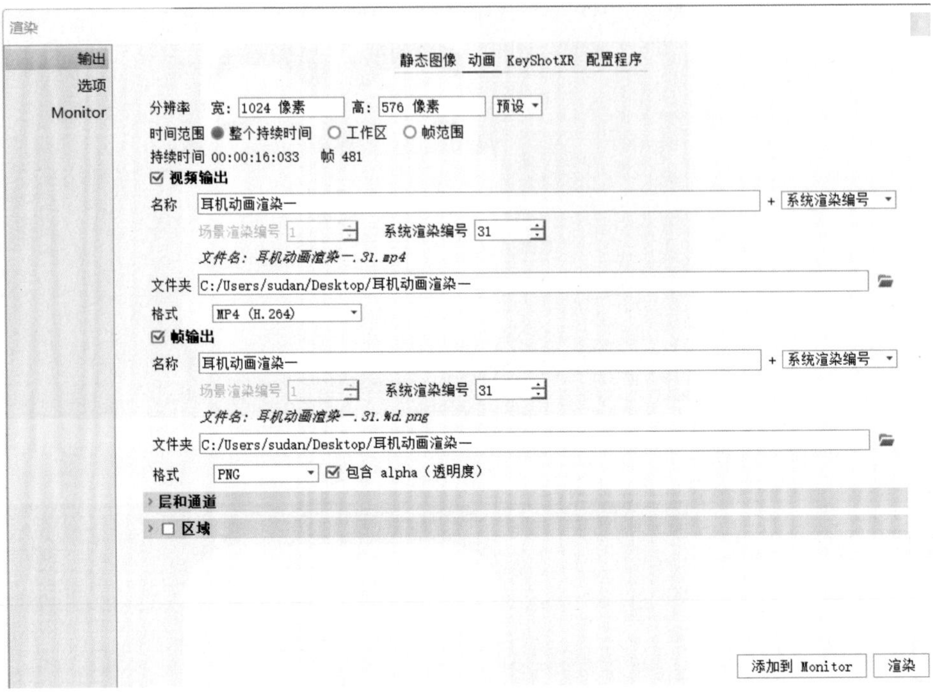

渲染

输出
选项
Monitor

静态图像 动画 KeyShotXR 配置程序

分辨率 宽：1024 像素 高：576 像素 预设

时间范围 ● 整个持续时间 ○ 工作区 ○ 帧范围

持续时间 00:00:16:033 帧 481

☑ 视频输出

名称 耳机动画渲染一 + 系统渲染编号

场景渲染编号 1 系统渲染编号 31

文件名：耳机动画渲染一.31.mp4

文件夹 C:/Users/sudan/Desktop/耳机动画渲染一

格式 MP4（H.264）

☑ 帧输出

名称 耳机动画渲染一 + 系统渲染编号

场景渲染编号 1 系统渲染编号 31

文件名：耳机动画渲染一.31.%d.png

文件夹 C:/Users/sudan/Desktop/耳机动画渲染一

格式 PNG ☑ 包含 alpha（透明度）

› 层和通道

› ☐ 区域

添加到 Monitor 渲染

图6-98

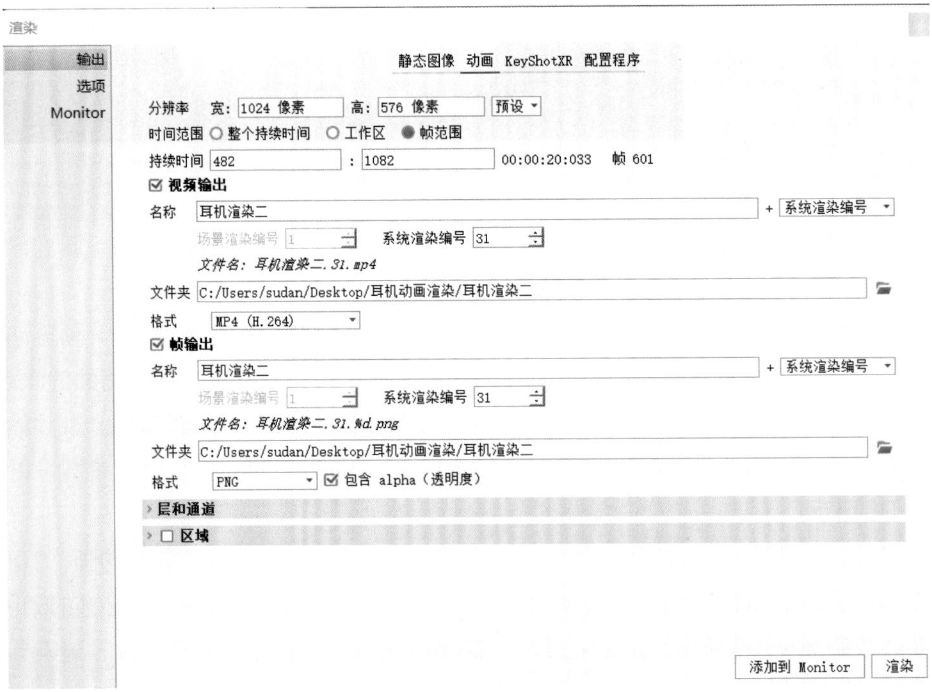

渲染

输出
选项
Monitor

静态图像 动画 KeyShotXR 配置程序

分辨率 宽：1024 像素 高：576 像素 预设

时间范围 ○ 整个持续时间 ○ 工作区 ● 帧范围

持续时间 482 : 1082 00:00:20:033 帧 601

☑ 视频输出

名称 耳机渲染二 + 系统渲染编号

场景渲染编号 1 系统渲染编号 31

文件名：耳机渲染二.31.mp4

文件夹 C:/Users/sudan/Desktop/耳机动画渲染/耳机渲染二

格式 MP4（H.264）

☑ 帧输出

名称 耳机渲染二 + 系统渲染编号

场景渲染编号 1 系统渲染编号 31

文件名：耳机渲染二.31.%d.png

文件夹 C:/Users/sudan/Desktop/耳机动画渲染/耳机渲染二

格式 PNG ☑ 包含 alpha（透明度）

› 层和通道

› ☐ 区域

添加到 Monitor 渲染

图6-99

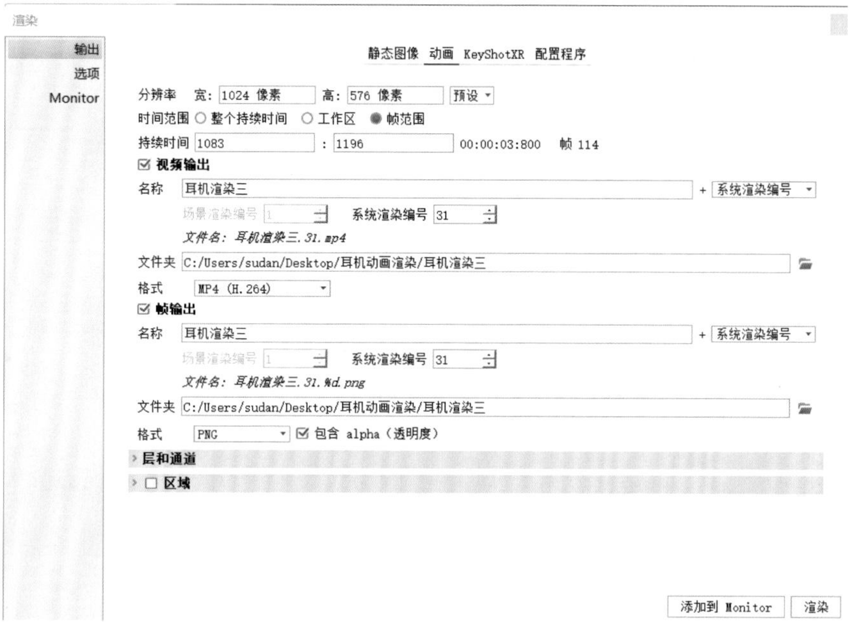

渲染
输出
选项
Monitor
静态图像　动画　KeyShotXR　配置程序
分辨率　宽：1024 像素　高：576 像素　预设
时间范围 ○ 整个持续时间　○ 工作区　● 帧范围
持续时间 1083 ：1196　00:00:03:800　帧 114
☑ 视频输出
名称　耳机渲染三　+ 系统渲染编号
场景渲染编号 1　系统渲染编号 31
文件名：耳机渲染三.31.mp4
文件夹 C:/Users/sudan/Desktop/耳机动画渲染/耳机渲染三
格式　MP4 (H.264)
☑ 帧输出
名称　耳机渲染三　+ 系统渲染编号
场景渲染编号 1　系统渲染编号 31
文件名：耳机渲染三.31.%d.png
文件夹 C:/Users/sudan/Desktop/耳机动画渲染/耳机渲染三
格式　PNG　☑ 包含 alpha（透明度）
› 层和通道
› ☐ 区域
添加到 Monitor　渲染

图6-100

打开镜头3动画KeyShot文件，渲染耳机爆炸图动画，时间选择1201～1621帧的范围，渲染参数如图6-101所示。

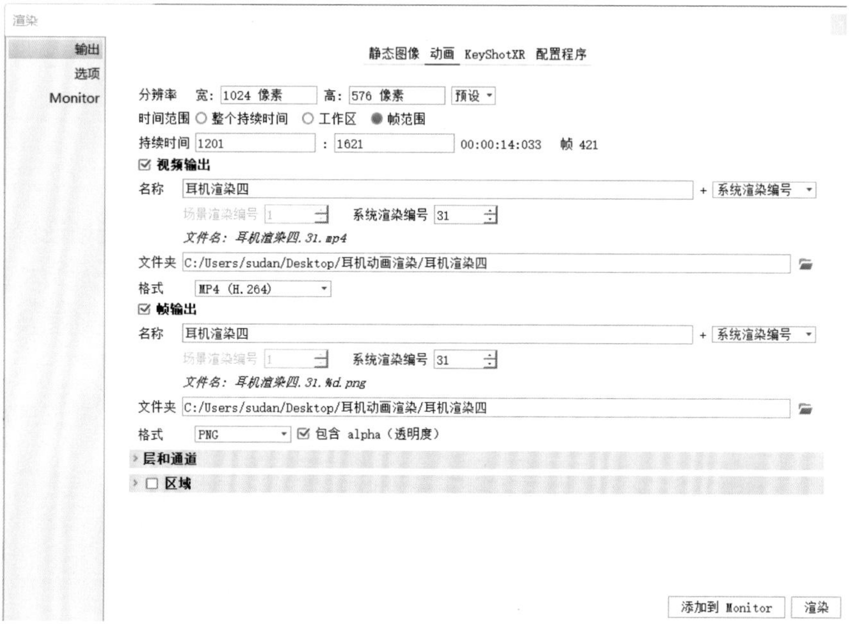

渲染
输出
选项
Monitor
静态图像　动画　KeyShotXR　配置程序
分辨率　宽：1024 像素　高：576 像素　预设
时间范围 ○ 整个持续时间　○ 工作区　● 帧范围
持续时间 1201 ：1621　00:00:14:033　帧 421
☑ 视频输出
名称　耳机渲染四　+ 系统渲染编号
场景渲染编号 1　系统渲染编号 31
文件名：耳机渲染四.31.mp4
文件夹 C:/Users/sudan/Desktop/耳机动画渲染/耳机渲染四
格式　MP4 (H.264)
☑ 帧输出
名称　耳机渲染四　+ 系统渲染编号
场景渲染编号 1　系统渲染编号 31
文件名：耳机渲染四.31.%d.png
文件夹 C:/Users/sudan/Desktop/耳机动画渲染/耳机渲染四
格式　PNG　☑ 包含 alpha（透明度）
› 层和通道
› ☐ 区域
添加到 Monitor　渲染

图6-101

打开镜头4动画KeyShot文件，时间选择751~1020帧的范围，渲染参数如图6-102所示。

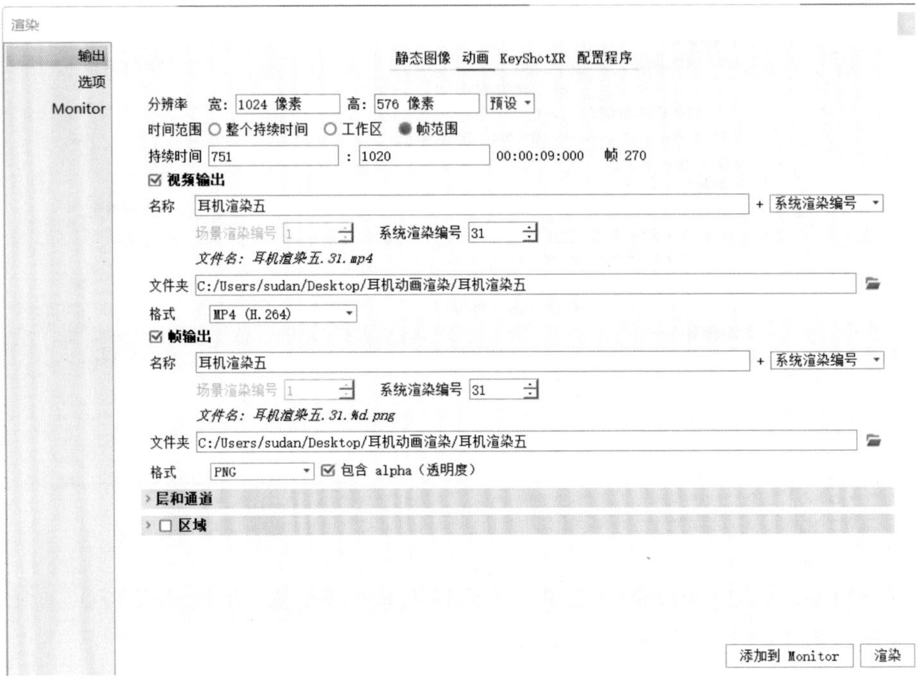

图6-102

6.3 AE后期合成

无线耳机动画展示后期合成，除了基本的合成剪辑、图层、关键帧设置等操作外，还融入了剪切路径动画、模糊转场特效、标签动画等制作。通过无线耳机动画展示后期合成案例的练习应用，掌握利用After Effects软件常用的路径动画及转场等合成剪辑的操作。无线耳机动画展示主要包括以下五个片段。

①片头为无线耳机标题的文字定版动画，其中涉及Logo动画、标题文字特效的制作。

②无线耳机充电盒浏览动画的合成剪辑。

③无线耳机浏览动画的合成剪辑。

④ 无线耳机爆炸图动画的合成剪辑，其中涉及标签动画的制作。

⑤ 无线耳机收尾动画及文字片尾制作。

6.3.1 文字定版动画制作

6.3.1.1 创建项目及合成

启动软件新建项目，按Ctrl+N键新建合成，图像像素1027×576，像素长宽比为方形像素，帧速率25帧/s，持续时间2min，背景颜色为黑色，保存文件，命名为“无线耳机展示动画”。

6.3.1.2 背景逐渐显示动画制作

在项目空白处双击鼠标左键，导入“线条.psd”素材，导入种类选择合成-保持图层大小，图层选项为可编辑的图层样式，如图6-103所示。将线条合成拖入时间线面板图层中，并双击打开线条合成，点击图层1，选择工具栏中的矩形工具，为图层1创建一个矩形蒙版，如图6-104所示。蒙版羽化设置为150，制作蒙版路径动画，使蒙版从上到下移动，逐渐显示背景图案。首先将蒙版移动至画面外部的上方，在0s处为蒙版路径添加关键帧，然后在2s处，移动蒙版至完全显示背景图案，参数设置如图6-105所示。用同样的方法为图层2制作蒙版路径动画，使背景图案在0～2s内从下往上逐渐显示。

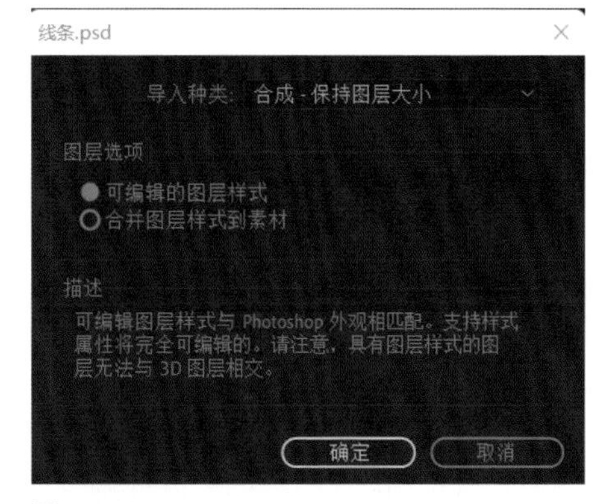

图6-103

图6-104

图6-105

6.3.1.3 文字特效动画制作

点击合成1，选择工具栏中的椭圆工具，填充颜色为蓝色，绘制细长形状的椭圆图形，利用对齐工具使其居中于画面（图6-106）。形状图层重命名为“蓝色光线”，在效果预设面板中搜索定向模糊，并将其赋予蓝色光线，模糊方向为90°，模糊长度为200像素。然后为蓝色光线制作缩放显示的关键帧动画。时间指针置于2s处，选择图层后按S键，缩放参数为0，并添加关键帧，时间指针置于4s处，缩放参数设置为140%，再将时间指针置于5s处，缩放参数设置为100%。选择三个关键帧，按下F9键（也可用鼠标右键选择关键帧辅助-缓动），点击图表编辑器，用鼠标右键显示编辑速度图表，调节第一个和第三个关键帧的曲线棒，如图6-107所示，使蓝色光线的缩放显示速度先慢到快，再到慢的形式。

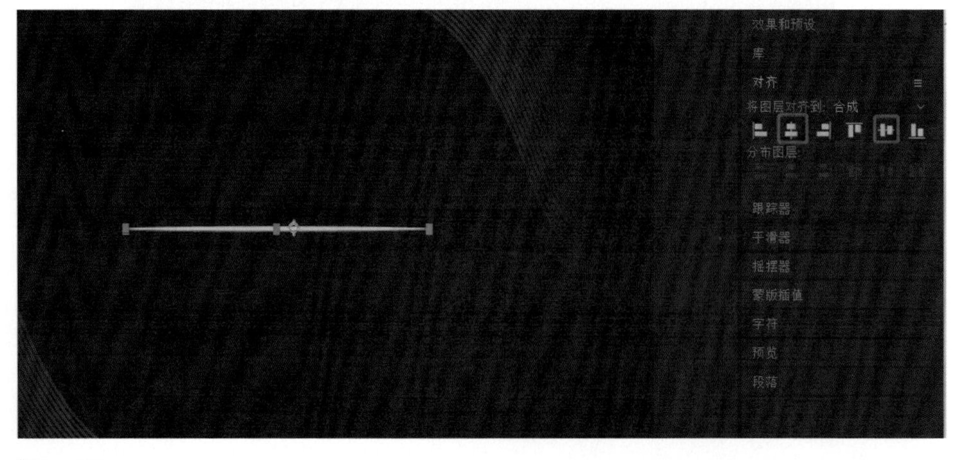

图6-106

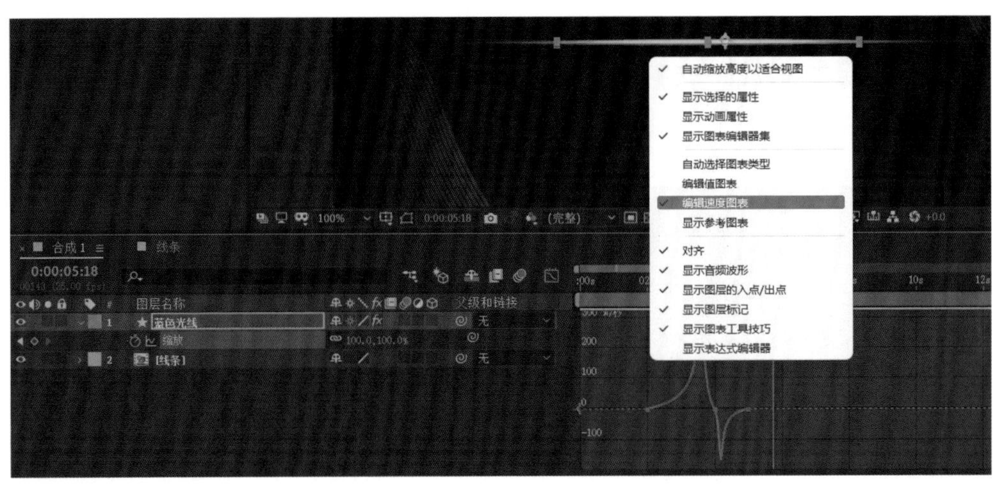

图6-107

点击工具栏中的文字工具，创建“无线耳机展示动画”文字图层，并调整字符为50像素，字体为华光小标宋（也可选择其他字体），调整位置于蓝色光线上方的中部。选择矩形工具，绘制矩形时，框盖住文字，长度接近蓝色光线的长度。展开时间线面板左下角中的转换控制面板，点击“无线耳机展示动画”文字图层中的轨道遮罩，选择Alpha遮罩“形状图层1”（图6-108）。选择“无线耳机展示动画”文字图层，按P键，打开位置参数，制作文字的位移动画。时间指针置于5s处，将文字移至形状图层1遮罩右侧外部，添加关键帧，然后将时间指针置于6s5帧处，将文字移至左侧，位置大概为第一个字临近遮罩内部的左侧边，再将时间指针置于7s5帧处，将其置于中间位置。选择三个关键帧，按下F9键，打开编辑速度图表，调节第二个关键帧的曲线棒，使文字位移的速度呈现两头快、中间慢的形式，最后在文字图层中点击运动模糊，如图6-109所示，标题文字从遮罩中出现和位移的动画制作完

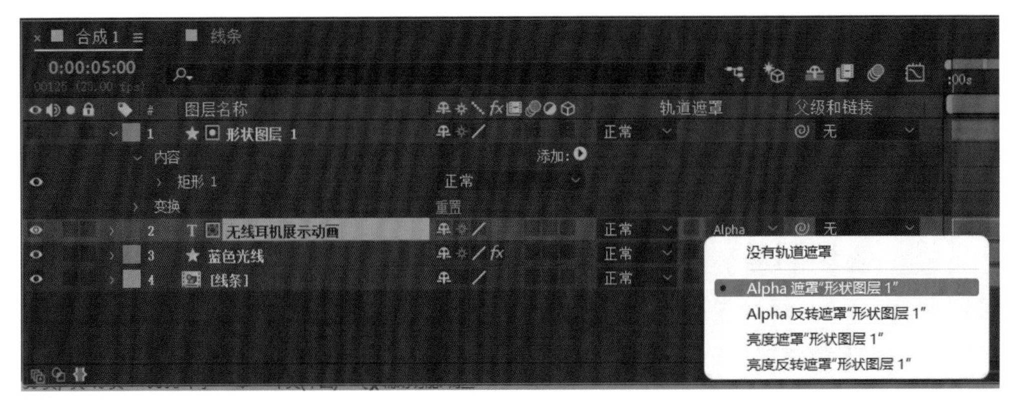

图6-108

成。采用同样的方法制作“Wireless Headphone”文字图层的位移动画，位移的方向从右侧至中部位置，文字置于蓝色光线的下方左侧，字符设置及最终画面效果如图6-110所示。

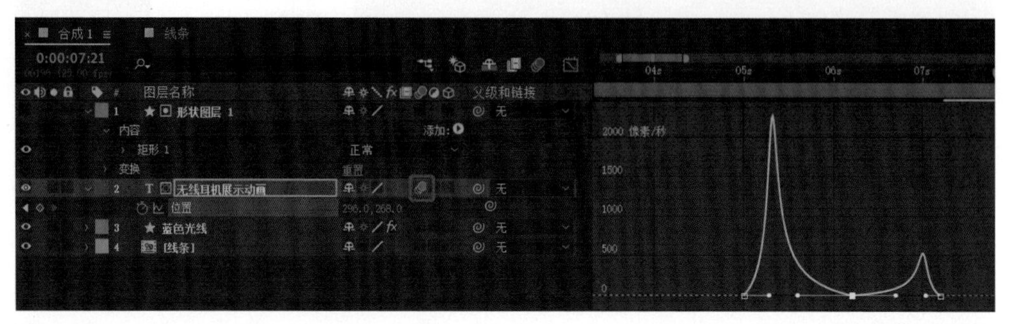

图6-109

图6-110

6.3.1.4　标题文字消失过渡动画制作

选择无线耳机展示动画、Wireless Headphone、形状图层1和2、蓝色光线图层，按Ctrl+Shift+C预合成组合键，并命名为“文字标题”。在效果预设面板中搜索“CC radial scalewipe”径向擦除效果，并将其赋予文字标题图层。制作文字消失的过渡关键帧动画，勾选Reverse Transition反向，时间指针置于7s20帧处，为Completion添加关键帧，参数为0，再将时间指针置于10s处，Completion参数设置为100，选中两个关键帧，调节速度，使径向擦除速度呈现开始快、结尾时慢的效果，完成文字标题消失过渡动画，如图6-111所示。

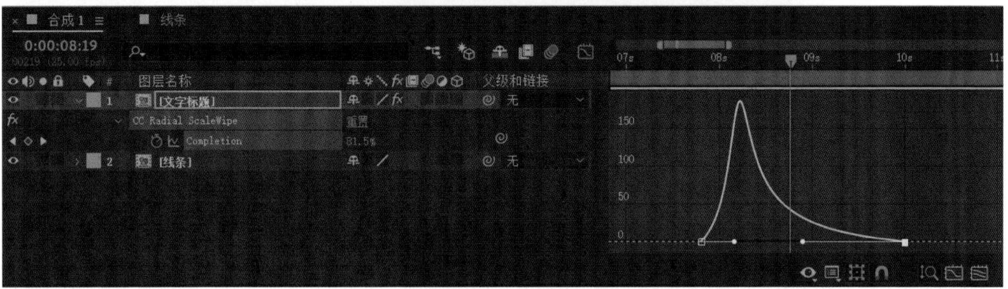

图6-111

6.3.2　Logo 动画制作

6.3.2.1　圆形缩放动画制作

选择工具栏中的椭圆工具，按住shift键在画面中央绘制正圆图形，大小为80像素，图名命名为“圆形”，利用对齐工具使其居中于画面。点击图层，按下S键，打开缩放参数，时间指针分别置于10s、11s、11s 10帧处，添加缩放关键帧，参数分别为0%、130%、100%，选择三个关键帧，按下F9键开启缓动关键帧辅助。

6.3.2.2　圆形线条剪切路径动画制作

用椭圆工具绘制正圆，不填充颜色，描边为蓝色，像素为8，圆形大小为140像素，图层命名为“蓝色圆线”，利用对齐工具使其居中于画面。打开图层，在内容后的“添加”处点击修剪路径（图6-112），时间指针置于11s 10帧处，修剪路径开始参数设置为0%，并添加关键帧，时间指针置于12s处，修剪路径开始参数设置为100%，完成圆形线条沿路径绘制的动画。然后制作蓝色圆线缩放跳动的动画，分别在12s、12s 10帧、12s 15帧处，添加椭圆大小的关键帧参数分别为140像素、110像素、140像素，选择三个关键帧，按下F9键，添加缓动辅助关键帧。

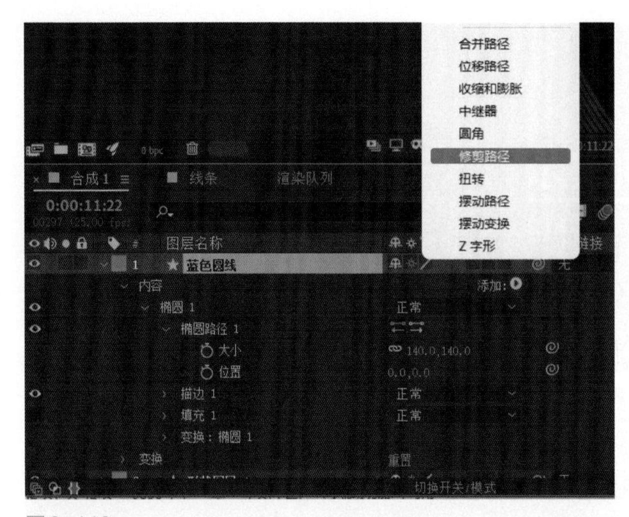

图6-112

图6-113

再绘制两个浅灰色圆形线条，灰色GRB都为160，椭圆路径大小分别为190像素、240像素，分别命名为“灰色圆线小”和“灰色圆线大”，利用对齐工具使其居中于画面，点击工具栏中的锚点工具 ，按下Ctrl键，移动锚点使其居中于图形。点击R键，分别旋转两个灰色圆线的角度为25°、-85°。制作“灰色圆线小”修剪路径的开始参数动画，分别在12s 10帧、13s处，分别设置开始的参数为100%和20%，添加关键帧，圆形线段的端点选择圆头端点（图6-113）。采用同样的方法和关键帧时间点制作“灰色圆线大”的修剪路径动画，开始选项的关键帧参数分别为100%、50%。最终效果如图6-114所示。选中这四个关键帧后按下F9键添加缓动关键帧辅助。

图6-114

选中与Logo相关的圆形、蓝色圆线、灰色圆线小和灰色圆线大四个图层，按Ctrl+Shift+C预合成组合键，命名为“Logo”合成图层，按下S键打开缩放参数，在13s20帧、15s10帧数，添加缩放关键帧，参数分别为100%、0%，制作Logo缩放消失的效果。

6.3.3　充电盒及无线耳机浏览动画剪辑

用鼠标左键双击项目素材库空白处，分别导入“耳机动画渲染一”序列以及“耳机动画渲染一.1”图像，将“耳机动画渲染一.1”图像拖入时间线图层面板，时间指针置于16s处，按下Alt+［键，将16s前半部分删除。选中“耳机动画渲染一.1”图层，绘制正圆形蒙版，蒙版完全显示出无线充电盒，时间指针置于6s处，将蒙版路径缩小至无线充电盒中蓝色光点大小，添加关键帧，再将时间指针置于20s处，将蒙版路径放大至完全显示无线充电盒，添加关键帧，完成无线充电盒画面逐渐显示的效果动画。

将“耳机动画渲染一”序列素材拖入“耳机动画渲染一.1”图层之上，时间指针置于22s12帧处，按下shift键，将“耳机动画渲染一”序列图层快速置于22s12帧之后，并在22s12帧处拆分“耳机动画渲染一.1”图层，删除后半部分。然后分别导入“耳机动画渲染二和三”序列素材，并将其按时间顺序向后排列，完成充电盒和无线耳机浏览动画的入场及动画合成，如图6-115所示。

图6-115

6.3.4　无线耳机爆炸图动画剪辑

6.3.4.1　转场动画制作

制作耳机浏览动画与爆炸图动画中间的转场动画，首先导入“耳机动画渲染三”的最后一帧png格式的图像，即“耳机动画渲染三.716.png”，将其拖入时间线面板的图层中，时间指针置于1min2s10帧处，按下Alt+［键，将前半部分删除，再按下Ctrl+Shift+C预合成组合键，命名为“转场”。用鼠标左键双击转场图层，打开转场合

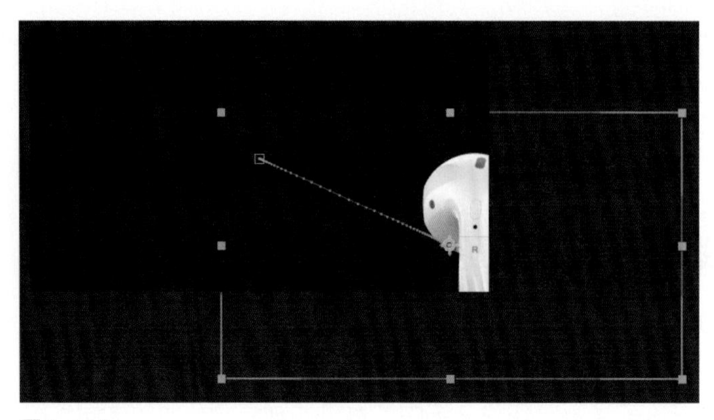

图6-116

成，时间指针置于1min5s处，点击P键打开位置参数，添加关键帧，然后时间指针置于1min7s 20帧处，将耳机移至画面的右下角，如图6-116所示。

在图层空白位置点击右键，新建调整图层，在效果预设面板中搜索径向模糊，并赋予调整图层，时间指针置于1min5s处，为径向模糊的数量参数添加关键帧，并设置参数为0，再将时间指针置于1min7s20帧处，设置数量参数为100，自动添加关键帧。同时选中“耳机动画渲染三.716”和调整图层，按下U键，打开所有四个关键帧，按下F9键，添加缓动关键帧辅助，然后调整速度，如图6-117所示。再在1min7s 20帧至1min9s 10帧之间，制作“耳机动画渲染三.716图层”的不透明度从100%到0%的动画，使该图层逐渐消失。导入“耳机动画渲染四”序列中的第一张图片，并拖入转场合成中，参考以上方法，制作该图片不透明度逐渐显示，以及径向模糊到图像清晰的动画，起止时间为1min7s 20帧至1min9s 10帧。完成耳机浏览动画与爆炸图动画间的转场动画制作。

6.3.4.2 爆炸图动画合成剪辑

回到合成1，将时间指针置于1min10s10帧处，选择转场图层，按下Alt+] 键，将后半部分删除，然后导入“耳机动画渲染四”序列素材，并将其拖入图层面板，并将其置于1min10s10帧处开始播放。

6.3.4.3 标签动画制作

在爆炸图动画展开后，制作标签动画，说明其中的石墨烯振膜和音圈部件。将时间指针置于1min17s12帧处，按下Ctrl+Shift+D键拆分“耳机动画渲染四”图层，然后导入“耳机动画四.228”图片，并拖入图层，将图层条的开端与拆分掉的“耳机动画渲染四”图层前半部分衔接。点击工具栏中的椭圆工具，按下Shift键，绘制蓝色正圆，大小为25像素，将图形锚点置于图形中心处，然后在1min18s13帧至1min19s之间制作蓝色正圆的缩放参数0%～100%的动画。再利用椭圆工具绘制蓝色圆线图形，大小为40像素，将图形锚点置于图形中心处，选中蓝色正圆图层和圆线图层，利用对齐工具，将其中心对齐，然后制作圆线图层的修剪路径动画，起止时间为1min19s

至1min19s10帧，开始参数为100% ~0%。再利用钢笔工具，绘制白色折线，并制作该图层的修剪路径动画，开始参数为0，参数的关键帧动画制作结束，起止时间为1min19s10帧至1min20s，结束参数为0% ~100%。最终效果画面如图6-118所示。

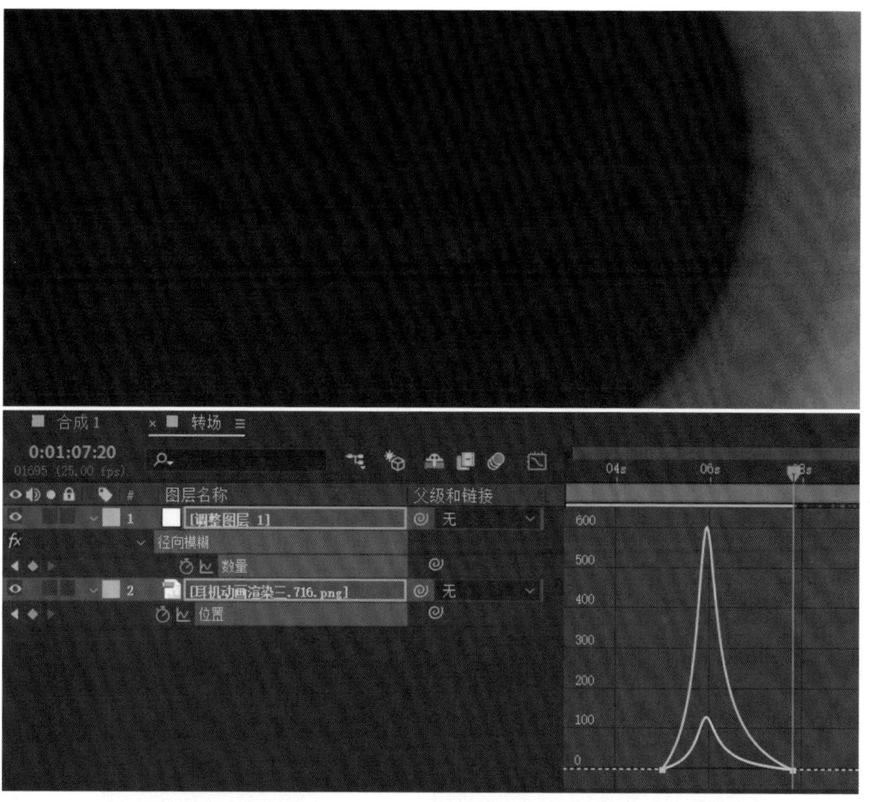

图6-117

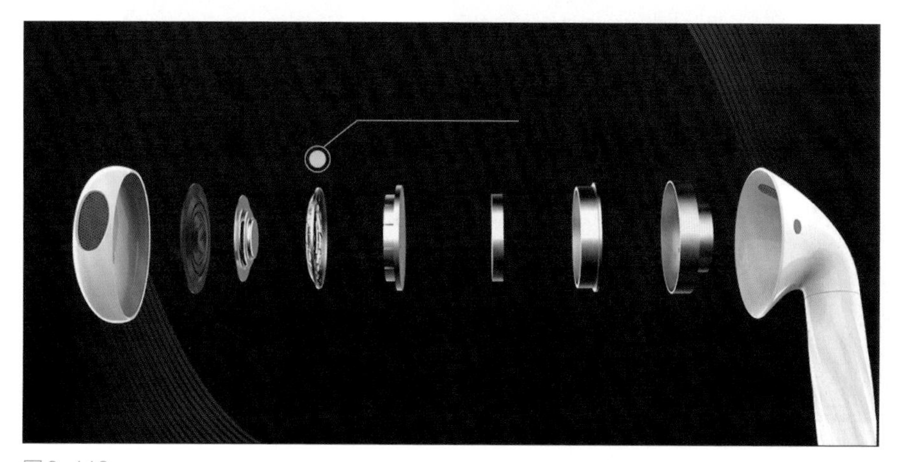
图6-118

然后利用矩形工具，在折线上方绘制蓝色矩形图形，矩形路径大小为190像素和26像素。时间指针置于1min20s处，为矩形路径大小参数添加关键帧，关闭约束比例，将大小参数改为190像素和0像素；再将时间指针置于1min20s14帧处，大小参数设置为190像素和26像素；最后将时间指针置于1min21s10帧处，大小参数设置为20像素和26像素，自动添加关键帧。然后制作矩形形状图层的位置向右移动的动画，按下P键，起止时间为1min20s14帧至1min21s10帧，将矩形移至折线的左边，然后选中矩形形状图层中的所有关键帧，按下F9键开启缓动关键帧辅助，效果如图6-119所示。利用文字工具创建“石墨烯振膜”文字图层，字符参数如图6-120所示，再利用矩形工具绘制矩形，创建形状图层，矩形大小遮住文字，然后打开时间线面板左下角的转换控制面板，将文字同层的轨道遮罩选择Alpha遮罩“形状图层5”，然后制作文字图层从右到左的位置位移动画，起止时间为1min21s至1min22s，选中位置的两个关键帧，按下F9键开启缓动，并调整速度，呈现开始快、结尾慢的效果，打开图层中的运动模糊选项，如图6-121所示。回到合成1，参考以上方法，制作“标签-石墨烯振膜”合成图层的遮罩位移消失动画，起止时间为1min24s至1min24s10帧，参数设置及效果如图6-122和图6-123所示，完成石墨烯振膜标签动画的制作。

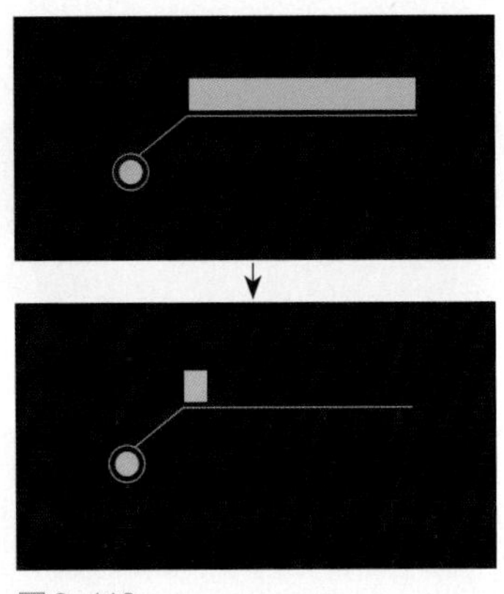

图6-119

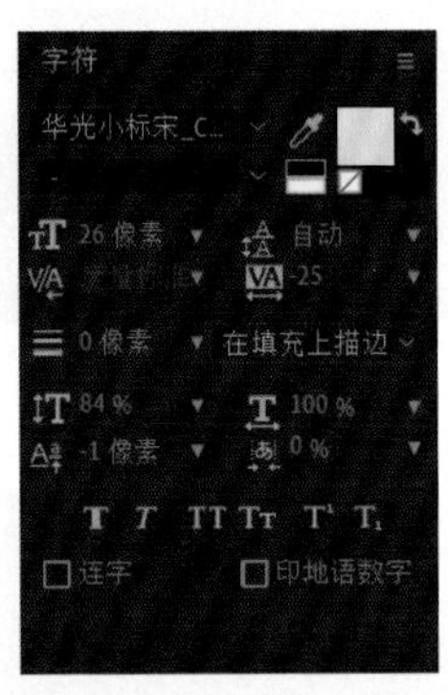

图6-120

图6-121

图6-122

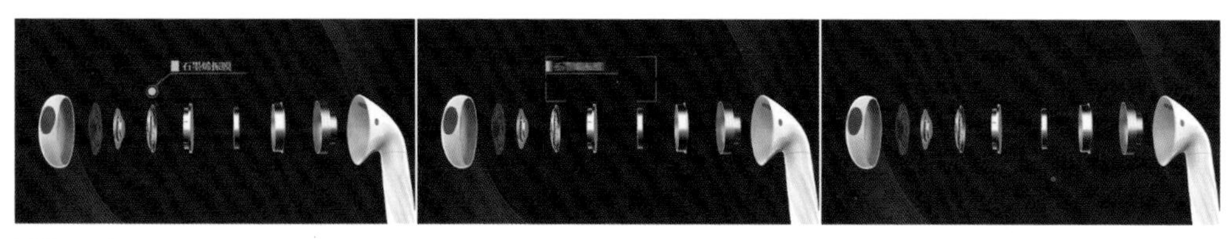

图6-123

在素材面板中选择标签-石墨烯振膜，按下Ctrl+D键，复制一个标签合成，并更名为标签-纯铜音圈，将其拖入图层面板，然后将其开始播放时间点置于1min24s12帧处，并将其位置移至音圈上方，如图6-124所示。制作“标签-纯铜音圈”合成图层的遮罩位移消失动画，起止时间为1min28s20帧至1min29s10帧，完成纯铜音圈标签动画的制作。

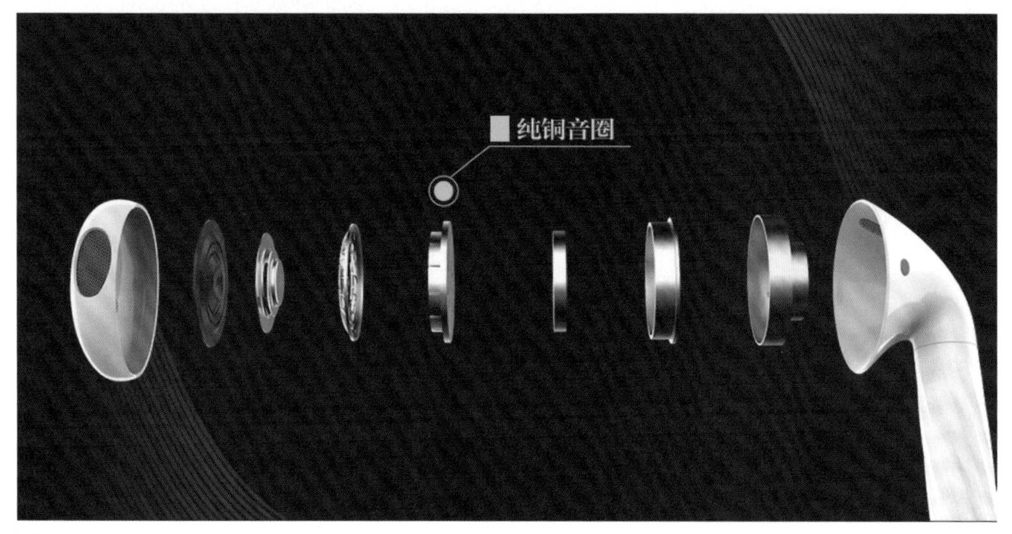

图6-124

然后将时间指针置于1min30s17帧处，拆分“耳机动画渲染.228”图层并删除后半部分，移动“耳机动画渲染.［1-421］”后半段与之衔接。完成爆炸图动画展示的完整剪辑与合成制作。

6.3.5 片尾动画制作及渲染输出

6.3.5.1 爆炸图动画与收尾动画间的转场制作

导入“耳机动画渲染四.421.png”图片，并拖入图层面板，在1min37s15帧处，拆分图层并删除前半部分，为该图层添加“定向模糊效果”，方向设置为90°，制作模糊长度的关键帧动画，起止时间为1min37s15帧至1min40s10帧，模糊长度参数为0～300，然后制作该图层位置和不透明度的关键帧动画，起止时间同上，位置移出画面，不透明度从100%～0%。点击图层按下U键，显示并选中所有关键帧，按下F9键开启缓动，然后调整速度呈现开始快、结尾慢的效果，如图6-125所示。

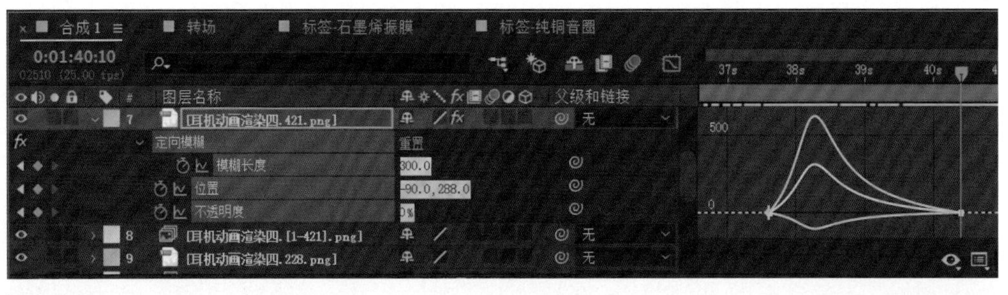

图6-125

再导入“耳机动画渲染五.1.png”图片，参考以上制作方法，反方向制作该图像的定向模糊长度从100～0、从画面右侧移至左侧以及不透明度从0%～100%的关键帧动画，起止时间为1min37s15帧至1min39s20帧。其中位置动画关键帧的操作，先添加后面时间1min39s20帧处的关键帧，然后添加前面时间的位置关键帧，将其移至画面左侧，这样能够保证转场后图像与“耳机动画渲染五”的收尾动画无缝衔接。选中图层按下U键，显示并选中该图层的所有关键帧，按下F9键开启缓动，然后调整速度呈现两边慢、中间快的效果，如图6-126所示。将时间指针置于1min41s20帧处，拆分“耳机动画渲染五.1”图层，删除后半部分，并导入“耳机动画渲染五”序列素材，拖入图层，并与前边转场动画衔接，完成爆炸图动画与收尾动画间的转场制作，效果如图6-127所示。

图6-126

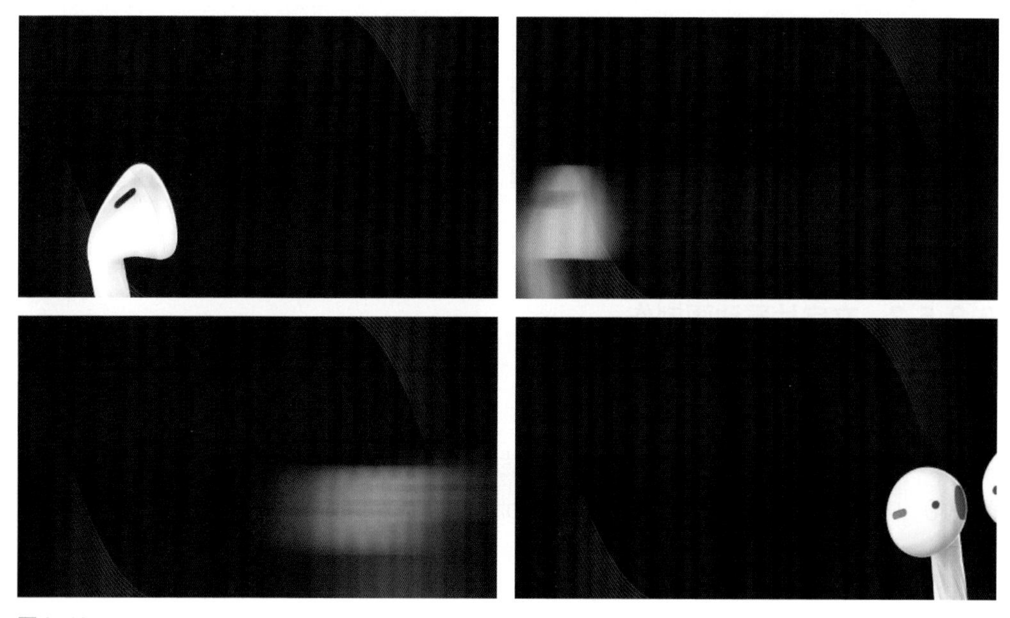

图6-127

6.3.5.2　耳机展示收尾动画画面的消失动画制作

导入“耳机动画渲染五.274.png”图片，拖入图层，并在1min50s22帧处拆分删除前半部分图层。为该图层添加“定向模糊”效果，方向参数为90°，制作模糊长度参数的关键帧动画，起止时间为1min52s至1min53s，模糊长度参数为0～300。再制作“耳机动画渲染五.274”图层的缩放关键帧动画，起止时间为1min52s10帧至1min53s，关闭缩放的约束比例，缩放的两个关键帧参数依次设置为100、100%和100、6%。然后做“耳机动画渲染五.274”图层的不透明度关键帧动画，起止时间为1min53s至1min53s10帧，不透明度参数为100%～0%，完成收尾动画最后画面的消失动画。效果如图6-128所示。

图6-128

6.3.5.3 文字片尾动画制作

利用文字工具创建文字图层，输入“Wireless Headphone”，字符参数如图6-129所示，利用对齐工具使其居中于画面。制作文字由模糊到清晰，同时不透明度参数变化逐渐显示的效果，起止时间为1min53s至1min53s20帧，不透明度参数为0%～100%，为“Wireless Headphone”文字图层添加定向模糊效果，方向设置为90°，制作模糊长度关键帧动画，参数为300～0。

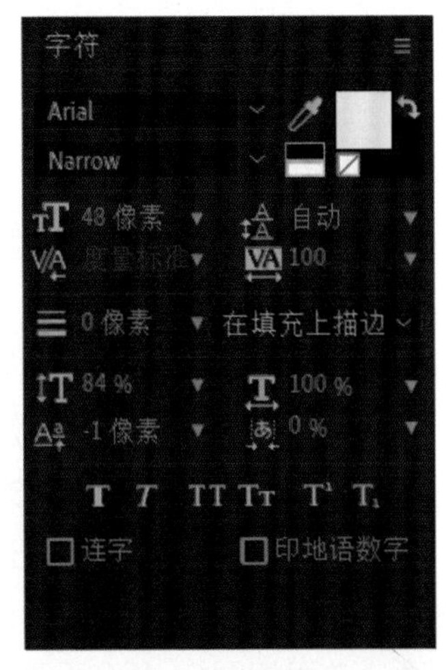

图6-129

创建文字图层，输入“DESIGNER”，字符大小为40像素，时间指针置于1min54s15帧处，按下Alt+［键删除前半部分。打开文字图层下的文本选项，并添加文字动画的不透明度选项，将不透明设置为0%，为范围选择器中的起始选项添加关键帧（起始为0%），再将时间指针置于1min55s10帧处，设置起始参数为100%，完成逐字显示的动画。

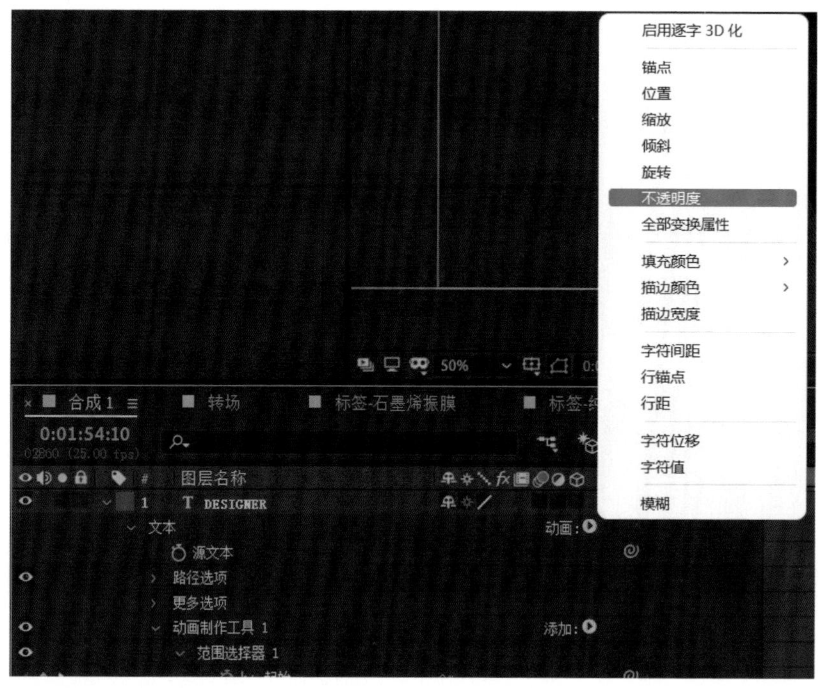

图6-130

最后导入“背景音乐.mp3”素材，并拖入图层面板中，完成背景音乐的添加。

6.3.5.4　渲染输出

制作完成整个视频动画，预览无误后，渲染输出视频格式文件。按Ctrl+M键，将合成1添加到渲染列队。渲染设置保持默认，输出模块中将格式选择“Quick-time”，如需渲染清晰画面则选择AVI格式。输出到设置文件保存的位置和命名。最后点击渲染按钮，听到提示音后渲染完成。在保存的文件位置打开视频文件即可观看完整动画。

Chapter

第7章

场景类动画——塔式起重机司机室动画设计与制作

第7章教学视频

7.1 犀牛建模

塔式起重机是主要用于房屋建筑或需高空施工物理输送的工业装备类产品，其中塔式起重机（以下简称塔机）司机室是塔机操纵的关键部件，也是塔机外观形象体现的重要部件。外观主要包含钢板外壳、门板及以保证司机视野开阔的落地式视窗。内部含驾驶座椅、操作控件、信息显示屏、电器装备等工作及生活功能设施。塔式司机室的外观模型特点以几何形态为主，涂装简洁且具有较强的符号特征，前窗及侧窗大面积为玻璃材质。内室模型的特点是功能设施较多，除座椅坐垫外，大部分功能部件以几何形体为主。因此塔机司机室的模型以实体建模方法为主，造型及建模方法比较简单，文中不再说明具体建模过程。需要注意的是建模过程中及建模完成后，根据材质、部件及色彩的属性做好分层管理，为后续渲染步骤中的材质赋予、动画操作做好准备，模型完成后另存为Rhino6 3D模型文件。塔机整体及司机室如图7-1和图7-2所示，塔机模型部件的分层如图7-3所示。

图7-1

云
上
重
工

图7-2

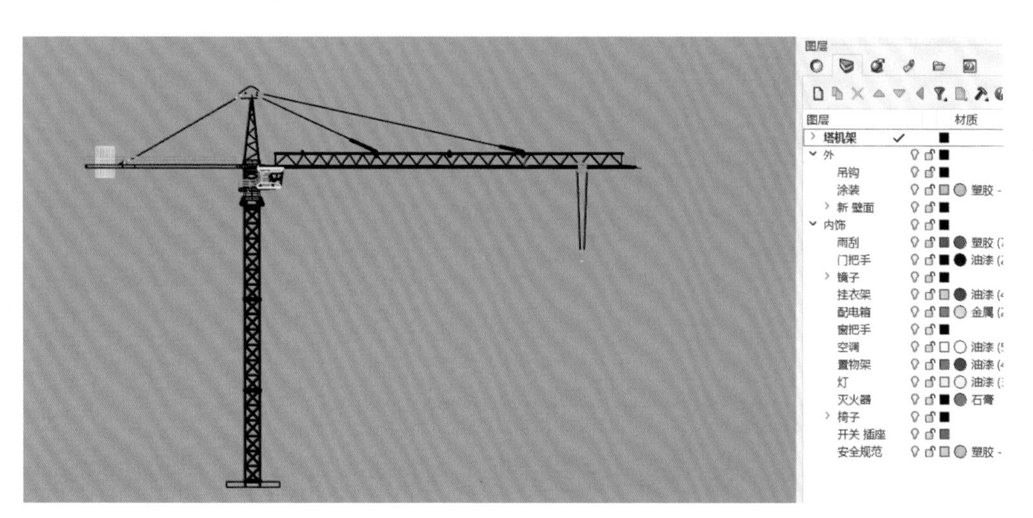
图层
图层
材质
塔机架
外
吊钩
涂装
塑胶
新 壁面
内饰
雨刮
塑胶
门把手
油漆
镜子
挂衣架
油漆
配电箱
金属
窗把手
空调
油漆
置物架
油漆
灯
油漆
灭火器
石膏
椅子
开关 插座
安全规范
塑胶

图7-3

7.2 KeyShot 渲染及动画设置

导入模型：启动KeyShot 10.0软件，点击文件－导入命令，选择“塔机”犀牛模型，位置选择几何中心、贴合地面，向上为Z轴，其他保持默认参数，导入Rhino文件的塔机模型，如图7-4所示。首要一定要进行图像设置，以保证动画预览的构图与最终动画渲染的画面一致。点击菜单图像－分辨率预设－风景，选择16：9的图像分辨率，如图7-5所示。

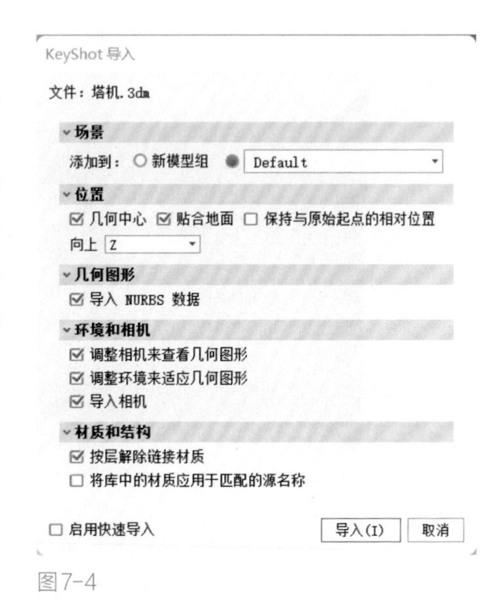

图7-4

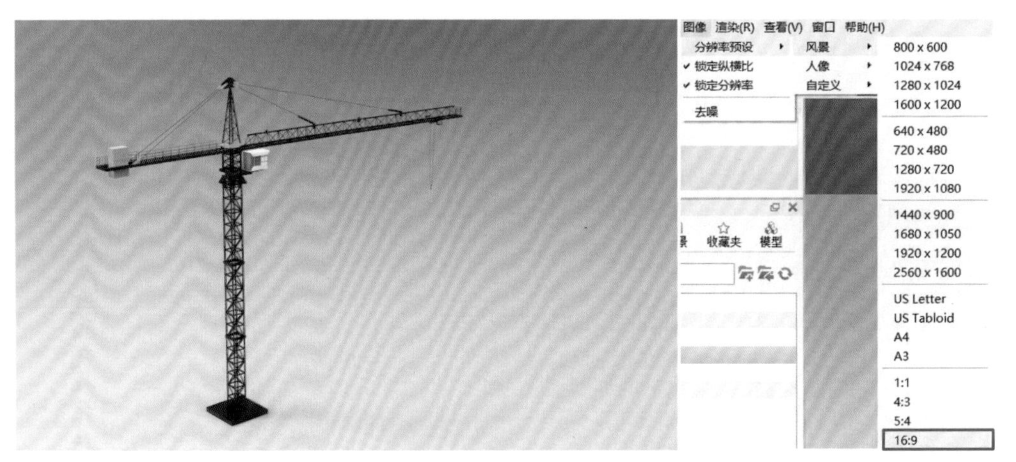

图7-5

7.2.1 环境设置

制作产品场景的动画一般有两种方法：一种是将场景完整地或者示意性地模拟出来，这种方法是模拟较为真实场景的常用方法，该方法操作复杂、细节繁多，渲染及动画制作需要较高的计算机性能；另一种是利用HDRI环境贴图模拟环境背景，这种方法简单且对计算机性能的要求不高，是快速制作场景动画的常用方法。塔机司机室的场景动画以第二种环境贴图的方法为例，具体介绍该方法的操作步骤。

塔机司机室场景动画涉及两个场景的切换，一个是含云层的场景，另一个是城市的场景。首先设置云层场景环境，完成云层场景动画操作后，再切换城市场景。打开左侧环境库面板，选择Outdoor中的任意一个环境贴图，点击鼠标不放，拖入视图环境中的任意位置，即切换环境贴图。打开右侧环境编辑面板中的HDRI编辑器，更换图像，选择“云层.hdr”环境贴图。再点击设置面板，将亮度参数调为1.2，转换大小为300000mm，旋转角度为352°，背景为照明环境，地面勾选地面阴影，环境参数设置如图7-6和图7-7所示。

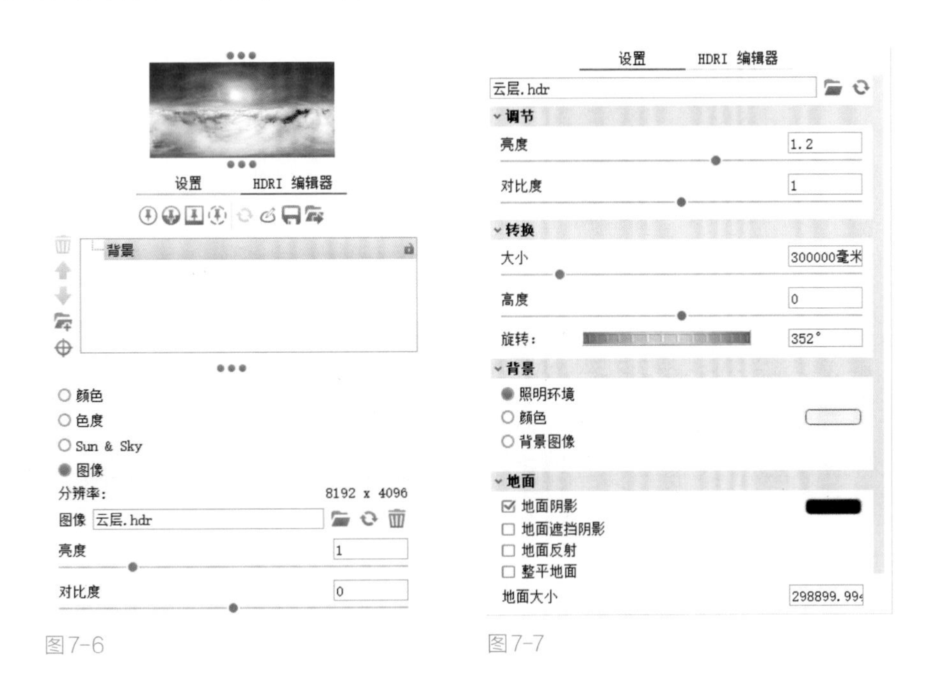

图7-6　　图7-7

7.2.2　材质及贴图设置

7.2.2.1　塔机架的材质赋予及设置

点击左侧材质库面板，选择Plastic库中的Hard Rough Plastic Black材质，按下鼠标左键，拖拽至预览视图中的塔机架主体模型中的任意位置，将黑色亚光类型的材质赋予塔机架主体部分，选中红色部分模型，点击鼠标右键解除链接材质，选择Hard Shiny Plastic Red材质，并更改漫反射颜色RGB参数为：242、75和12，如图7-8所示。点击左侧材质库面板，选择Matel库中的Chrome Polished材质，赋予塔机架的栏杆不锈钢金属部分，效果如图7-9所示。

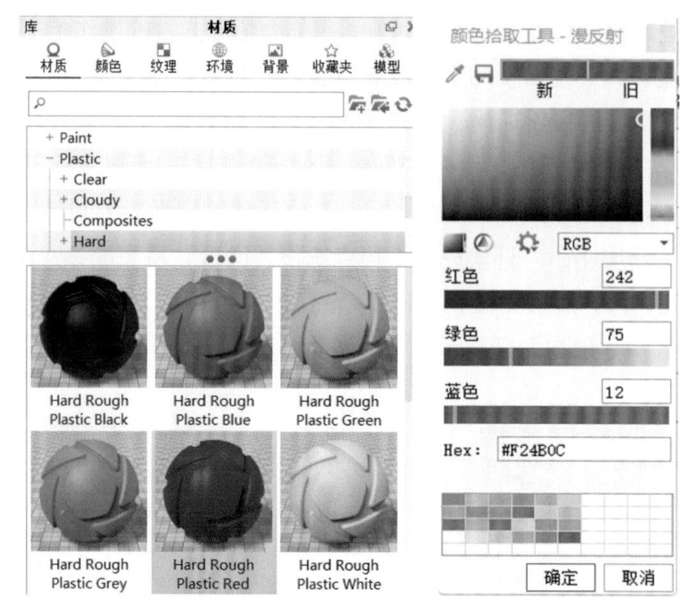

图7-8

图7-9

7.2.2.2 司机室外观材质赋予及贴图设置

为避免误操作，可将赋予好材质的塔机架和未赋材质的司机室内饰部分的场景模型进行隐藏。

为视窗设置玻璃材质，选择Glass材质库中的Glass Basic White材质，赋予司机室的前窗及侧窗的玻璃部分；选择Plastic材质库中的Hard Textured Plastic

Black材质，赋予前窗和侧窗的金属框架部分。选择Plastic材质库中的Hard Shiny Plastic White材质，赋予顶部和底部的外壳部分；材质如图7-10所示。选择Plastic材质库中的Hard Shiny Plastic Blue材质，赋予侧面蓝色涂装和门的模型部分，并调节漫反射的RGB参数为0、203和255，如图7-11所示。

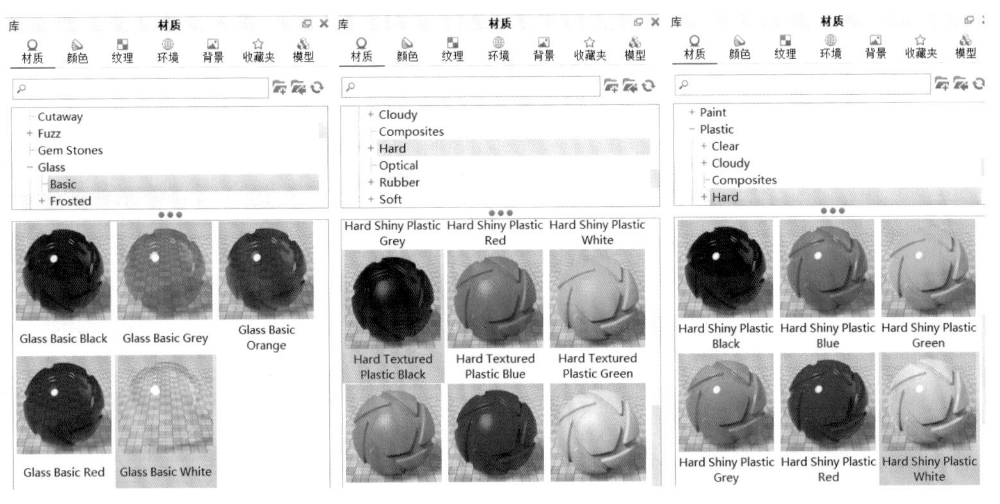

图7-10

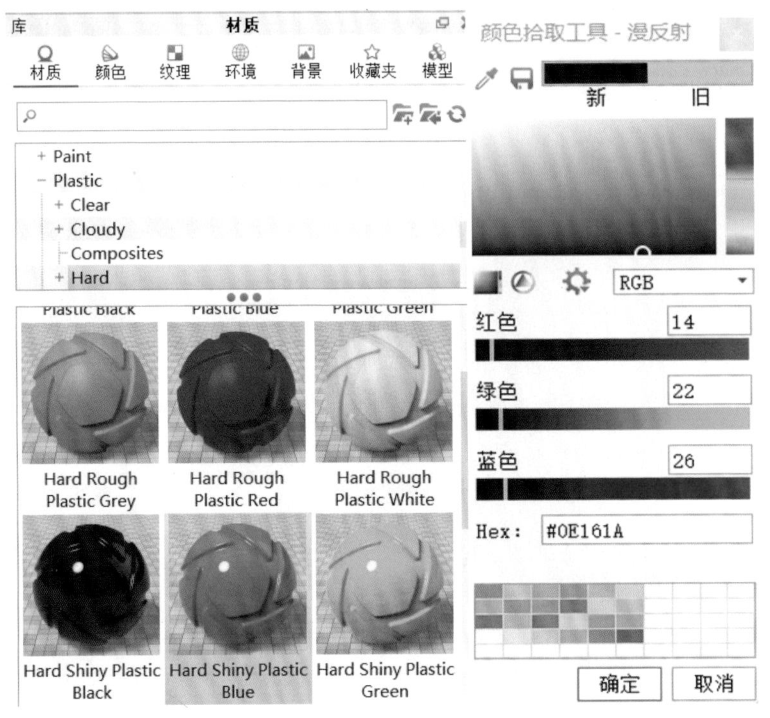

图7-11

选择Paint材质库中的Paint Textured Grey材质，赋予司机中部的外壳模型部分。然后对材质的颜色及贴图进行参数设置。打开材质编辑面板中的纹理菜单，点击与颜色混合参数设置后边的色块，调整颜色RGB参数都为120的深灰色。然后添加纹理贴图，点击纹理后的文件夹图表，选择利用Photoshop制作好的“云上重工”PNG格式Logo图片，大小为25DPI，深度为1000mm，角度为90°，勾选水平翻转，并点击移动纹理，在视图中调整贴图在中部外壳上的位置，如图7-12和图7-13所示，完成外观部分的材质及贴图的赋予与设置。

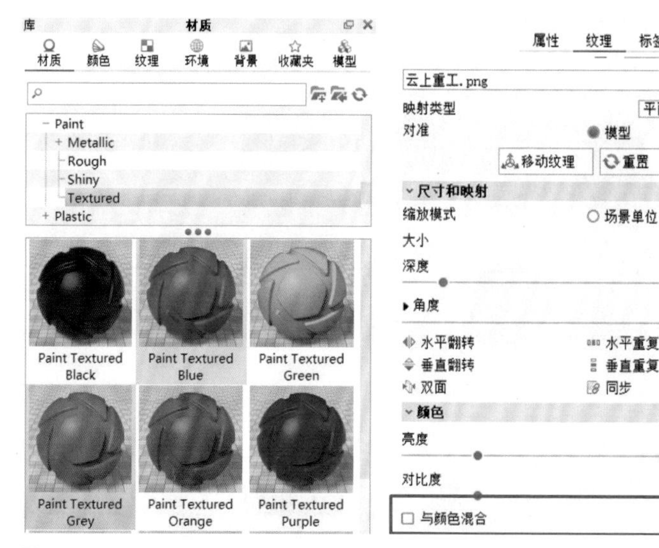

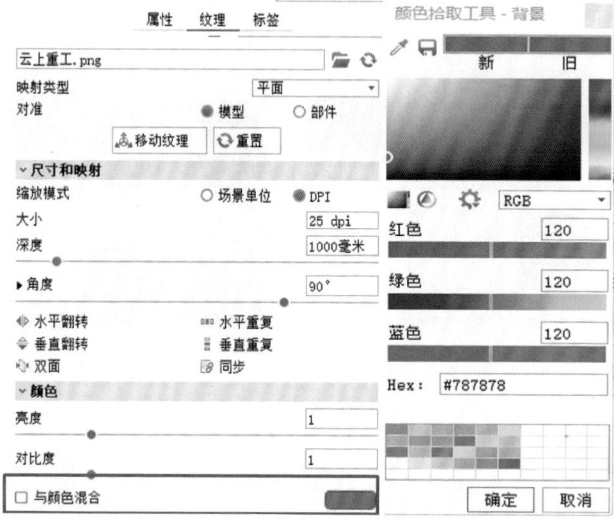

图7-12

图7-13

7.2.2.3 司机室内饰材质赋予及贴图设置

在材质库中选择相应的材质直接赋予内饰各部件。雨刮为黑色亚光塑料橡胶材质，门把手、挂衣架为金属材质，镜子以高反射的金属材质代替，配电箱、空调、灯具、置物架、开关插座、安全规范为白色亚光塑料材质，灭火器的材质可模拟为具有一定反射效果的红色塑料材质，窗把手为黑色亚光塑料材质。椅子支架及操作箱为深灰色亚光塑料材质，座椅扶手为与外观涂装同色系的蓝色亚光塑料材质，坐垫为皮质。坐垫选择Cloth and Leather材质库中的Leather White Perforated 1000mm材质，材质参数设置如图7-14所示，效果图7-15所示。

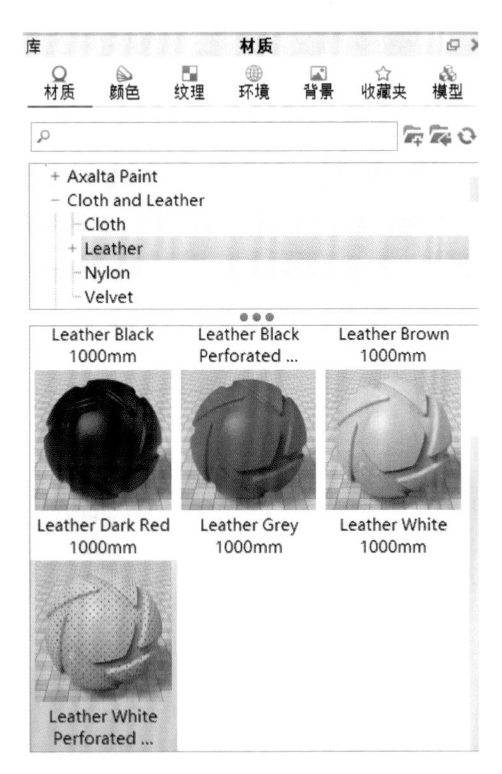

图7-14

图7-15

另外内饰光线较暗，需要对内饰进行补光。方法思路为，在内饰中创建一个球体，为球体赋予发光材质，并将其设置为相机不可见。点击编辑菜单，选择添加球形几何图形（图7-16），并在预览视图中调整其位置，大致置于座椅上方。注意在调整位置时，尽量在单个轴向上进行移动，比如鼠标靠近Z轴，调整高度位置，另外还要从多个角度观看位置是否正确，这样能够更精准无误地调整至正确位置，如图7-17所示。

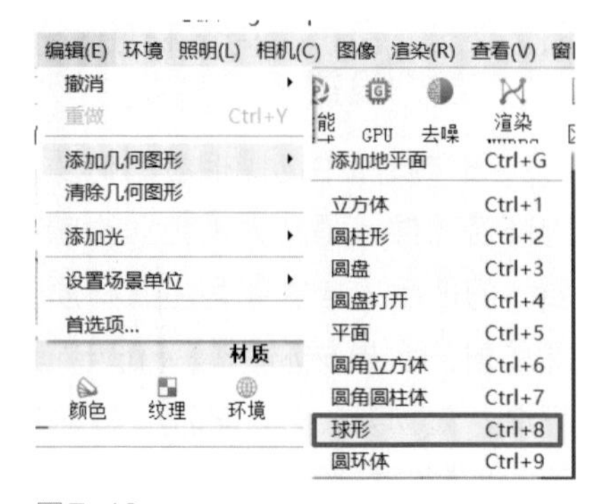

图7-16

图7-17

然后为球体赋予发光材质，选择Light材质库中的Area Light 1200 Lumen White #1材质，赋予球体。再调整发光材质参数，如图7-18所示，将相机可见和反射可见取消选择，将内饰环境照亮，同时渲染出的图像看不到发光球体以及有关该球体的反射。效果如图7-19所示，完成所有部件模型的材质设置。

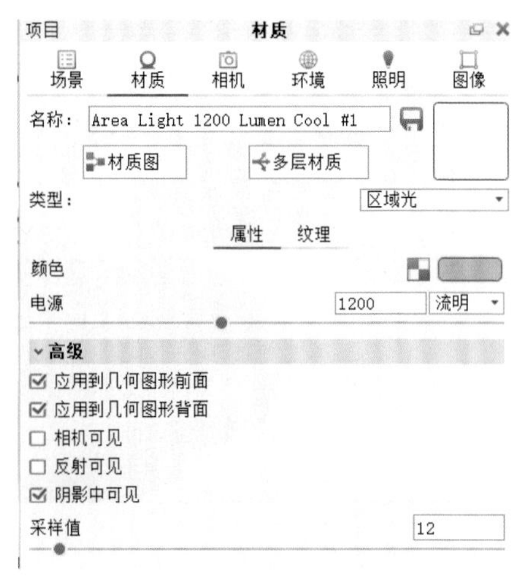

图7-18

图7-19

7.2.3 相机设置与动画制作

产品动画脚本分镜头设计如下。

镜头1：云层场景镜头，先远景从塔机的正侧面浏览塔机，再拉近镜头浏览塔机司机室，最后停止于塔机司机室的外观Logo处。

镜头2：从镜头1聚焦司机室外观Logo处开始切换至城市场景，与镜头1反向，开始近景浏览司机室，再到远景浏览塔机，最后停止于塔机的正侧面。

7.2.3.1 镜头1动画制作

（1）相机及初始画面设置

在项目面板中点击Perspective透视相机，在预览视图中按下鼠标左键，旋转场景至画面呈现塔机的正侧面，如图7-20所示。点击相机菜单，选择添加新相机“相机1”，设置相机1的视角为50°，动画的初始画面及相机设置完成。

（2）云层场景远景塔机浏览动画制作

打开动画面板的动画向导，选择绕轨相机动画-相机1，旋转角度设置为-130°，起止时间为0～7s，缓和运动为自定义，调节运动曲线棒，如图7-21所示，将动画的速度呈现开始和结尾稍慢、中间稍快的效果。

图7-20

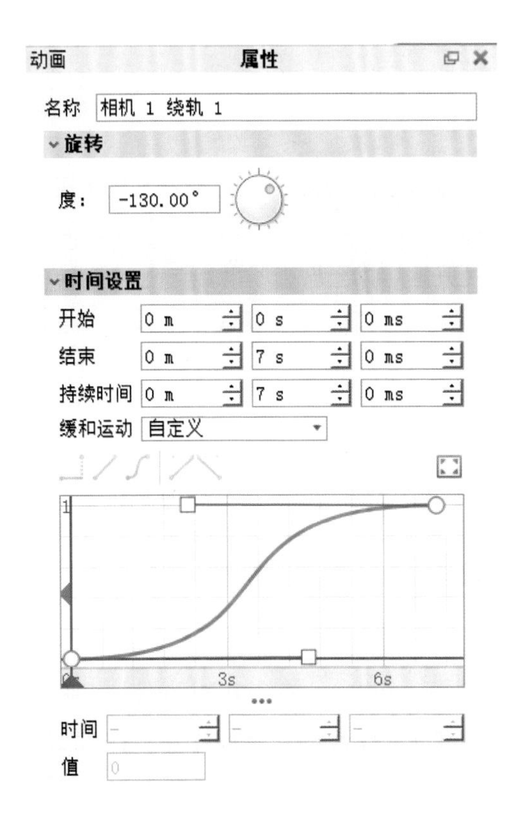

图7-21

（3）镜头拉近至司机室相机动画制作

采用时间线上多个相机动画类型重叠的方式，完成拉近镜头动画的制作。分别制作相机1的推移、平移和倾斜的相机动画，让上一个绕轨动画结束点稍微停顿一下后，开始拉近镜头，因此三个相机动画的起止时间都设置为8～13s，缓和运动都选择为缓进/缓出。其他具体参数设置如图7-22所示，拉近画面如图7-23所示。

图7-22

图7-23

（4）近景司机室外观浏览动画制作

分别制作相机 1 的绕轨、倾斜、推移和平移类型动画，时间点上，先开始平移相机，再让绕轨、倾斜和推移相机动画跟随其后。具体的参数设置如图 7-24 所示，司机室浏览动画的终止画面如图 7-25 所示。

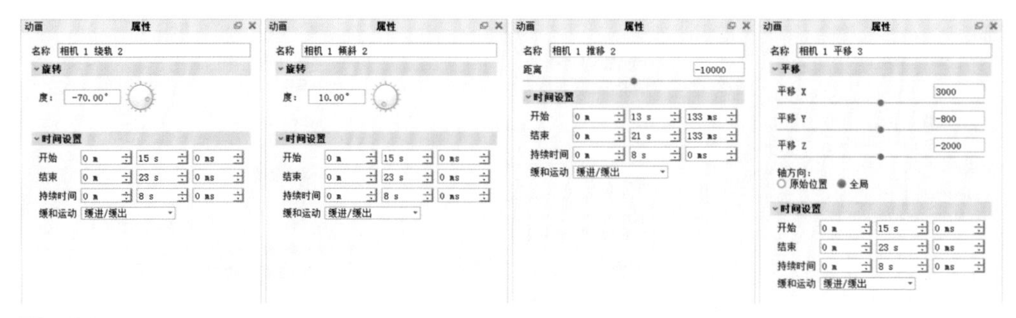

图7-24

图7-25

(5)镜头拉近至涂装Logo动画制作

采用相机1的缩放类型动画，将镜头拉近、放大显示侧面的涂装Logo。点击动画向导-相机1，选择缩放类型，焦距起始值为50mm，焦距结束值为100mm，起止时间为24s67ms～29s67ms，缓和运动为缓进/缓出，如图7-26所示，动画终止画面如图7-27所示。

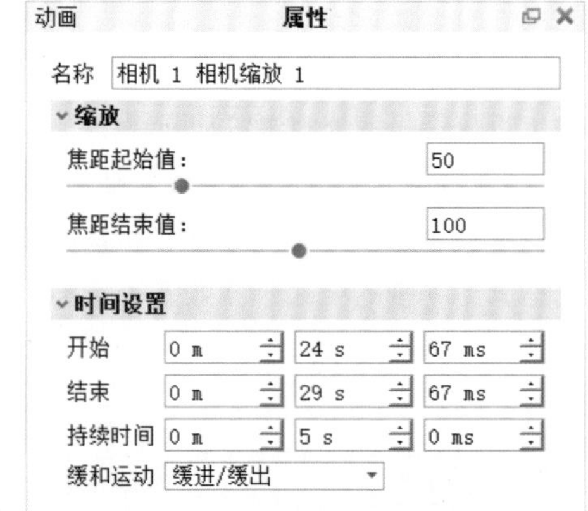

图7-26

图7-27

7.2.3.2　镜头2动画制作

（1）城市环境贴图更换

首先保存云场景动画文件，另存为一个城市场景动画文件，然后点击环境编辑面板，选择HDRI编辑器，将图像更换为“城市.hdr”文件，再打开设置面板，亮度为1.2，大小为500000mm，高度为-0.084，旋转为126.5°，如图7-28所示。初始画面为镜头1云层场景相机动画的终止画面，效果如图7-29所示。

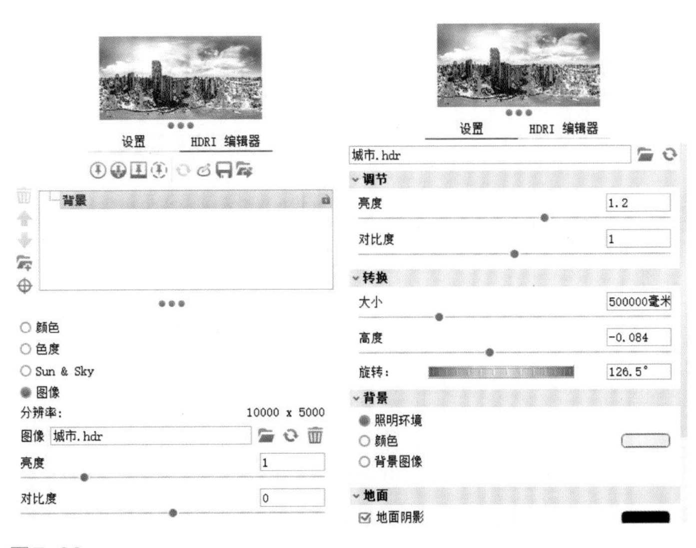

图7-28

图7-29

（2）镜像动画制作

城市场景的相机动画大部分为镜头1云场景相机动画的反向，使相机动画的角度和画面呈现一个轮回的效果。首先在时间线面板中选中镜头1的所有相机动画层，点击鼠标右键选择镜像，快速地镜像复制出镜头1所制作的相机动画，如图7-30所示。然后对近景的司机室浏览动画稍做调整，镜像后远景的塔机动画保持不变。

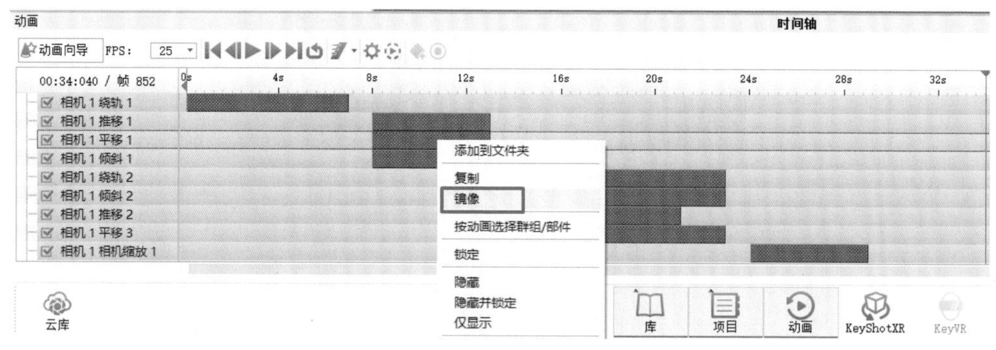

图7-30

（3）延伸工作区

延伸工作区是为了空出一定的时间段来为镜像后的司机室浏览动画进行添加和调整。首先除相机缩放镜像动画的时间位置保持不变外，其他的相机1镜像动画全部选中同时向后移动，起始时间移动至48s119ms处。移动之前，需要制作一个时间靠后的动画来辅助向后延伸工作区。具体延伸方法是任意制作一个类型动画，如相机1的平移动画，起始时间设置在70s以后，这样就可以拉长工作区，待所有的动画制作完成后，再将其删除。

（4）司机室浏览动画调整

在时间线面板中选中“相机1缩放1镜像”图层，将焦距结束值设置为62，其他参数保持不变，如图7-31所示。然后制作新的相机1绕轨和平移动画，起始时间在相机缩放动画之后，具体参数设置如图7-32所示，该动画使画面转至司机室的侧前方，效果如图7-33所示。

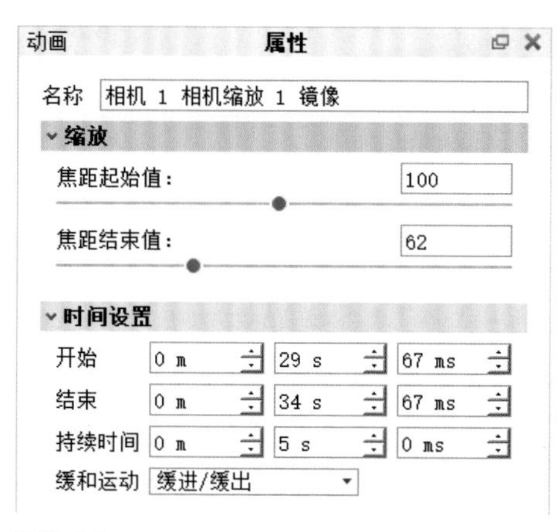

图7-31

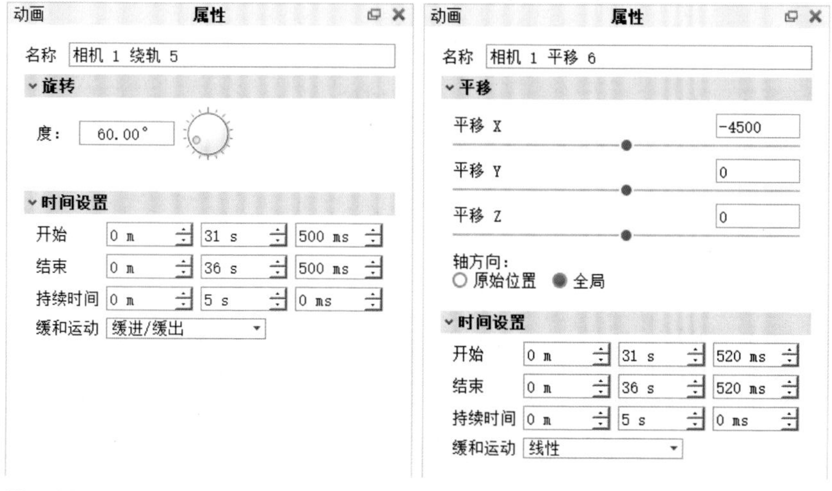

图7-32

图7-33

然后将司机室角度旋转至前方。再次添加相机1的绕轨和平移动画，起始时间在上一个画面停顿一会后再开始，起止时间设置为39~44s，其他具体参数设置如图7-34所示，动画终止画面效果如图7-35所示。停顿一会后，开始后续的相机1镜像动画，拉远镜头，并远景浏览塔机，最后止于塔机正侧面的画面，删除之前为延长工作区的辅助动画图层，应完成镜头2的动画制作，终止画面效果如图7-36所示。保存城市场景KeyShot文件。

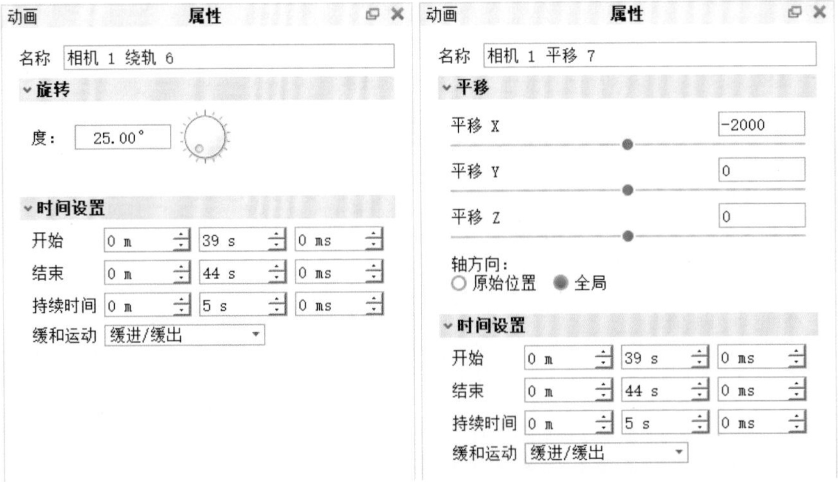

动画 属性
名称 相机 1 绕轨 6
旋转
度： 25.00°
时间设置
开始 0 m 39 s 0 ms
结束 0 m 44 s 0 ms
持续时间 0 m 5 s 0 ms
缓和运动 缓进/缓出

动画 属性
名称 相机 1 平移 7
平移
平移 X -2000
平移 Y 0
平移 Z 0
轴方向：
原始位置 全局
时间设置
开始 0 m 39 s 0 ms
结束 0 m 44 s 0 ms
持续时间 0 m 5 s 0 ms
缓和运动 缓进/缓出

图7-34

图7-35

图7-36

7.2.4 渲染输出

根据镜头脚本分开渲染相应的文件。打开云场景KeyShot文件，预览动画并确认无误后，点击渲染，分辨率为1024×576像素，若要减少产品暗面的噪点，可将选项中的采样值调大，设置为128。渲染时间范围选择整个持续事件，视频输出格式为MP4，帧输出选择JPEG格式，渲染参数设置如图7-37所示。

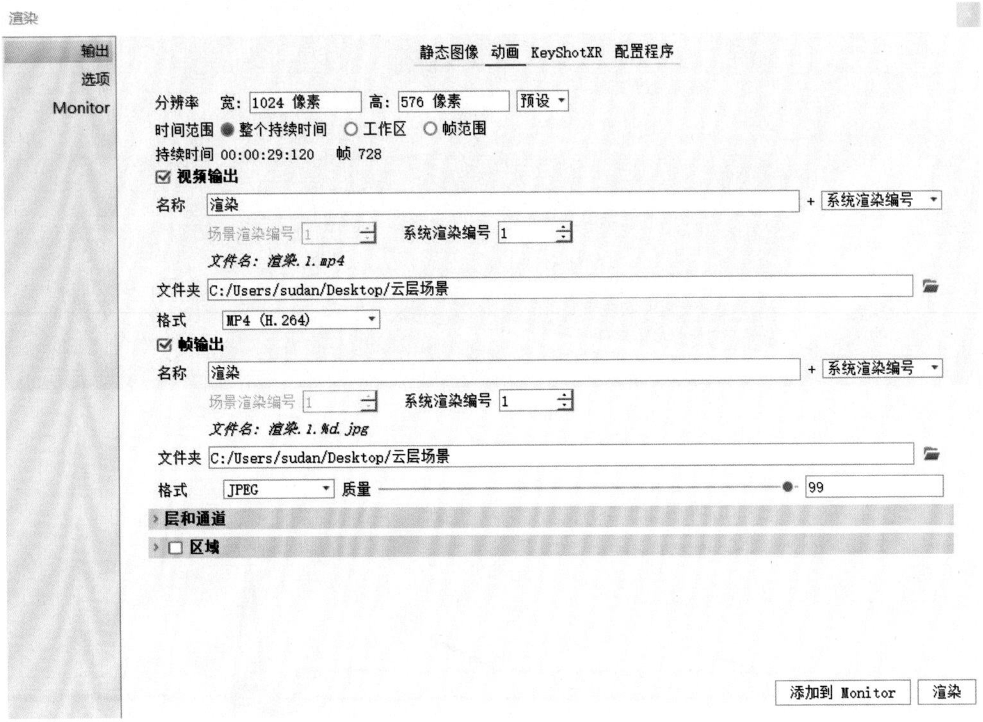

图7-37

再打开镜头2城市场景动画KeyShot文件，分辨率同样为1024×576像素，时间范围选择帧范围，输入从728~1779帧，帧输出选择JPEG格式，渲染输出参数如图7-38所示。

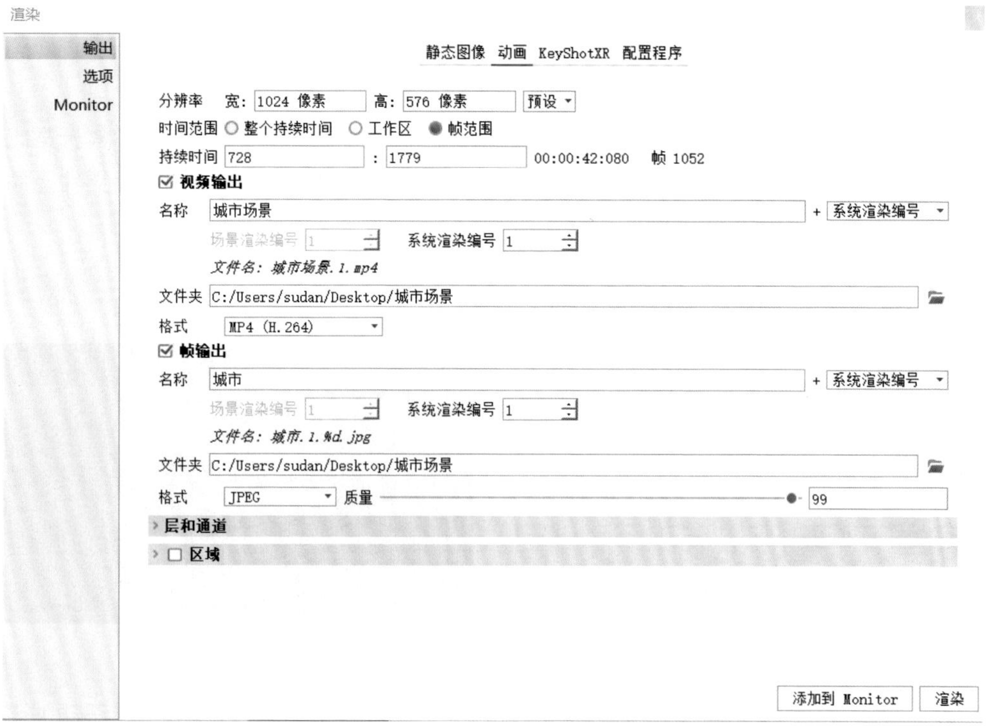

图7-38

7.3　AE 后期合成

塔机司机室场景类动画展示的后期合成，除了基本的合成剪辑、图层、关键帧设置等操作外，还融入了Logo剪切路径动画、逐字显示动画、碎片飞散、图像擦除以及较为复杂的合成动画制作等。塔机司机室场景展示动画的后期合成主要包括以下四个片段。

①片头为标题文字定版动画，其中涉及Logo剪切路径动画、标题文字逐字出现和碎片飞散特效的制作。

②云层拨开合成剪辑，以及与镜头1云层场景动画的衔接剪辑。

③镜头2城市场景动画的合成剪辑。

④文字片尾动画制作。

7.3.1 文字定版动画制作

7.3.1.1 创建项目及合成

启动软件新建项目，按Ctrl+N键新建合成，图像像素1028×576，像素长宽比为方形像素，帧速率25帧/s，持续时间1min40s，背景颜色为黑色，保存文件，命名为“塔式司机室展示动画”。

7.3.1.2 Logo路径剪切动画制作

选择工具栏中的钢笔工具，无填充颜色，描边颜色为蓝色，RGB值为0、277和255，在合成预览面板中绘制云纹图案，创建形状图层1，使用对齐工具使其居中于画面，如图7-39所示。打开形状图层1下的内容-添加，选择修剪路径，然后展开修剪路径，偏移参数设置为-135°，为开始添加关键帧，起止时间为0~4s，开始参数从100%~0%，选中两个关键帧，按下F9键，开启缓动关键帧辅助，然后打开图表编辑器，用鼠标右键编辑速度图表，调节两个关键帧的曲线棒，使其速度呈现开始和结尾稍慢、中间稍快的效果，参数设置如图7-40所示。

图7-39

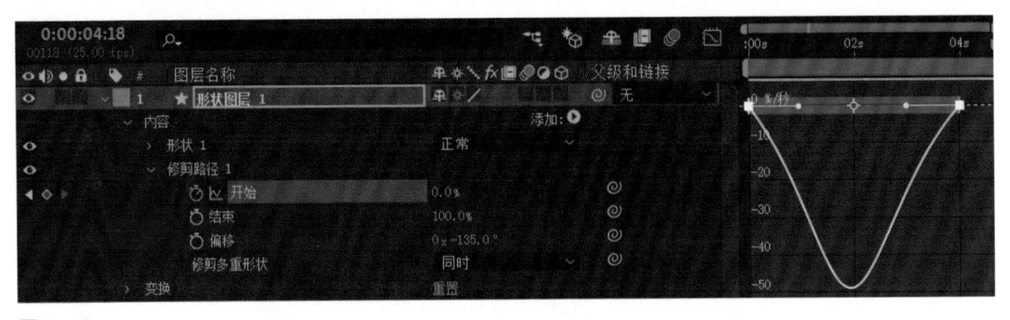

图7-40

选中形状图层1，按下两次Ctrl+D键，复制两个云纹的形状图层，形状图层2的描边颜色改为深蓝色，RGB为0、102和255，形状图层3的描边颜色改为绿色，RGB为0、255和187。选中三个图层，按下U键，显示所有关键帧，调节关键帧时间位置，如图7-41所示，使其动画开始和结束时间错开。再选中三个图层，按下Ctrl+Shift+C键，将三个形状图层预合成为一个新的合成，命名为“云纹”。

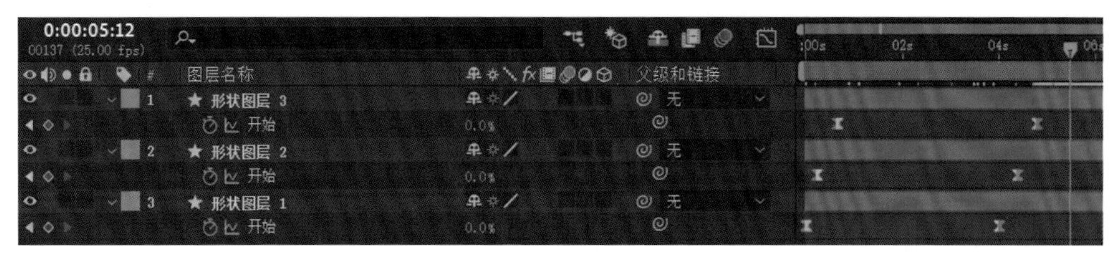

图7-41

将时间指针置于0s13帧处，按下Shift键，拖动云纹合成图层，将其开始位置移至0s13帧处。然后制作云纹图层的位移动画，起止时间为5s4帧至7s24帧，移动位置参数为512、288到794、332。

图7-42

7.3.1.3　标题文字逐字显示动画制作

点击文本工具，创建“云上重工”字样，字体为隶书，字符参数设置如图7-43所示。利用对齐工具使其居中于画面。展开文字图层，添加文本动画，依次添加模糊和不透明度，将模糊参数设置为10，不透明度设置为0%，然后为起始添加关键帧，起止时间为7s10帧至10s，开始参数从0%～100%，完成文字逐字显示的动画，效果如图7-44所示。

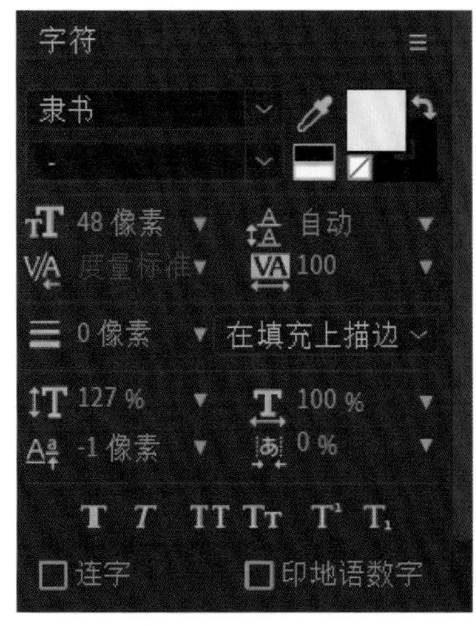

图7-43

图7-44

7.3.1.4 渐变背景制作

首先将“云上重工”文字图层和“云纹”合成图层预合成一个新的合成图层，并命名为“消散”。再制作渐变背景。在图层空白处，点击鼠标右键新建一个纯色图层，分辨率为1024×576像素，可选择任意颜色，在效果面板中搜索“梯度”渐变效果，并拖拽至纯色图层。打开项目面板后的效果控件，渐变形状选择径向渐变，起始颜色RGB为0、61和91，结束颜色RGB为7、29和35，调整渐变起点和渐变终点的位置，参数设置及效果如图7-45和图7-46所示。

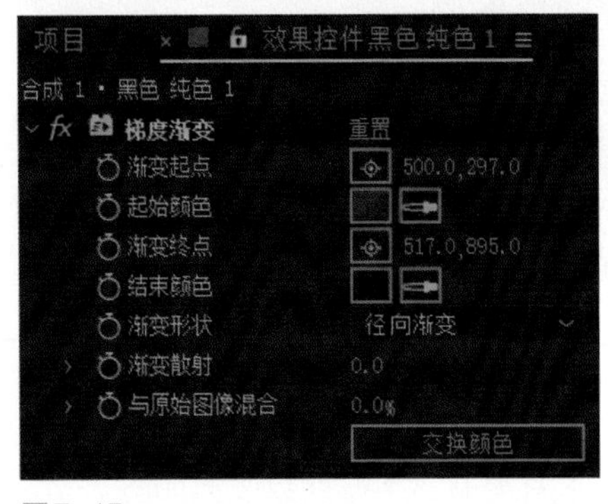

图7-45

图7-46

7.3.1.5 文字碎片消散动画制作

选择“消散”图层，按下Ctrl+D键，复制一个图层，将时间指针置于12s9帧处，选择下边的“消散”图层，按下Alt+] 键，删除右边部分，再选择上边的消散图层，按下Alt+ [键，删除左边部分。然后在效果预设面板中搜索CC pixel polly效果，并拖拽赋予上边的“消散”合成图层，打开效果控件，将Gravity重力参数设置为0，Speed Randomness速度随机设置为100%，Grid Spacing网格间距设置为1，然后为Force力度添加关键帧，起止时间为12s8帧到12s23帧，Force的参数从0～122，参数设置及动画效果如图7-47和图7-48所示。最后让该图层消失，制作图层不透明度的关键帧动画，起止时间为17s21帧到18s13帧，不透明参数从100%～0%。

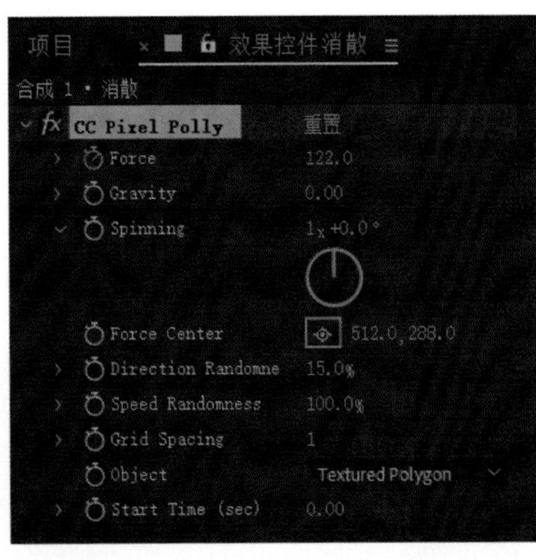

图7-47

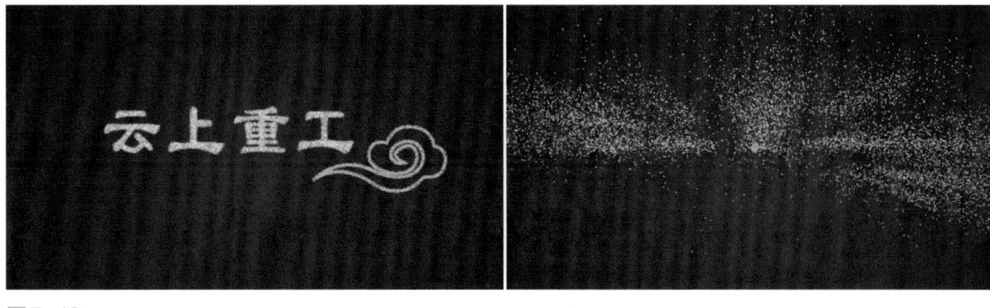

图7-48

7.3.2　云层拨开动画制作

用鼠标左键双击素材面板空白处，分别导入云层开端.mov、塔机.png、云层拉近动画文件夹中的序列图像“渲染.34.[326-526]”。首先将时间指针置于15s22帧处，然后将“渲染.34.[326-526]”序列素材拖入图层中，按下Shift键将其开端置于15s22帧处，选中该图层点击鼠标右键，选择时间-时间伸缩，将拉伸因数改为170，延长动画时间。

然后将“塔机.png”素材拖入图层，将时间指针置于22s07帧处，按下Alt+]键，删除右半部分，再将时间指针始于15s22帧处，按下Alt+[键，删除左半部分，为塔机图层添加缩放参数的关键帧动画，起止时间为15s22帧到22s7帧，缩放参数从60%~100%。

再将“云层开端.mov”素材拖入图层，并将其开端置于15s22帧后，在效果面板中搜索keylight效果，并赋予“云层开端.mov”图层，点击Screen Colour后的吸管图标，吸取合成预览面板中的绿色部分，将云层开端图层中的绿色部分抠掉，显示下边图层的内容，参数设置及效果如图7-49和图7-50所示。

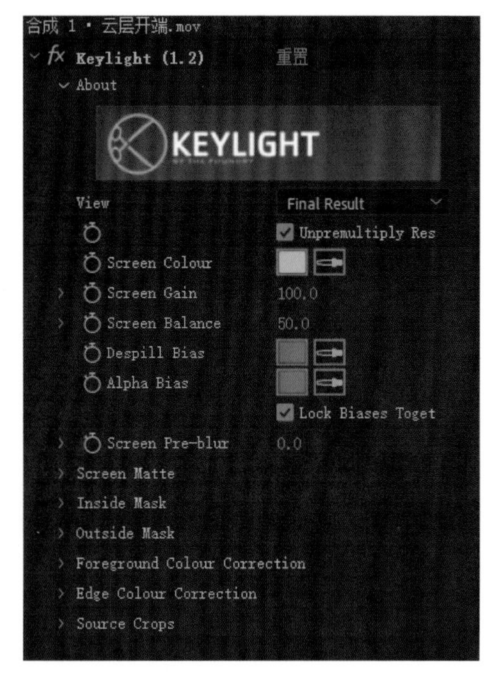

图7-49

图7-50

预览效果，发现后半部分，塔机下边的图像缺失，可以采用蒙版的方式，将下面图层的云层显示出来，且制作蒙版的羽化动画，将其在放大的过程中逐渐显示出来。将时间指针置于24s15帧，选中“塔机.png”，利用形状工具，在塔机下方位置绘制矩形蒙版，将蒙版类型设置为“相减”，显示出下面的云层图像，然后为蒙版羽化参数制作关键帧，分别在24s15帧、26s10帧、27s7帧三个时间点处，更改羽化参数，分别为20、60、370，逐渐显示出塔机下边部分的画面。参数设置及蒙版效果如图7-51和图7-52所示。

图7-51

图7-52

7.3.3 场景动画合成剪辑

7.3.3.1 云层拨开动画与标题文字动画和云层场景动画的衔接

云层拨开动画与标题文字动画衔接，需要借助云层拨开动画的第一帧画面作为过渡来制作。将时间指针置于15s22帧处，点击菜单合成-帧另存为-文件，或者按下Ctrl+Alt+S键，将该帧的画面渲染出一张图像，渲染参数中的输出模块格式选择“JPEG”序列，“输出到”选择一个保存位置，并命名为“过渡图片”。然后将其导入素材并拖拽至图层面板。

为过渡图片图层添加CC Image Wipe图像擦除效果，为Completion结束参数制作关键帧动画，起止时间为13s3帧到16s10帧，Completion从100%～0%。然后为Gradient梯度参数下的Blur模糊参数制作关键帧动画，起止时间为14s15帧到15s3帧，Blur参数从0～50。参数设置及过渡效果如图7-53和图7-54所示。

图7-53

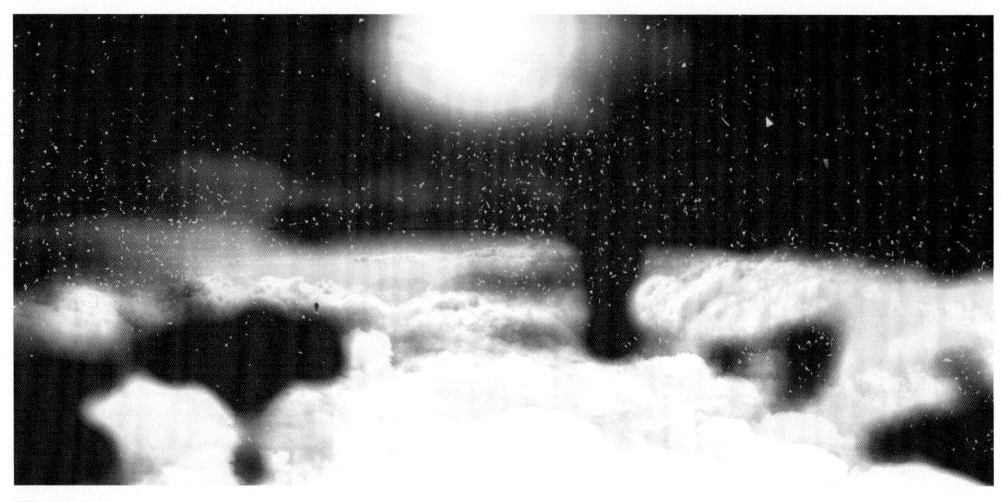

图7-54

将云层场景文件夹中的“渲染.1.[1-728]”导入素材库中，并将其拖入图层，将其开端置于15s22帧后，完成云层拨开与云层场景动画的衔接。

7.3.3.2 镜头2城市场景动画的剪辑

将城市场景文件夹中的“城市.1.[728-1779]”导入素材库中，并将其拖入图层，将其开端置于51s4帧后，完成与云层场景动画的衔接。动画中间塔机司机室前方视图的画面停顿时间较长，将其部分片段剪掉。将时间指针置于1min4s11帧处，按下Ctrl+Shift+D键，拆分图层；然后将时间指针置于1min5s9帧处，按下Alt+[键，删除左边部分，并将图层条与前边的片段衔接，完成镜头2城市场景动画的剪辑。

7.3.3.3 城市场景动画与文字片尾动画衔接

导入城市场景文件夹中的“城市.1.1779”JPEG格式图片，并拖入图层，将时间指针置于1min24s8帧处，按下Alt+[键，将左边部分删除，为“城市.1.1779”图层添加CC Image Wipe图像擦除效果，为Completion结束参数制作关键帧动画，起止时间为1min24s8帧到1min25s20帧，Completion从0%~100%。参数设置及过渡效果如图7-55和图7-56所示。

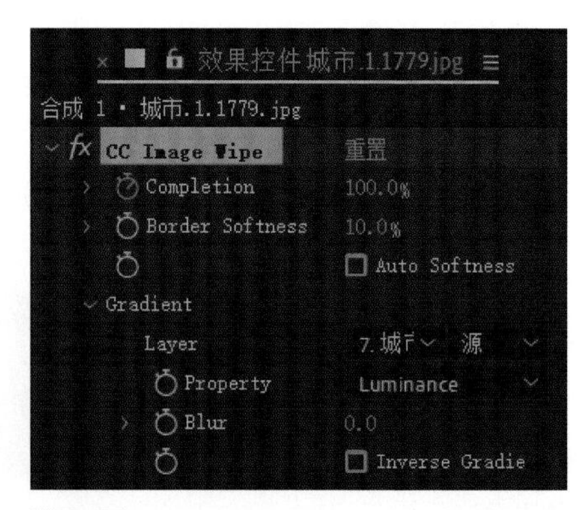

图7-55

图7-56

7.3.4　片尾动画制作及渲染输出

7.3.4.1　文字片尾动画制作

文字片尾动画设计为前面片头定版文字动画的反向，即分散的碎片集成文字和Logo。首先复制两个“消散”合成图层，分别命名为“消散3”“消散4”，按下U键，将先前设置的关键帧删除，将图层条的开端置于1min25s7帧后，隐藏“消散4”图层。然后为“消散3”图层制作飞散碎片集中成文字和Logo的动画，将CC Pixel Polly效果赋予“消散3”图层，为Force力度参数制作关键帧，起止时间为1min25s20帧到1min26s22帧，Force力度参数从3～-154，参数设置如图7-57所示。

图7-57

然后制作“消散4”图层的不透明度关键帧动画，分别在1min25s7帧、1min26s4帧、1min31s6帧、1min37s4帧处，设置不透明度参数为0%、100%、100%、0%。然后显示“消散4”图层，将时间指针置于1min26s22帧处，移动“消散4”图层条，使云上重工文字和Logo在该时间点显示出来，按下Alt+［键，删除左边部分。文字片尾动画效果如图7-58所示。

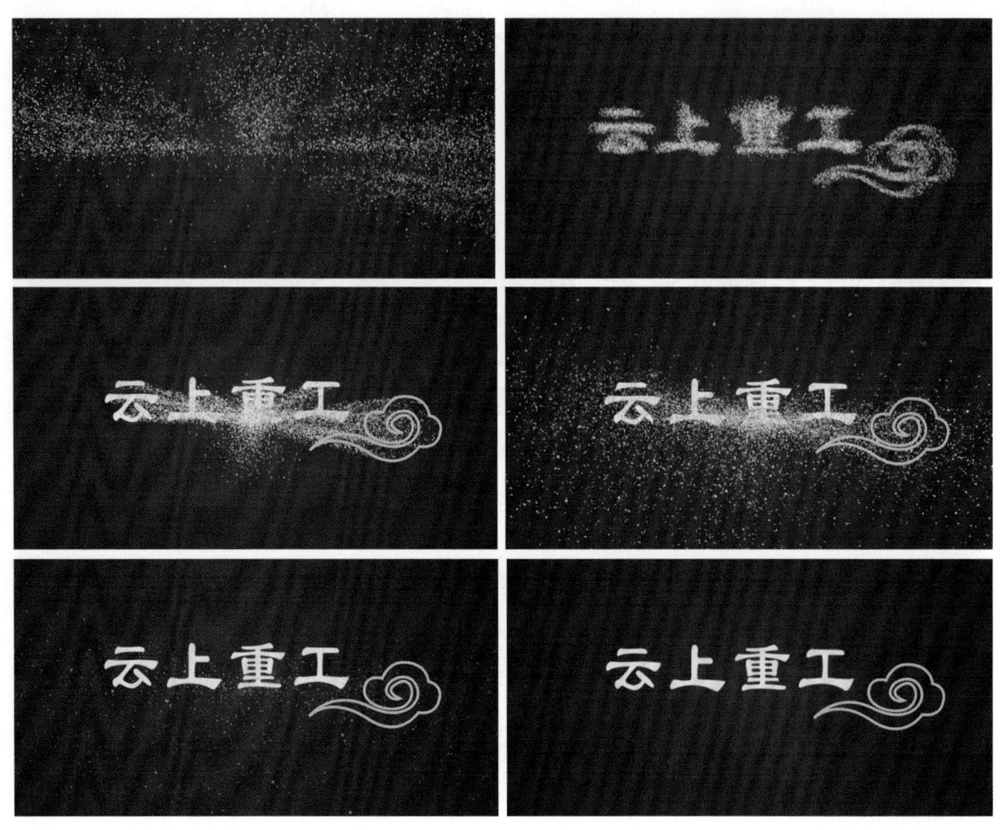

图7-58

7.3.4.2 背景音乐及渲染输出

最后导入“背景音乐.mp3”素材，并拖入图层面板中，完成背景音乐的添加。制作完成整个视频动画，预览无误后，渲染输出视频格式文件。按Ctrl+M键，将合成添加到渲染列队。渲染设置保持默认，输出模块中将格式选择“Quicktime”，如需渲染清晰画面则选择AVI格式。“输出到”设置文件保存的位置和命名。最后点击渲染按钮，听到提示音后渲染完成。在保存的文件位置打开视频文件即可观看完整动画。

附录：常用命令及快捷键

Rhino常用快捷键							
M	D	MIR	ROT	SCA	STR	OF	COP
移动	删除	镜像	旋转	缩放	拉伸	偏移	复制
PAN	SUB	TRIM	SPL	EXT	CP	UNR	LEN
平移	裁剪命令	修剪	分裂	延伸	重建坐标系	摊平	测量长度
SWE	EDG	JOIN	EXP	HID	SHOW	LO	UNL
扫琼	创建面	组合	炸开（分解）	隐藏	显示隐藏物体	锁定物体	解锁物体
U	TE	PROP	LAY	LOFT	OR	ARR	PAU
复原（倒退）	文字	物件属性	图层	放样	定位（对齐）	矩形阵列	直线挤出
SUB	DIR	SH	INSE	NEW	SA	F8	F9
选取长度	显示方向	着色物体	插入物体	新建文件	保存文件	正交模式	锁定格点
F10	F11	Esc	Ctrl+A	Ctrl+C	Ctrl+X	Ctrl+V	Ctrl+J
开启控制点	关闭控制点	取消选择	选择全部物体	复制	剪切	粘贴	结合
Ctrl+Z	鼠标右键	Ctrl+G	Ctrl+Shift+G	Ctrl+N	Ctrl+0	Ctrl+S	Ctrl+P
复原	重做	群组	解散群组	新建	打开	保存	打印
Ctrl+M	Ctrl+Tab	Ctrl+W	FIL				
最大化当前视图	切换视图	框选缩放	建立圆倒角				

KeyShot常用快捷							
Ctrl+左键	Ctrl+R	Ctrl+E	Ctrl+I	Ctrl+B	Ctrl+U	Ctrl+左键	F
环境贴图旋转	重置相机	打开环境	加载模型	打开背景图片	显示所有模型	环境贴图旋转	满屏模式
H	K	M	P	Shift+P	Shift+左键	Shift+右键	T
显示头信息	打开热键显示	打开材质库	截屏	时实显示控制	选择材质	赋材质	工具栏
R	H	O	L	Alt+中键	D	Alt+Ctrl+中键	Ctrl+C
常用功能	抬头显示器	几何图形视图	光源	焦距	景深	扭曲角	复制
Ctrl+X	Ctrl+V	Ctrl+C	Ctrl+Z	Ctrl+Y	Ctrl+P	Del	Alt+P
剪切	粘贴	复制	复原	重做	渲染	删除	性能模式
I	Alt+S	N	A	Ctrl+I	Ctrl+O	Ctrl+N	Ctrl+S
全局照明	选择轮廓	渲染 NURBS	动画时间线	导入模型	打开	新建	保存
Ctrl+Alt+S	Ctrl+Q						
另存为	退出						

After Effects 常用快捷键							
Ctrl+Alt+N	Ctrl+O	Ctrl+S	Ctrl+N	Ctrl+K	Ctrl+I	Ctrl+Alt+I	Ctrl+M
创建新项目	打开项目	保存项目	创建合成	合成设置	导入素材文件	导入多个素材文件	加入渲染队列
V	H	Z	W	C	Y	Q	G
选择工具	手抓工具	缩放工具	旋转工具	摄像机工具	轴心点工具	遮罩蒙版工具	钢笔工具
Ctrl+B	Ctrl+B	Ctrl+B	Alt+W	Ctrl+P	Ctrl+T	P	S
画笔绘图工具	仿制图章工具	橡皮擦工具	Roto工具	控制点工具	文字工具	位置	缩放
R	T	F	U	M	A	Ctrl+Y	Alt+W
旋转	不透明度	蒙版羽化	显示所有关键帧属性	蒙版形状	锚点	新建纯色层	笔刷工具
Ctrl+D	Space	+	-	Ctrl+R	Ctrl+;	J	K
复制图层	预览	放大	缩小	显示标尺	显示参考线	切换至前一帧	切换至后一帧
B	N	[	]	F3			
设置工作区域开头	设置工作区域结尾	设置入点	设置出点	效果控件			

参考文献

[1] 苏珂. 产品设计程序与方法[M]. 北京：中国轻工业出版社，2022.
[2] 韦文波，章宇. 产品设计三维表达[M]. 北京：机械工业出版社，2023.
[3] 梁梅. 设计美学[M]. 2版. 北京：北京大学出版社，2021.
[4] 史立新. 影视动画构图设计[M]. 北京：人民美术出版社，2010.
[5] 陈海英. 中外影视广告创意：元素、原则与方法[M]. 北京：社会科学文献出版社，2019.
[6] 李杰. 分镜头脚本设计教程[M]. 北京：中国青年出版社，2020.